U0197818

钢管混凝土不同截面柱力学性能

赵均海　朱　倩　张冬芳　著

科 学 出 版 社

北 京

内 容 简 介

本书是作者近年来钢管混凝土柱力学性能方面研究成果的总结。主要内容包括：采用统一强度理论，考虑中间主应力及材料拉压强度比影响，提出单钢管混凝土柱、复式钢管混凝土柱、组合截面钢管混凝土柱的承载力计算方法；提出适用于单钢管混凝土柱（圆形、方形和多边形）、实复式与中空夹层复式钢管混凝土柱、方钢管 - 钢骨混凝土柱、PBL 加劲型方钢管混凝土柱、方钢管螺旋箍筋混凝土柱、L 形钢管 - 钢骨混凝土柱以及带约束拉杆十形钢管混凝土柱等不同截面形式的钢管混凝土柱轴压与偏压承载力统一解；进行单钢管和复式钢管混凝土柱的轴压、偏压、抗震性能试验研究和数值模拟，重点分析不同参数下组合柱受力性能的影响规律。

本书可供土木工程和交通工程相关领域的科研人员、工程技术人员以及高等院校相关专业师生阅读和参考。

图书在版编目（CIP）数据

钢管混凝土不同截面柱力学性能 / 赵均海，朱倩，张冬芳著．—北京：科学出版社，2020.8

ISBN 978-7-03-062372-0

Ⅰ.①钢⋯　Ⅱ.①赵⋯　②朱⋯　③张⋯　Ⅲ.①钢管混凝土 - 柱（结构）- 结构力学 - 研究　Ⅳ.① TU323.1

中国版本图书馆 CIP 数据核字（2019）第 208793 号

责任编辑：杨　丹　亢列梅 / 责任校对：杨　赛
责任印制：张　伟 / 封面设计：陈　敬

科学出版社 出版

北京东黄城根北街 16 号
邮政编码：100717
http://www.sciencep.com

北京建宏印刷有限公司 印刷
科学出版社发行　各地新华书店经销

*

2020 年 8 月第 一 版　开本：720×1000　B5
2020 年 8 月第一次印刷　印张：18 1/2
字数：367 000

定价：138.00 元
（如有印装质量问题，我社负责调换）

前　　言

钢管混凝土是将普通混凝土填入钢管内形成的组合材料，充分发挥了钢材受拉性能高和混凝土受压性能好的优势，具有承载力高、塑性韧性好、施工方便、经济效益高以及抗震性能、耐火性能良好等优点。钢管混凝土柱作为一种组合结构构件，发挥了共同工作的优势，不仅能保证材料强度的充分发挥，还能提高结构的整体力学性能，被广泛应用在高层及超高层建筑、大型工业厂房、桥梁结构、地下结构及港口建筑等工程中，在轴压和地震荷载作用下具有一系列优越的力学性能和先进的经济指标。随着城市建设的快速发展，各类高层及超高层等建筑形式层出不穷，为了满足不同的工程需求，出现了不同截面形式的钢管混凝土构件，研究这些构件的力学性能非常重要。

本书基于统一强度理论，采用理论分析、试验研究和数值模拟等方法对钢管混凝土不同截面柱的承载机理进行系统研究，主要内容为：①系统介绍钢管混凝土柱的工作机理、不同理论计算方法及国内外规范中轴压承载力的计算方法，重点论述统一强度理论的推导过程和用于计算钢管混凝土柱承载力的优势；②全面阐述圆形截面、方形截面以及多边形钢管普通混凝土柱、钢管再生混凝土柱、钢管轻骨料混凝土柱、钢管 RPC 柱等的受力性能，将承载力理论解与试验数据、有限元分析以及相关文献结果进行对比；③对复式钢管混凝土柱的轴压性能、偏压性能与抗震性能分别进行试验研究、理论分析和数值模拟，并运用统一强度理论推导实复式与中空夹层钢管混凝土柱的极限承载力计算公式，对比文献的试验数据，验证统一解的正确性；④详细介绍不同组合截面钢管混凝土柱的轴压与偏压性能，采用统一强度理论建立方钢管-钢骨混凝土柱、方钢管螺旋箍筋混凝土柱、PBL 加劲型方钢管混凝土柱、L 形钢管-钢骨混凝土柱以及带约束拉杆十形钢管混凝土柱的承载力计算公式，并进行公式验证及影响因素分析。综上，统一强度理论为钢管混凝土不同截面柱的受力分析提供了新思路、新方法，将其应用到钢管混凝土柱的承载力计算中意义显著。

本书第 1、5 章由赵均海撰写，第 2、4 章由朱倩撰写，第 3 章由张冬芳撰写。全书由赵均海统稿。本书主要内容还包含近 20 年来作者团队张玉芬、李小伟、孙珊珊、张兆强、裴万吉、郭红香、周媛、肖海兵、吴鹏、令昀、封文宇、韩庚阳、王博、马康凯等研究生所做的重要工作，在此表示衷心感谢。感谢研究生樊军超、李莹萍、岳旭鹏、蒋永杰在书稿整理过程中的帮助。本书撰写过程中参阅、引用了大量的文献和资料，特向文献作者表示感谢。

　　感谢长期以来支持和鼓励作者研究工作的俞茂宏、张常光等学者。感谢长安大学提供的研究条件和帮助。

　　本书的研究内容得到国家自然科学基金项目（项目编号：51878056，51508028）和陕西省自然科学基金项目（项目编号：2019SF-256，2018JQ5119，2018JQ5023）等的资助，特此致谢。

　　由于作者水平有限，书中难免存在不足之处，恳请读者批评指正。

目　　录

第1章 绪 论

1.1 研究背景及意义

钢管混凝土是将普通混凝土填入钢管内形成的组合材料,充分发挥了钢材受拉性能高和混凝土受压性能好的优点。它是由劲性钢筋混凝土及螺旋箍筋混凝土演变和发展起来的,螺旋箍筋混凝土柱中横向箍筋密集地连在一起,与纵筋合一,去除外围混凝土,就发展成为钢管混凝土[1, 2]。钢管混凝土结构已逐渐成为与传统四大结构(木结构、砌体结构、钢结构、钢筋混凝土结构)并列的第五大结构[3, 4]。同钢筋混凝土结构相比,钢管混凝土结构可以减轻自重,减小地震作用,减小构件截面尺寸,增加有效使用空间等;同钢结构相比,可以减少用钢量,降低造价,提高刚度,增加稳定性和整体性,增强结构的抗火性等。工程实践表明,钢管混凝土结构具有显著的经济效益和社会效益。

钢管混凝土结构除具有承载力高、塑性韧性好、施工方便、经济效益好、抗震性能好、耐冲击等优越性能外,其耐撞击和耐火性能优于钢结构,且火灾后构件的可修复性强;具有比钢结构优越的动力性能,增加居住的舒适感。另外,钢管混凝土结构还可以结合预应力技术,提高其刚度和耐疲劳性能。钢管混凝土柱作为一种组合结构构件,通过钢管和混凝土两种材料的组合及相互作用,使两者的优点充分发挥,提高了结构的整体性。总之,钢管混凝土柱构件所具有的优越性能,使其能满足现代工程结构的大跨度、高耸、承受较大荷载的发展和耐火条件的需要,符合现代施工工业化和经济技术的要求。因而,钢管混凝土柱被广泛应用于高层建筑、单层/多层工业厂房、桥梁结构、地下结构及港口工程等建设中,并取得了良好的社会和经济效益[1]。目前,工程中最常用的单钢管混凝土柱截面形式有圆钢管混凝土、方钢管混凝土、矩形钢管混凝土以及多边形钢管混凝土等,如图1.1所示。

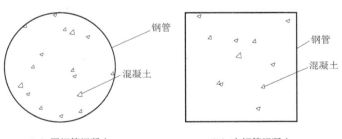

(a)圆钢管混凝土 　　　　　　(b)方钢管混凝土

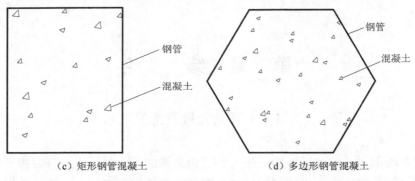

（c）矩形钢管混凝土　　　　　　　（d）多边形钢管混凝土

图 1.1　单钢管混凝土柱常见截面形式

复式钢管混凝土柱是基于钢管混凝土柱而发展形成的一种新型构件[5]。这种结构形式是同心放置两层或多层钢管，并在一层或多层钢管中填入混凝土而形成的。根据最内层钢管中有无混凝土可将复式钢管混凝土柱分为实复式钢管混凝土柱和中空夹层复式钢管混凝土柱两种，如图 1.2 所示。与普通钢管混凝土柱相比，复式钢管混凝土柱具有强度高、抗弯刚度大、韧性好、承载力高、抗震及耐火性能优越、防锈蚀性能好、耐久性能好和经济合理等特点，适用于沿海建筑、高速公路和桥梁大直径柱等方面的工程中。

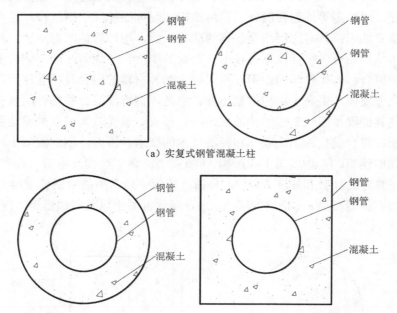

（a）实复式钢管混凝土柱

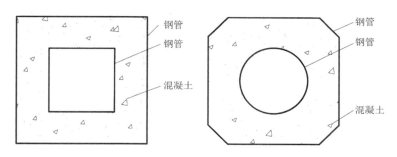

（b）中空夹层复式钢管混凝土柱

图 1.2 复式钢管混凝土柱

在工程实际应用中，钢管混凝土柱并不局限于单钢管混凝土柱或复式钢管混凝土柱。随着建筑结构形式多样化，不同截面形状的钢管混凝土柱应运而生。其中钢管-钢骨混凝土柱通过钢管、钢骨和混凝土的协同工作达到了提高柱的承载力、延性以及耐火性能的目的，具有承载力高、截面尺寸小、受弯及抗震性能好等优点，特别适用于现代的高耸、桥梁、大跨及重载结构。异形截面钢管混凝土柱具有截面惯性矩大、与梁连接方便、易满足建筑平面要求等特点[6-8]，以边柱 T 形、角柱 L 形、中间柱十形的方式广泛应用于中高层建筑结构，此类布置方式能有效避免柱阴阳角的出现，提高建筑的使用面积。新型结构的研究与应用不断丰富和完善着钢管混凝土结构体系。本书内容涉及的主要有方钢管-钢骨混凝土柱、方钢管螺旋箍筋混凝土柱、带约束拉杆十形钢管混凝土柱和 L 形钢管-钢骨混凝土柱，如图 1.3 所示。

随着我国现代化不断推进，各类高层及超高层建筑鳞次栉比，钢管混凝土柱截面形式也需要灵活改变。目前，国内还没有关于钢管混凝土不同截面形式柱的文献资料，对其力学性能的研究也不够充分与完善。因此，本书对单钢管混凝土柱、复式钢管混凝土柱、组合截面钢管混凝土柱的轴压性能、偏压性能及抗震性能开展系统和深入的研究，并基于统一强度理论提出实用的理论计算方法，具有重要的工程意义。

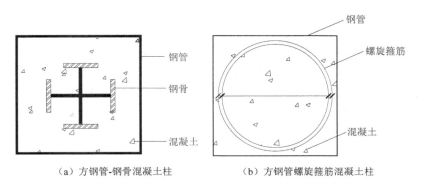

（a）方钢管-钢骨混凝土柱　　　　　（b）方钢管螺旋箍筋混凝土柱

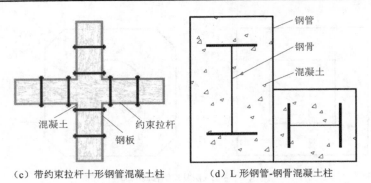

（c）带约束拉杆十形钢管混凝土柱　　　（d）L 形钢管-钢骨混凝土柱

图 1.3　几种组合截面钢管混凝土柱

1.2　国内外研究现状

1.2.1　钢管混凝土柱轴压性能研究现状

由于钢管和核心混凝土的相互作用，钢管混凝土柱轴心受压构件表现出了良好的力学性能，具有较高的承载力和较好的塑性及稳定性，避免了钢筋混凝土柱轴心受压时容易发生的脆性破坏和纯钢柱轴心受压时容易发生的局部屈曲破坏。含钢率、套箍系数、核心混凝土强度等级和长细比是影响钢管混凝土柱轴心受压构件力学性能的重要参数。作为最基本的力学性能，钢管混凝土柱的轴压性能是研究压、弯、剪、扭及复杂荷载作用下工作机理的基础。国内外关于钢管混凝土柱轴压性能的研究成果非常多，涉及范围也非常广泛。

1. 圆钢管混凝土柱

圆钢管混凝土柱对于抵抗方向不确定的地震作用是很有效的，同时，圆形钢管的紧箍约束作用能有效地克服核心混凝土的脆性。圆钢管混凝土是目前工程中最常用的截面形式之一，国内外关于圆钢管混凝土结构和构件的研究已经比较成熟。

1879 年，英国 Severn 铁路桥采用钢管混凝土柱作为桥墩。我国对钢管混凝土柱较为深入的研究是 20 世纪 70 年代以后，代表性研究者有陈肇元[9]、钟善桐和何若全[10]、蔡绍怀和焦占拴[11]、韩林海[2]等。Johansson 和 Gylltoft[12]试验研究了不同加荷方式下的圆钢管混凝土轴心受压短柱，结合数值模拟结果分析了圆钢管混凝土柱轴压荷载-变形关系的变化规律；Bradford 等[13]研究了圆钢管混凝土柱轴压构件在受荷过程中钢管的局部屈曲和后屈曲问题，建议工程实践中圆钢管混凝土柱的长细比不要超过 125；丁发兴[14]探讨了常温和高温下圆钢管混凝土轴压短柱的受力机理，提出常温和高温下混凝土多轴强度准则和本构关系，建立了钢管混凝土结构非线性有限元分析方法；Gupta 等[15]对 81 组圆钢管混凝土柱试件的轴压承载力进行了试验和数值分析，研究了钢管直径、厚径比和混凝土强度等参数的影响特性；Zhou 等[16]研究了圆钢管混凝土柱、素混凝土柱和钢筋混凝土柱的极限承载力性能，分析了三种柱的收缩、徐变特性和轴压性能；梁本亮和刘建新[17]考虑屈服时钢管竖向应力对承载力的贡献，对钢管采用厚壁圆筒理论，对混凝土采用 Drucker-Prager 屈服理论进行分析，推导了钢管混凝土短柱的极限承载力；肖岩和黄叙[18]基于钢管混凝土构件中钢管与核心混凝土的相互作用，通过约束混凝土八面棱柱体应力-应变本构模型及钢材的各向同性线性强化模型，采用增量法研究了圆钢管混凝土轴压短柱的弹塑性全过程力与变形分析；Dundu[19]对圆钢管混凝土柱的抗压性能进行了研究，通过对 24 组圆钢管混凝土试件的轴向压缩至破坏，探讨了长度、直径、钢材强度和混凝土强度变量的影响规律。

从以上文献可知，国内外对圆钢管混凝土柱的研究工作已比较全面，但承载力计算公式的推导未充分考虑钢管对核心混凝土的约束效应，缺乏理论基础；部分结果因统计的试验数据量有限，不具有普适性。本书采用统一强度理论，考虑中间主应力对组合柱的影响，是推导圆钢管混凝土轴压短柱承载力公式的有益尝试。

2. 方钢管混凝土柱

与圆钢管混凝土柱相比，方钢管混凝土柱的约束作用不明显，对核心混凝土的约束力主要集中在四个角上，分布不均匀；但在中长柱范围，方钢管混凝土柱显示出截面惯性矩大、稳定性好的优点，而且方钢管混凝土柱外形规则，有利于梁柱连接，克服了圆钢管混凝土结构截面形式造成的施工上的不便。

目前国内外学者已经进行了大量方钢管混凝土柱轴压性能的试验研究和理论分析。Gupta 和 Parlewar[20]对 20 根方钢管混凝土柱轴心受压构件的承载力进行了试验研究，试件选择不同尺寸的两种钢管，进行了空钢管柱承载力对比试验；Mursi 和 Uy[21]进行了薄壁方形高强钢管混凝土柱的试验研究，同时进行了 8 个空钢管柱试件的对比试验，并提出了薄壁高强钢管混凝土柱构件承载力的计算公式；张素梅等[22]通过 24 根方钢管高强混凝土轴压短柱的试验研究，分析了混凝土强度、含钢率和套箍系数因素的影响特性；张耀春等[23]对 26 根圆形、方形和八边形等不同截面形式的薄壁钢管混凝土短柱的轴压性能进行研究，分析了薄壁钢管混凝土轴压柱的破坏特征，对试验数据拟合回归后得到承载力简化计算公式；卢方伟等[24]考虑了材料本构关系的非线性及材料泊松比的变化，建立了方钢管混凝土短柱在轴心压力作用下的非线性有限元计算模型，探讨了钢管与混凝土的接触压力、核心混凝土纵向应力分布及钢管对混凝土的约束效应等问题；钱稼茹和江枣[25]在提出方钢管组合柱轴压承载力的极限状态及轴压峰值应变的基础上，推导了组合柱轴压承载力计算公式，最后建议了钢管混凝土截面面积在组合柱总面积中所占比例的上限值；梁禧[26]采用有限元分析软件 ABAQUS，研究了方钢管高强混凝土短柱在轴向受压状态下的破坏模式；Wu 等[27]将废弃混凝土块和新混凝土填充入方钢管内，形成方钢管混合混凝土柱，研究了 10 根该构件在轴向压力作用下的强度和延性，得出填充废弃混凝土和新混凝土的构件的变形能力和能量耗散性能更优良的结论。

通过以上研究发现，方钢管混凝土柱具有极限承载力不稳定的缺点，对局部缺陷敏感，故这方面的研究没有圆钢管混凝土柱成熟。由于估算核心混凝土与方钢管间约束所产生的"效应"方法不同，计算方钢管混凝土柱承载力的计算方法和计算结果会有差异。本书根据统一强度理论和厚壁圆筒理论，综合考虑方钢管混凝土柱的材料特点，引入考虑厚边比影响的等效约束折减系数，推导方钢管混凝土轴压柱的承载力统一解。

3. 复式钢管混凝土柱

复式钢管混凝土柱不仅具有很高的承载力，而且有很好的延性及很强的防倒塌能力，可以在强地震区的结构中应用。研究结果表明，复式钢管混凝土柱可以更好地产生约束混凝土的作用，包裹材料和混凝土协同作用从而达到提高组合柱承载力、延性以及耐火性能的目的[28, 29]。

蔡绍怀和焦占拴[30]对实复式钢管混凝土短柱进行了轴压性能的试验研究。制作了两个试件，其中一个为梅花状布置的钢管束，另一个为同心放置三层钢管组成的实复式钢管混凝土柱。试验结果表明，在使用荷载作用范围内，试件处于弹性工作阶段。依据极限平衡理论提出了该类构件的极限承载力计算公式并进行了理论计算，结果表明理论计算值与实测值符合较好。

张春梅等[31]对6个内圆外圆实复式钢管高强混凝土轴压短柱进行了试验研究，主要对构件的含钢率和壁厚两个参数加以考虑。研究结果表明，实复式双钢管高强混凝土柱具有良好的力学性能，屈服前构件基本为弹性，屈服后表现出了较好的延性；在含钢率相同的情况下，实复式双钢管高强混凝土柱的轴压承载力高于单钢管混凝土柱；现有的钢管混凝土构件承载力计算公式对实复式双钢管混凝土柱的轴压承载力不适用，偏于保守，计算时内层钢管的套箍作用应予以考虑。

Wei等[32]对26个内圆外圆中空夹层钢管混凝土短柱在轴心受压情况下的力学性能进行了试验研究。钢管之间灌注的是树脂混凝土。试验结果显示，其轴压极限承载力比钢管和混凝土两种材料的承载力之和高出很多，承载力峰值点的应变也大于钢管或混凝土单独加载时各自峰值荷载对应的应变，同时因混凝土的存在，限制了内外钢管的局部屈曲的速度。

　　Zhao 和 Grzebieta[33]对 8 个内方外方中空夹层钢管混凝土轴压短试件及 5 个相同截面形状和截面尺寸的纯弯试件进行了试验。钢管采用冷弯薄壁型钢,其宽厚比为 11~55。轴压试验表明,内方外方中空夹层钢管混凝土构件具有很好的延性和能量吸收能力。纯弯试验结果表明,内方外方中空夹层钢管混凝土构件的旋转能力为空钢管的 3 倍左右,延性比空钢管提高 2 倍左右。

　　Elchalakani 等[34]对 8 个内方外圆中空夹层钢管混凝土轴压短柱进行了试验。试验表明,内方外圆钢管混凝土试件发生的破坏为延性破坏,破坏时内外钢管均未发现裂缝,内管管壁向内凸,变形较大时,内钢管的承载能力仍较高;叠加法得到的承载力计算公式其计算值与试验结果吻合良好。

　　夏桂云等[35]将圆中空夹层钢管混凝土柱作为拟平面轴对称问题,对其抗压刚度进行了理论研究。其中考虑纵向应变协调、混凝土及内、外钢管的径向位移,得到了圆中空夹层钢管混凝土柱抗压刚度的计算公式,由此得出在轴力作用下圆中空夹层钢管混凝土柱的应力分配比。结果显示,圆中空夹层钢管混凝土柱轴压应力不是按弹性模量比分配,内、外层钢管壁厚和泊松比对彼此无明显影响,构件的总抗压刚度取混凝土、内层钢管和外层钢管的抗压刚度之和是合理的。

　　徐汉勇[36]进行了八边形中空夹层钢管混凝土短柱轴压力学性能试验,分析了截面几何参数对构件承载力的影响,得到了八边形中空夹层钢管混凝土短柱轴压承载力的计算公式,并运用 ANSYS 软件进行了数值模拟。研究结果显示,破坏时八边形中空夹层钢管混凝土轴压短柱的核心混凝土主要以压剪破坏为主,而且压剪破坏面的两个端面正好是内、外钢管鼓起明显的位置。

　　张元凯等[37]利用ANSYS软件对矩形中空夹层钢管混凝土柱构件的轴压性能,从加载到破坏全过程进行了非线性有限元分析。分析中考虑了钢材和混凝土材料非线性的本构关系,得到轴压短柱加载全过程的荷载-应变曲线。计算结果和已有试验结果吻合良好,说明采用该模型分析矩形中空夹层钢管混凝土轴压短柱的非线性问题是可行的。

　　赵均海和魏锦[38]利用双剪统一强度理论,考虑中间主应力的影响,认为内外钢管受到的压力相等,推出圆中空夹层钢管混凝土轴压构件的承载力计算式,将计算结果与文献试验数据进行对比,符合良好;在圆中空夹层钢管混凝土柱的基础上,将方钢管混凝土柱等效为圆钢管混凝土柱,但在等效过程中只考虑了混凝土强度折减系数而没考虑等效约束折减系数。

　　从目前的研究现状来看,有关复式钢管混凝土柱的力学性能方面的研究虽不少见,且已有的研究工作也基于大量的试验研究和理论分析,但由于复式钢管混凝土柱力学性能复杂、受力机理尚不明确,仍缺乏更接近实际的、深入系统的理论研究。本书基于双剪统一强度理论,考虑钢管为薄壁钢管,同时考虑内外钢管对核心混凝土的双重约束作用和等效转换原理,分析复式钢管混凝土柱的轴压性能。

4. 组合截面钢管混凝土柱

根据钢管混凝土柱的优势，工程中不断地涌现出新型的组合截面钢管混凝土柱，同时结合了钢骨混凝土柱和钢管混凝土柱的特点，越来越多形式的重载柱被应用于实际工程中。2002 年，林拥军[39]结合南京新世界大厦工程和南京交通大厦工程，采用试验研究与理论分析相结合的方法，对配有圆钢管的钢骨混凝土柱进行了一系列的研究。随后，王清湘等[40]提出这种重载柱设计新模式（钢管外置型），试验研究结果表明，将型钢钢骨加入钢管混凝土中能有效提高柱子的承载力和延性，同时拟合得出了适用于这种组合柱相关力学方面的理论公式。随着研究的深入，该新型组合柱引起了国内许多学者的广泛关注。朱春美[41]研究了钢骨-方钢管自密实高强混凝土柱的轴压、受弯性能，并基于切线模量理论建立了组合长柱轴压稳定承载力计算公式，试验结果表明，这种组合柱的强度和刚度很大，同时延性和耗能性能较好。赵同峰等[42]对方钢管-钢骨混凝土柱的静力力学性能进行深入研究，编制了方钢管-钢骨混凝土轴压短柱非线性分析程序，并且通过对试验数据的回归分析分别建立方钢管-钢骨混凝土柱的轴压、单向偏压、双向偏压、纯弯以及压弯剪的简化计算公式。何益斌等[43]对轴心受压作用下钢骨-钢管高性能混凝土组合短柱和长柱试验研究过程中的破坏模态进行了深入的研究和分析，在此基础上提出了轴压短柱承载力计算公式以及轴压长柱的稳定承载力简化计算公式，并分析了采用 JC 方法的可靠度。

方钢管螺旋箍筋混凝土柱将螺旋箍筋引入钢管混凝土，是设内约束方钢管混凝土柱的一种新的截面形式。郑亮[44]和陈志华等[45]在方钢管中配置连续螺旋箍筋，继而浇筑混凝土形成组合柱，分析了混凝土强度等级、螺旋箍筋强度等级、螺旋箍筋直径、螺旋箍筋间距等因素对方钢管螺旋箍筋混凝土柱轴压承载力的影响；以规范为基础，推导了适用于配螺旋箍筋的方钢管混凝土柱轴压承载力计算公式。Ding 等[46]和龚永智等[47]对内约束方钢管混凝土柱展开了对比研究，得出结论：在含钢率一定的前提下，相对于增设加劲肋、配置普通箍筋、配置焊接螺旋箍筋三种方式，增设连续螺旋箍筋对于改善方钢管混凝土柱的力学性能效果最为突出；增设连续螺旋箍筋，增强了混凝土的受约束程度，抑制了钢管侧壁的局部屈曲，不仅显著改善了构件的延性，而且增加了极限承载力。另外，推导了考虑箍筋和外钢管双重约束作用的方钢管螺旋箍筋混凝土短柱轴压承载力计算公式。张玉芬和王强[48]将方钢管螺旋箍筋混凝土短柱的轴压承载力视为方钢管混凝土短柱的轴压承载力与螺旋箍筋所提供的附加承载力的叠加，采用统一强度屈服准则计算了方钢管纵向承载力及其受到的侧压力，获得了方钢管螺旋箍筋混凝土短柱轴压极限承载力的计算公式。Ho 和 Dong [49]提出在钢管外侧焊接连续螺旋箍筋，形成有外部约束的双壁钢管混凝土柱，研究发现：外部箍筋所提供的约束力分布更为平均，对内部混凝土的约束作用效果更好。

目前，有关异形组合截面钢管混凝土柱轴压承载力的研究，能够查阅到的文献还比较有限。Xiong 等[50]对垂直双钢板连接的 L 形钢管混凝土柱进行了轴压试验，研究了柱的破坏模式、荷载-变形关系、应变分布、延性和强度指标；陈雨等[51]对 T 形钢管混凝土短柱进行了轴压试验研究，考察了无加劲措施 T 形钢管混凝土柱的变形特征、破坏模式和承载能力；Chen 和 Shen[52]对 6 组 L 形钢管混凝土短柱和一组 L 形钢管空心短柱进行了轴压试验，描述了试件的非线性损伤过程和破坏模式，研究了结构参数对承载力的影响；杜国锋等[53]通过内置钢骨的组合 L 形截面钢管混凝土短柱轴心受压试验，考虑钢管对核心混凝土的约束效应，依据数据拟合，提出了内置钢骨 L 形、T 形钢管混凝土短柱的承载力公式；蔡健和孙刚[54]通过试验对带约束拉杆异形截面钢管混凝土短柱的应力-应变曲线关系、刚度及延性等进行了系统的研究，并在此基础上提出了带约束拉杆矩形钢管混凝土短柱的承载力计算公式；杨国庆等[55]对带约束拉杆矩形钢管混凝土短柱进行了理论分析，并提出了简化的承载力计算公式。

对于组合截面钢管混凝土柱的轴压性能，部分研究以试验为主，提出的承载力公式大多是由试验数据回归分析或简化计算得到，理论依据不够明确，不具备推广性；而部分研究提出的承载力计算公式，在考虑钢管对混凝土的约束时未合理考虑组合异形截面钢管的约束效应，同时，未考虑核心混凝土侧向约束对钢骨或钢筋抗压强度的提高。鉴于以上问题，本书基于统一强度理论，为不同组合截面形式的钢管混凝土柱轴压承载力提供了参考依据。

1.2.2 钢管混凝土柱偏压性能研究现状

钢管混凝土柱的偏压性能是钢管混凝土柱性能研究的一个重要分支。钢管混凝土偏压构件的破坏形态表现为柱子发生侧向挠曲，整体失稳而破坏，构件具有较好的延性和后期承载力。影响钢管混凝土偏压构件力学性能的重要因素是偏心率和长细比，含钢率、钢材屈服强度及核心混凝土强度等级对钢管混凝土柱的偏压性能也有一定的影响。目前，许多学者对钢管混凝土偏压构件的破坏模式、力学性能及其影响因素、承载能力理论计算模型等做了深入的探讨。主要研究工作如下：

吕天启和赵国藩[56]采用数值分析方法对内圆钢管增强方钢管混凝土偏压柱进行了数值模拟，并计算了承载力；在此基础上，分析了偏心距、含钢率和长细比等对极限承载力的影响；最后，计算了偏压柱极限承载力并与已有的纯方钢管混凝土偏压柱的试验结果进行了对比，发现内（圆）钢管增强效果显著。

陶忠等[57]对 12 个内圆外方中空夹层钢管混凝土构件进行偏心受压试验研究，

分别对压弯构件的荷载-变形关系进行了全过程分析,提出了构件承载力的计算公式,计算结果与试验结果基本符合。

谭秋虹[58]以螺旋筋沿柱纵轴线的间距、螺旋筋外直径与方钢管边长比(位置系数)、高宽比、偏心率、纵筋配筋率及钢管壁厚为变化参数,完成了17根方钢管螺旋筋混凝土柱的单调偏心受压静载试验。观察了试件的破坏形态,获取了荷载-位移曲线、荷载-应变曲线及其特征点参数,分析了各参数对试件的破坏机理、承载能力、延性性能等的影响。利用纤维模型法编制了方钢管螺旋筋混凝土柱偏压承载力计算的非线性分析程序,并对其偏压受力全过程进行数值模拟。

何益斌等[59]进行了13根组合柱的偏心受压试验,研究了钢骨-钢管自密实高强混凝土偏压柱的荷载-变形关系曲线、宏观变形特征和破坏形态,分析了偏心率、长细比、套箍系数和配骨指标对偏压组合柱力学性能的影响。研究结果表明,内置钢骨能延缓甚至阻止核心混凝土中剪切斜裂缝的开展,可有效提高偏压组合柱的极限承载力和延性;在整个加载过程中,钢骨-钢管自密实高强混凝土偏压柱中截面纵向应变沿截面高度的变化基本符合平截面假设。

雷敏等[60]利用纤维模型程序对T形钢管混凝土单向压弯长柱的力学性能进行分析,讨论了混凝土抗压强度、钢材屈服强度、管壁宽厚比、截面肢宽厚比、加载角度、长细比和轴压比等参数对构件偏压稳定承载力的影响。

陈宗平等[61]以再生粗骨料取代率、长细比和偏心距为变化参数,设计了15个方钢管再生混凝土柱进行静力单调加载试验,在此基础上分析了其延性、耗能、刚度退化的演化过程。研究结果表明,方钢管再生混凝土柱的承载能力比方钢管普通混凝土柱的差,其极限承载力均随长细比和偏心距的增大而减小;偏心受压时,其耗能能力随取代率的增加而降低,但随长细比的增加而提高。

颜燕祥等[62]为方便T形、L形和十形钢管混凝土柱的工程设计,结合国内外相关规程计算方法,采用自编程序对异形钢管混凝土柱压弯相关方程曲线进行了计算分析,提出异形钢管混凝土柱偏压承载力统一算法,并对不同截面形式及构造的异形钢管混凝土柱偏压承载力进行了算法验证。

由以上研究可知,国内外对于钢管混凝土柱的偏压性能有一定的研究基础,但对复式钢管混凝土柱及组合异形截面钢管混凝土柱的受力机理尚且未知,单钢管混凝土柱的偏压承载力计算也缺乏理论基础,因此有必要研究钢管混凝土柱的偏压性能。本书基于统一强度理论,在轴心受压承载力的基础上,考虑构件长细比和偏心率等因素对构件承载力的影响,推导不同截面形式钢管混凝土柱的偏压承载力统一解,并进行部分试验研究和数值模拟分析验证。

1.2.3　钢管混凝土柱抗震性能研究现状

钢管混凝土柱具有良好的抗震性能。因钢管既是纵向钢筋,又是横向箍筋,并且由于钢管混凝土柱具有良好的抗压强度和变形能力,即使在高轴压比条件下,仍可形成在受压区发展塑性变形的"压铰",不存在受压区先破坏的问题,也不存在像钢柱那样的受压翼缘屈曲失稳的问题。为了研究钢管混凝土柱在地震荷载下的强度、刚度和延性,众多研究者对钢管混凝土不同截面柱的抗震性能进行了大量的理论分析和试验研究。

Yagishita 等[63]对圆中空夹层钢管混凝土柱压弯构件滞回性能进行了试验研究。试验结果表明,构件的破坏均源于柱底外管形成的塑性铰,该处的外钢管发生局部屈曲,试件破坏表现为受弯破坏。径厚比小的实心钢管混凝土柱构件呈纺锤形的滞回环,而径厚比大的中空夹层钢管混凝土柱和实心钢管混凝土柱构件的滞回环呈反 S 形。同时可知,中空夹层钢管混凝土柱比实心钢管混凝土柱具有更好的恢复力特性。

赵立东等[64]进行了 3 个不同腔体构造的大截面尺寸圆钢管混凝土短柱试件的低周反复荷载试验,分析了各试件的承载力、刚度退化、滞回特性、延性、耗能及破坏特征。研究表明,圆钢管混凝土柱在压、弯、剪复合受力状态下的承载力试验值高于按照我国规范《钢管混凝土结构技术规范》(GB 50936—2014)和福建省工程建设标准《钢管混凝土结构技术规程》(DBJ/T 13-51—2010)得出的计算值,说明我国规范和规程在计算足尺试件承载力时,结果偏于安全。

黄宏等[65]对4个方实心钢管混凝土柱试件和12个方中空夹层钢管混凝土柱试件进行滞回性能的试验研究。试验的主要参数为空心率和轴压比。试验结果显示,方中空夹层钢管混凝土柱滞回曲线饱满,无明显的捏缩现象,说明构件耗能能力较好。同时,对方中空夹层钢管混凝土柱试件的荷载-位移滞回性能利用数值方法进行了分析,数值计算结果与试验结果符合较好。得出方中空夹层钢管混凝土柱荷载-位移骨架曲线受轴压比、名义含钢率、长细比、空心率、钢管屈服强度和混凝土强度等参数的影响规律。

李云云等[66]以轴压比、含骨率为主要参数,通过 5 根钢骨-钢管混凝土柱的拟静力法试验研究,对此类构件的抗震性能进行评价。根据试验过程中采集到的荷载和位移等数据,通过整理得到试件的滞回曲线和骨架曲线。分析结果表明,随含骨率的增大,钢骨-钢管混凝土柱的强度和刚度衰减减缓,耗能能力增加;随轴压比的增大,试件极限承载力下降,耗能能力降低。

Lin 和 Tsai[67]对圆中空夹层钢管混凝土柱纯弯和压弯构件进行滞回性能试验研究。试验共制作了 2 个实心钢管混凝土柱试件和 8 个中空夹层钢管混凝土柱试件。试验结果说明,在循环荷载作用下圆中空夹层钢管混凝土柱与单调加载时力学性能具有相似性。

董宏英等[68]考虑不同再生粗骨料取代率、剪跨比、轴压比等参数,设计了 7 个圆钢管再生混凝土柱足尺试件,进行拟静力试验研究,对比分析了各试件的破坏特征、滞回曲线、承载力、延性、刚度退化、耗能能力等特性。试验结果表明，各试件的滞回曲线基本呈梭形，比较饱满，延性较好；不同粗骨料取代率对试件的抗震性能影响不大；各试件抗震性能良好，满足抗震要求。

以往研究主要集中在单钢管混凝土柱、中空夹层复式钢管混凝土柱的抗震性能等方面，对于实复式钢管混凝土柱在水平荷载作用下的破坏机制尚未有结论。本书探讨复式钢管混凝土柱在单调水平荷载作用下的力学性能和在低周反复水平荷载作用下的滞回性能，为工程应用提供参考。

1.3　本书研究内容

本书采用统一强度理论，考虑钢管对核心混凝土的约束作用以及钢管因环向受拉导致纵向应力降低的影响，提出单钢管混凝土柱、复式钢管混凝土柱、组合截面钢管混凝土柱的承载力计算方法，建立适用于单钢管混凝土柱（圆形、方形和多边形）、复式钢管混凝土柱、带约束拉杆十形钢管混凝土柱、组合 L 形钢管-钢骨混凝土柱等不同截面形式的钢管混凝土柱轴压与偏压承载力公式；同时进行单钢管和复式钢管混凝土柱的轴压、偏压、抗震性能试验研究和数值模拟，重点分析不同截面形式和含钢率对组合柱受力性能的影响规律。主要研究内容如下。

（1）钢管普通混凝土柱：设计制作 25 个圆钢管混凝土柱试件，进行圆钢管混凝土柱的轴心受压和偏心受压试验。以双剪统一强度理论为基础，推导钢管混凝土柱核心混凝土抗压强度的计算公式，并进行钢管混凝土柱承载力的理论计算及对比分析。根据统一强度理论，综合考虑方钢管混凝土柱的材料特点，引入考虑厚边比影响的等效约束折减系数，将钢管混凝土角部非均匀的约束力转化为均匀的约束力，从而将方钢管对混凝土的约束等效为圆钢管对混凝土的约束，推导计算方钢管混凝土柱极限承载力的公式，该公式对发挥材料潜力、节约材料很有意义。

（2）钢管再生混凝土柱：进行 13 个圆钢管、25 个方钢管再生混凝土柱试件的轴心受压性能试验，通过试验现场观察试件受力全过程和破坏形态，获取荷载-位移关系曲线和荷载-应变关系曲线，并分析钢纤维体积掺量、截面含钢率对其承载和变形性能的影响，在此基础上，采用统一强度理论建立其轴压极限承载力。

（3）钢管轻骨料混凝土柱：运用双剪统一强度理论，综合考虑方形薄壁钢管的薄壁效应以及轻骨料混凝土与普通混凝土多轴强度准则差异的影响，推导方形薄壁钢管轻骨料混凝土轴压短柱的极限承载力计算公式；在厚壁圆筒统一强度理论的基础上，推导圆钢管轻骨料混凝土柱的极限承载力公式。方形钢管轻骨料混凝土轴压短柱的受力性能与圆形截面柱有较大的区别，因此本书考虑薄壁钢板的冷弯效应和有效宽度，并采用等效截面的方法推导出方形钢管轻骨料混凝土轴压短柱的极限承载力计算公式。

（4）钢管RPC（活性粉末混凝土）柱：对圆形、方形截面钢管RPC短柱轴压承载力计算公式引入尺寸效应模型和界面黏结力进行修正，采用统一强度理论推导钢管RPC轴压短柱的承载力统一解，将理论推导公式与相关文献试验数据进行比较，以验证理论分析的合理性，并对影响钢管RPC构件力学性能的因素进行分析。

（5）多边形钢管混凝土柱：采用双剪统一强度理论，考虑钢管初应力、中间主应力及材料拉压强度比的影响，将核心混凝土划分为有效约束区和非有效约束区，引入长细比折减系数，推导出正八边形截面钢管混凝土柱轴压极限承载力。引入考虑正多边形钢管混凝土柱的边数变量，得出正多边形截面钢管混凝土柱轴压极限承载力统一解的通式。

（6）复式钢管混凝土柱轴压与偏压性能：对19个复式钢管混凝土短柱进行轴心和偏心受压试验，得到不同工况下的极限承载力，并分析圆钢管指标（壁厚、管径及材料的屈服强度）对复式钢管混凝土柱承载力的影响；利用 ANSYS 对轴心荷载下的复式钢管混凝土短柱进行分析验证。基于双剪统一强度理论，研究中空夹层复式钢管混凝土柱的轴心受压和偏心受压问题，推导中空夹层复式钢管混凝土柱的轴压承载力统一解；通过考虑偏心距和长细比的影响，得到中空夹层复式钢管混凝土柱的偏压承载力统一解，分析比较验证及参数影响特性。

（7）复式钢管混凝土柱抗震性能：对在单调水平荷载作用下的内圆外方实复式钢管混凝土柱进行弹塑性分析，得到其荷载-位移曲线，分析和考察轴压比、内钢管屈服强度、外钢管屈服强度和混凝土强度等因素对曲线的影响规律；在单调加载的基础上，对其施加低周反复水平荷载，进一步考察其滞回性能。

（8）方钢管-钢骨混凝土柱：运用统一强度理论，考虑中间主应力及材料的拉压异性对构件承载力的影响，引入考虑厚边比影响的等效约束折减系数和混凝土强度折减系数，并在轴心受压的基础上考虑稳定系数的影响，在厚壁圆筒理论基础上得出方钢管-钢骨高强混凝土轴压短柱与长柱极限承载力的计算公式。

（9）PBL 加劲型方钢管混凝土柱：考虑混凝土榫形成的剪力键提供的有效作用，对 PBL 加劲肋进行受力分析，通过分析混凝土有效约束区和非有效约束区，引入混凝土有效约束系数，采用统一强度理论推导 PBL 加劲型方钢管混凝土短柱轴压极限承载力理论解，并考察参数影响特性。

（10）方钢管螺旋箍筋混凝土柱：根据约束力的不同构成将混凝土截面分成四部分，综合考虑方钢管和螺旋箍筋对核心混凝土的约束差异，推导方钢管螺旋箍筋混凝土轴压短柱的极限承载力公式，并分析材料拉压强度比、中间主应力系数、箍筋间距、箍筋强度等参数对承载力的影响。

（11）L 形钢管-钢骨混凝土柱：采用统一强度理论对 L 形钢管-钢骨混凝土短柱的核心混凝土、型钢钢骨在三向受压应力状态下的轴向极限承载力进行分析，将 L 形钢管分为一个矩形和一个方形，通过考虑厚边比对钢管的影响和引入考虑尺寸效应影响的混凝土强度折减系数，将钢管长短边非均匀约束等效为环向均匀约束，推导 L 形钢管-钢骨混凝土柱轴压短柱的承载力公式；在此基础上，参照钢结构设计规范建立了中长柱轴压承载力公式。

（12）带约束拉杆十形钢管混凝土柱：基于统一强度理论，以带约束拉杆十形钢管混凝土短柱为研究对象，将十形截面划分为 1 个无拉杆和 4 个有拉杆的矩形区域，考虑中间主应力、材料拉压强度不等特性（SD 效应）及钢管宽厚比的影响，同时考虑混凝土所受的侧向约束应力，分析其受力机理及约束模型，建立该柱的轴压承载力计算公式，并在此基础上考虑长细比和偏心率的影响，得到偏心受压承载力计算公式。

参 考 文 献

[1]　蔡绍怀. 现代钢管混凝土结构[M]. 北京: 人民交通出版社, 2003.
[2]　韩林海. 钢管混凝土结构——理论与实践[M]. 北京: 科学出版社, 2004.
[3]　赵鸿铁. 钢与混凝土组合结构[M]. 北京: 科学出版社, 2001.
[4]　钟善桐. 钢管混凝土结构[M]. 3 版. 北京: 清华大学出版社, 2003.
[5]　张冬芳, 贺拴海, 赵均海, 等. 考虑楼板组合作用的复式钢管混凝土柱-钢梁节点抗震性能试验研究[J]. 建筑结构学报, 2018, 39(7): 55-65.
[6]　Liu J C, Yang Y L, Liu J P, et al. Experimental investigation of special-shaped concrete-filled steel tubular column to steel beam connections under cyclic loading[J]. Engineering Structures, 2017, 151: 68-84.
[7]　Rong B, Feng C X, Zhang R Y, et al. Compression-bending performance of L-shaped column composed of concrete filled square steel tubes under eccentric compression[J]. International Journal of Steel Structures, 2017, 17(1): 325-337.
[8]　张继承, 周灵娇, 吕行. T 形钢管混凝土柱-钢梁平面框架抗震性能研究[J]. 建筑结构学报, 2017, 38(3): 76-83.
[9]　陈肇元. 钢管混凝土短柱作为防护结构构件的性能[M]. 北京: 清华大学出版社, 1986.
[10]　钟善桐, 何若全. 钢管混凝土轴心受压长柱承载力的研究[J]. 哈尔滨建筑大学学报, 1983, 16(1): 1-13.
[11]　蔡绍怀, 焦占拴. 钢管混凝土短柱的基本性能和强度计算[J]. 建筑结构学报, 1984, 5(6): 13-29.
[12]　Johansson M, Gylltoft K. Structural behavior of slender circular steel-concrete composite columns under various means of load application[J]. Steel and Composite Structures, 2001, 1(4): 393-410.
[13]　Bradford M A, Loh H Y, Uy B. Slenderness limits for filled circular steel tubes[J]. Journal of Constructional Steel Research, 2002, 58(2): 243-252.
[14]　丁发兴. 圆钢管混凝土结构受力性能与设计方法研究[D]. 长沙: 中南大学, 2006.
[15]　Gupta P K, Sarda S M, Kumar M S. Experimental and computational study of concrete filled steel tubular columns under axial loads[J]. Journal of Constructional Steel Research, 2006, 63(6): 182-193.
[16]　Zhou X Y, Cao G H, He R. Study on long-term behavior and ultimate strength of CFST columns[C]. Proceedings of Ninth International Conference of Chinese Transportation Professionals, Harbin, 2009: 2239-2248.
[17]　梁本亮, 刘建新. 圆钢管混凝土短柱轴压极限承载力分析[J]. 上海交通大学学报, 2010, 44(6): 749-754.
[18]　肖岩, 黄叙. 圆钢管混凝土轴压短柱弹塑性全过程分析[J]. 建筑结构学报, 2011, 32(12): 195-201.
[19]　Dundu M. Compressive strength of circular concrete filled steel tube columns[J]. Thin-Walled Structures, 2012,

56(7): 62-70.

[20] Gupta L M, Parlewar P M. An investigation of concrete in-filled steel box columns[J]. Journal of Structural Engineering, 2001, 28(1): 33-38.

[21] Mursi M, Uy B. Strength of slender concrete filled high strength steel box columns[J]. Journal of Constructional Steel Research, 2004, 60(12): 1825-1848.

[22] 张素梅, 郭兰慧, 叶再利, 等. 方钢管高强混凝土轴压短柱的试验研究[J]. 哈尔滨工业大学学报, 2004, 36(12): 1610-1614.

[23] 张耀春, 王秋萍, 毛小勇, 等. 薄壁钢管混凝土柱轴压力学性能试验研究[J]. 建筑结构, 2005, 35(1): 22-27.

[24] 卢方伟, 李四平, 孙国钧. 方钢管混凝土轴压短柱的非线性有限元分析[J]. 工程力学, 2007, 24(3): 110-114.

[25] 钱稼茹, 江枣. 钢管混凝土组合柱轴心受压承载力计算方法[J]. 工程力学, 2011, 28(4): 49-57.

[26] 梁禧. 方钢管高强混凝土轴压短柱非线性有限元分析[D]. 保定: 河北农业大学, 2011.

[27] Wu B, Zhao X Y, Zhang J S. Cyclic behavior of thin-walled square steel tubular columns filled with demolished concrete lumps and fresh concrete[J]. Journal of Constructional Steel Research, 2012, 77(10): 69-81.

[28] 方小丹, 林斯嘉. 复式钢管高强混凝土柱轴压试验研究[J]. 建筑结构学报, 2014, 35(4): 236-245.

[29] 陈建伟, 苏幼坡, 李欣. 复式钢管混凝土柱轴压承载力计算方法对比分析[J]. 福州大学学报(自然科学版), 2013, 41(4): 792-795.

[30] 蔡绍怀, 焦占拴. 复式钢管混凝土柱的基本性能和承载力计算[J]. 建筑结构学报, 1997, 18(6): 20-25.

[31] 张春梅, 阴毅, 周云. 双钢管高强混凝土柱轴压承载力的试验研究[J]. 广州大学学报(自然科学版), 2004, 3(1): 61-65.

[32] Wei S, Mau S T, Vipulananadan C, et al. Performance of new sandwich tube under axial loading: Experiment[J]. Journal of Structural Engineering, 1995, 121(12): 1806-1814.

[33] Zhao X L, Grzebieta R. Strength and ductility of concrete filled double skin(SHS inner and SHS outer)tubes[J]. Thin-Walled Structures, 2002, 40(2): 199-213.

[34] Elchalakani M, Zhao X L, Grzebieta R. Tests on concrete-filled double-skin(CHS outer and SHS inner)composite short columns under axial compression[J]. Thin-Walled Structures, 2002, 40(5): 415-441.

[35] 夏桂云, 曾庆元, 李传习, 等. 复式空心钢管混凝土柱抗压刚度[J]. 长安大学学报(自然科学版), 2003, 23(4): 41-45.

[36] 徐汉勇. 八边形中空夹层钢管混凝土轴压短柱力学性能的研究[D]. 杭州: 浙江工业大学, 2006.

[37] 张元凯, 梁炯丰, 邓宇. 矩形中空夹层钢管混凝土轴压性能有限元分析[J]. 广西工学院学报, 2007, 18(4): 36-39.

[38] 赵均海, 魏锦. 中空夹层钢管混凝土柱极限承载力研究[J]. 中国科技论文在线, 2007, 2(9): 688-692.

[39] 林拥军. 配有圆钢管的钢骨混凝土柱的试验研究[D]. 南京: 东南大学, 2002.

[40] 王清湘, 赵大洲, 关萍. 钢骨-钢管高强混凝土轴压组合柱受力性能的试验研究[J]. 建筑结构学报, 2003, 24(6): 45-49.

[41] 朱美春. 钢骨-方钢管自密实高强混凝土柱力学性能研究[D]. 大连: 大连理工大学, 2005.

[42] 赵同峰, 李宏男, 刘宏. 方钢管钢骨混凝土轴压短柱极限承载力计算[J]. 辽宁工程技术大学学报(自然科学版), 2010, 29(2): 220-223.

[43] 何益斌, 肖阿林, 郭健, 等. 钢骨-钢管自密实高强混凝土轴压短柱承载力——试验研究[J]. 自然灾害学报, 2010, 19(4): 29-33.

[44] 郑亮. 配螺旋箍筋方钢管混凝土柱计算方法及试验研究[D]. 天津: 天津大学, 2013.

[45] 陈志华, 杜颜胜, 周婷. 配螺旋箍筋方钢管混凝土柱力学性能研究[J]. 建筑结构, 2015, 45(20): 28-33.

[46] Ding F X, Lu D, Bai Y, et al. Comparative study of square stirrup-confined concrete-filled steel tubular stub columns under axial loading[J]. Thin-Walled Structures, 2016, 98(2): 443-453.

[47] 龚永智, 付磊, 丁发兴, 等. 方钢管约束混凝土轴压短柱承载力研究[J]. 建筑结构学报, 2016, 37(S1): 239-244.

[48] 张玉芬, 王强. 内配螺旋箍筋方钢管混凝土短柱轴压极限承载力计算方法[J]. 建筑结构, 2016, 46(13): 76-79.

[49] Ho J C M, Dong C X. Simplified design model for uni-axially loaded double-skinned concrete-filled-steel-tubular columns with external confinement[J]. Advanced Steel Construction, 2014, 10(2): 179-199.

[50] Xiong Q, Chen Z, Zhang W, et al. Compressive behaviour and design of L-shaped columns fabricated using

concrete-filled steel tubes[J]. Engineering Structures, 2017, 152(12): 758-770.

[51] 陈雨, 沈祖炎, 雷敏, 等. T 形钢管混凝土短柱轴压试验[J]. 同济大学学报(自然科学版), 2016, 44(6): 822-829.

[52] Chen Z Y, Shen Z Y. Behavior of L-shaped concrete-filled steel stub columns under axial loading: Experiment[J]. Advanced Steel Construction, 2010, 6(2): 688-697.

[53] 杜国锋, 宋鑫, 余思平. 内置钢骨组合 L 形截面钢管混凝土短柱轴压性能试验研究[J]. 建筑结构学报, 2013, 34(8): 82-89.

[54] 蔡健, 孙刚. 带约束拉杆 L 形截面钢管混凝土的本构关系[J]. 工程力学, 2008, 25(10): 173-179.

[55] 杨国庆, 赵均海, 封文宇. 基于统一强度理论的带约束拉杆矩形钢管混凝土短柱轴压承载力研究[J]. 混凝土, 2015, 9(2): 5-8, 11.

[56] 吕天启, 赵国藩. 内(圆)钢管增强方钢管混凝土偏压柱极限承载力分析数值方法[J]. 大连理工大学学报, 2001, 41(5): 612-616.

[57] 陶忠, 韩林海, 黄宏. 方中空夹层钢管混凝土偏心受压柱力学性能的研究[J]. 土木工程学报, 2003, 36(2): 33-40, 51.

[58] 谭秋虹. 方钢管螺旋筋混凝土柱偏压性能试验研究[D]. 南宁: 广西大学, 2016.

[59] 何益斌, 肖阿林, 郭健, 等. 钢骨-钢管自密实高强混凝土偏压柱力学性能试验研究[J]. 建筑结构学报, 2010, 31(4): 102-109.

[60] 雷敏, 沈祖炎, 李元齐, 等. T形钢管混凝土单向偏压长柱力学性能分析[J]. 同济大学学报(自然科学版), 2016, 44(2): 207-212.

[61] 陈宗平, 谭秋虹, 徐金俊. 方钢管再生混凝土柱偏压性能影响因素分析[J]. 解放军理工大学学报(自然科学版), 2015, 16(2): 149-155.

[62] 颜燕祥, 徐礼华, 余敏, 等. 异形钢管混凝土柱偏压承载力统一算法研究[J]. 湖南大学学报(自然科学版), 2018, 45(3): 18-28.

[63] Yagishita, Kitoh H, Sugimoto M, et al. Double-skin composite tubular columns subjected to cyclic horizontal force and constant axial force[C]. Proceedings of 6th International Conference on Steel and Concrete Composite Structures, Los Angeles, 2000: 497-503.

[64] 赵立东, 曹万林, 刘亦斌, 等. 不同腔体构造圆钢管混凝土短柱抗震性能试验[J]. 建筑结构学报, 2019, 40(5): 96-104.

[65] 黄宏, 韩林海, 陶忠. 方中空夹层钢管混凝土柱滞回性能研究[J]. 建筑结构学报, 2006, 27(2): 64-74.

[66] 李云云, 闻洋, 杨德山. 钢骨-钢管混凝土柱抗震性能的影响因素[J]. 沈阳建筑大学学报(自然科学版), 2016, 32(4): 628-634.

[67] Lin M L, Tsai K C. Behavior of double-skinned composite steel tubular columns subjected to combined axial and flexural loads[C]. First International Conference on Steel & Composite Structures, Pusan, 2001: 1145-1152.

[68] 董宏英, 谢翔, 曹万林, 等. 圆钢管再生混凝土柱抗震性能试验[J]. 天津大学学报(自然科学与工程技术版), 2018, 51(10): 1096-1106.

第2章 钢管混凝土柱基本理论

自20世纪30年代以来，国内外学者对钢管混凝土构件的受力性能进行了大量研究，提出了不同计算公式。对于钢管混凝土构件的研究有多种方法，区别在于对钢管与核心混凝土之间因相互约束而产生"效应"的计算方法不同。这种"效应"的存在构成了钢管混凝土构件的固有特性，从而导致其力学性能的复杂性。因此，研究钢管混凝土柱的工作机理，探讨钢管与核心混凝土之间的约束效应，是解决该构件力学性能问题的关键。

2.1 钢管混凝土柱工作机理

钢管混凝土柱工作机理的关键是按照混凝土和钢管两种材料的特点区分出各自不同的工作阶段。混凝土是一种应用广泛的建筑材料，其特点是材料组成不均匀，且存在天生的微裂缝，由此决定了其特征性工作机理：微裂缝发展、运行构成较大的宏观裂缝，宏观裂缝继续发展，最终导致结构中混凝土的破坏；混凝土的破坏机理是内部微裂缝的发展导致横向变形增大，并最终因微裂缝连通而破坏。混凝土的工作机理决定了其工作性能的复杂性。在钢管混凝土中，核心混凝土受到外包钢管的约束，钢管和混凝土存在相互作用，使核心混凝土的工作性能进一步复杂化。钢管混凝土的基本原理包含以下两方面：

（1）内填混凝土增强钢管壁的稳定性。对于薄壁钢管来说，其承载力决定于薄壁的局部稳定，屈服强度常得不到充分利用。由于它对局部缺陷很敏感，薄壁钢管的实际承载力往往只有理论计算值的 1/5~1/3。在钢管中填充混凝土形成钢管混凝土后，混凝土的存在可以避免或延缓薄壁钢管过早地发生局部屈曲，增强钢管壁的稳定性。故在承载力方面，钢管混凝土柱远远高于外包钢管和核心混凝土承载力之和，即产生了所谓的"1+1>2"的组合效果。

（2）钢管对核心混凝土的套箍作用，使核心混凝土处于三向受压状态，从而使核心混凝土具有更高的抗压强度和延性。通常情况下混凝土结构的脆性较大，高强混凝土更是如此，但在钢管混凝土构件中，两种材料能相互弥补对方的弱点，发挥各自的长处。通过钢管和混凝土的组合作用，钢管混凝土柱不仅承载力得到了大幅度提高，而且其延性及塑性性能得到了良好的改善，因此取得了良好的经济效益[1, 2]。

钢管混凝土是由两种或者三种材料共同作用组成，各自的力学性能发生了复杂变化，甚至发生改性，此种改性有利于材料优势的充分发挥。由文献[3]~[13]可得出，与单钢管混凝土短柱相比，内圆钢管增强型、型钢增强型及各种组合截面的钢管混凝土短柱，既有相同的受力特点，又有很多不同之处。钢管混凝土柱在轴压作用下受力全过程简述如下（以双钢管混凝土柱为例，内外钢管间的混凝土称为外层混凝土，内钢管中的混凝土称为内层混凝土）。

（1）弹性阶段：与单钢管混凝土柱不同，在加荷初期，内钢管与混凝土之间存在挤压力，可以延缓内钢管的局部屈曲以及混凝土的内部微裂缝发展；钢管与混凝土均处于弹性阶段，内钢管对外层混凝土产生径向压力并且导致内钢管产生环向压力，故内钢管和混凝土都处于三向受力状态。

（2）弹塑性阶段：混凝土开裂后进入弹塑性阶段。当荷载增大时，随着混凝土横向变形系数的增大，截面整体开始进入塑性阶段。在内外钢管和内外层混凝土之间同时产生相互的紧箍和鼓胀作用，此时混凝土处于三向受压状态，混凝土的承载力得到提高，同时由于混凝土的存在，钢管的稳定性有所增强。

（3）破坏阶段：外钢管纵向受压屈服后，进入破坏阶段。当钢管屈服时，由于内力重分布，竖向荷载转移到各自约束的混凝土上。内钢管受到外层混凝土以及外钢管的约束，在屈服后仍能保持较好的形态并继续对内层混凝土产生约束作用；而外钢管则在外层混凝土的挤压下外鼓，从而降低了对外层混凝土的约束。内、外层混凝土的承载力由于所受约束不同而有差异，外层混凝土的承载力小于内层混凝土，两者的泊松比也有一定差异。当外钢管屈服时，由于内力重分布，竖向荷载转移到内层混凝土及内钢管上，内钢管的环应力增大。直到外钢管发生塑流现象进入强化阶段，其环向拉应力继续增长，内、外层混凝土及内钢管纵向应力同样增加，使得内钢管也屈服，最终试件轴向应变发展加剧。

（4）强化阶段：外钢管环向出现外鼓，随着荷载的进一步增大，外钢管和内钢管相继屈服，发生塑流现象，不再承担新增加的竖向荷载。试件轴向应变发展加剧，钢管所受的环向拉应力不断增大，混凝土中的微裂缝亦不断扩展，直到柱丧失承载力。与单钢管混凝土短柱一样,荷载-位移曲线是否出现下降段取决于内、外层混凝土承载力提高值与内外钢管卸载值之差。由于双钢管混凝土柱核心混凝土受到的紧箍作用大于单钢管混凝土，一般曲线不会出现下降段。

无论是型钢、内钢管还是复式钢管混凝土都起到了对混凝土产生更强的横向约束作用的目的，使核心混凝土处于三向应力状态，从而抑制核心混凝土内裂纹的继续萌生。同时外钢管的存在，也对混凝土产生约束作用，而混凝土反过来又对内部钢材产生包裹作用，因而可延缓出现屈曲的时间。在加荷初期，内部钢材与混凝土之间有约束作用存在，但这种作用力较小；当荷载增大时，混凝土横向变形增大并超过钢材，整体截面开始进入弹塑性阶段，混凝土和钢材之间产生相互作用力（紧箍力和鼓胀力），当组合柱接近破坏时内外钢材可以把混凝土限制在其极限变形内，直到整个试件达到最大承载力。侧压力的存在抑制了裂纹的产生和发展，混凝土中微细裂纹的产生或扩展只有在较高的应力下才能实现，而组合柱的失稳或折断只有在更高的应力下才能发生，表现为核心混凝土的抗压强度和变形能力的大幅度提高。

2.2　钢管混凝土柱计算方法

2.2.1　叠加理论

叠加理论是将填充混凝土和钢管两部分承担的承载力进行叠加，作为钢管混凝土构件整体的承载力，即忽略钢管对混凝土的环箍作用。目前采用叠加理论的主要是日本AIJ规范、《天津市钢结构住宅设计规程》等。叠加理论没有考虑钢管约束使承载力提高的作用，对极限承载力计算来说是偏于安全的。因其物理概念明确，计算公式简单明了，容易在实际工程中采用。但是根据钢管混凝土的机理分析，简单叠加法误差很大，使结构造价提高，不能充分发挥材料性能，只可作为一种参考。目前常用的是极限分析法，也叫极限平衡法，不考虑加载历程和变形过程，直接根据结构处于极限状态时的平衡条件算出极限状态的荷载数值进行叠加。这种极限承载力叠加法，不是简单意义上的直接叠加，而是考虑钢和混凝土相互作用后的叠加方法。

极限平衡法将结构视为一系列元件组成的体系，元件的变形方式和极限条件是已知的，而结构的极限承载力是待求的。构件的实际荷载-应变曲线是由弹性阶段、弹塑性阶段和塑性阶段等部分组成，当达到极限状态时，钢管已进入塑性状态，因而也可采用塑性理论对钢管进行内力分析，以确定构件极限状态时的承载能力[14]。混凝土因约束作用而产生了力学性能的变化。钢管混凝土的这种套箍强化作用，在极限承载力分析中取得了许多成果。例如，Gvozdev 教授采用假塑性元件的假设，并用极限平衡法求解钢管混凝土轴压短柱的极限承载力[15]。

2.2.2　拟钢理论

同济大学沈祖炎团队提出的基于钢结构规范的钢管混凝土柱计算理论成果被《矩形钢管混凝土结构技术规程》（CECS 159: 2004）和上海市标准《高层建筑钢-混凝土混合结构设计规程》等采用，被称为拟钢理论。拟钢理论是将混凝土折算成钢，再按照钢结构规范进行设计。美国《钢结构建筑设计规范：荷载和抗力系数设计法》（AISC-LRFD99）和中国工程建设标准化协会标准 CECS 159: 2004 规范属于这种类型，其中 LRFD 规范是在不改变钢管截面面积的条件下，将填充混凝土作为对钢管材料的屈服强度和弹性模量提高的手段，以此来求得等效钢管的性能，并以等效钢管构件的承载力作为原型钢管混凝土构件的承载力。在计算时，只加入其对轴压承载力提高的部分，不考虑其对抗拉和抗弯承载力的影响。拟钢理论的不足之处是钢管与混凝土共同工作机理不清，特别是混凝土和钢之间存在缝隙时，会导致二者不能完全共同工作而达不到设定的极限承载能力。

2.2.3　拟混凝土理论

拟混凝土理论是将钢管混凝土构件中的钢管视为分布在核心混凝土周围的等效纵向钢筋，钢筋的面积根据钢管的截面面积和形状而定。假定钢材遵循理想弹塑性应力-应变关系，以混凝土的最大压应变达 0.0033 时承受的荷载作为承载力的极限状态，在极限状态下，混凝土受压区承受的荷载为一均布荷载，大小为f_{cy}（f_{cy} 为混凝土的圆柱体抗压强度）。根据上述的等效假定，可以用等效的钢筋混凝土柱的轴力-弯矩关系作为钢管混凝土的轴力-弯矩关系。欧洲的 EC4（Eurocode 4）规范就是采用这种方法，将钢板视为连续的钢筋，不考虑钢材与混凝土之间的相互作用，认为两种材料分别工作，各自达到其承载力极限，取两种材料都达到塑性时的截面承载力值为构件的承载力。美国混凝土协会（American Concrete Institute，ACI）制订的规范中，也采用这种思路进行钢管混凝土的设计计算。钢管对混凝土的约束作用提高了混凝土的承载力，特别是混凝土开裂后的承载力，钢管混凝土与钢筋混凝土并不完全相等，因此在 ACI 规范中，采用了对钢筋混凝土系数放大的设计计算方法，这种弯矩放大的方法会产生很大的误差。拟混凝土理论目前只限于圆钢管混凝土的应用，对于矩形钢管混凝土构件不太适用，这是因为矩形钢管壁对管内核心混凝土的约束效应较小，且受到诸如混凝土的浇筑等因素的影响较大。

以上三种理论各成体系，各有优缺点。然而，在计算钢管混凝土柱承载力时均未充分考虑钢管对核心混凝土的约束效应，使得计算结果误差较大。

2.2.4　统一强度理论

1. 统一强度理论力学模型

考虑作用于双剪单元体上的全部应力分量以及它们对材料破坏的不同影响，俞茂宏于 1990 年提出一个新的统一强度理论[16]：当作用于双剪单元体上的两个较大剪应力及其面上的正应力影响函数达到某一极限值时，材料开始发生破坏。由于该统一强度理论是以双剪理论为基础推导得出的，故又称为双剪统一强度理论，其数学表达式为

$$F = \tau_{13} + b\tau_{12} + \beta(\sigma_{13} + b\sigma_{12}) = C , \qquad \tau_{12} + \beta\sigma_{12} \geqslant \tau_{23} + \beta\sigma_{23} \qquad (2.1a)$$

$$F' = \tau_{13} + b\tau_{23} + \beta(\sigma_{13} + b\sigma_{23}) = C , \qquad \tau_{12} + \beta\sigma_{12} \leqslant \tau_{23} + \beta\sigma_{23} \qquad (2.1b)$$

式中，b 为反映中间主剪应力以及相应面上的正应力对材料破坏影响程度的系数；β 和 C 为与材料强度相关的参数。最大主切应力 τ_{13}，中间主切应力 τ_{12} 或最小主切应力 τ_{23} 及十二面体或正反八面体正应力 σ_{13}，σ_{12} 或 σ_{23} 的表达式分别为

$$\begin{cases}\tau_{13}=\dfrac{1}{2}(\sigma_1-\sigma_3)\\[2mm]\tau_{12}=\dfrac{1}{2}(\sigma_1-\sigma_2)\ ,\\[2mm]\tau_{23}=\dfrac{1}{2}(\sigma_2-\sigma_3)\end{cases}\qquad\begin{cases}\sigma_{13}=\dfrac{1}{2}(\sigma_1+\sigma_3)\\[2mm]\sigma_{12}=\dfrac{1}{2}(\sigma_1+\sigma_2)\\[2mm]\sigma_{23}=\dfrac{1}{2}(\sigma_2+\sigma_3)\end{cases}\qquad(2.2)$$

参数 β 和 C 可由材料极限抗拉强度 σ_t 和极限抗压强度 σ_c 确定，其条件为

$$\sigma_1=\sigma_t,\qquad\sigma_2=\sigma_3=0\qquad(2.3\text{a})$$
$$\sigma_1=\sigma_2=0,\qquad\sigma_3=-\sigma_c\qquad(2.3\text{b})$$

由此可得出统一强度理论中的两个材料参数 β 和 C 分别为

$$\beta=\frac{\sigma_c-\sigma_t}{\sigma_c+\sigma_t}=\frac{1-\alpha}{1+\alpha}\qquad(2.4\text{a})$$
$$C=\frac{2\sigma_c\sigma_t}{\sigma_c+\sigma_t}=\frac{2}{1+\alpha}\sigma_t\qquad(2.4\text{b})$$

将它们代入统一强度理论的主剪应力形式式（2.1），可以得出用主应力表示的双剪统一强度理论表达式为

$$F=\sigma_1-\frac{\alpha}{1+b}(b\sigma_2+\sigma_3)=\sigma_t,\qquad\sigma_2\leqslant\frac{\sigma_1+\alpha\sigma_3}{1+\alpha}\qquad(2.5\text{a})$$
$$F'=\frac{1}{1+b}(\sigma_1+b\sigma_2)-\alpha\sigma_3=\sigma_t,\qquad\sigma_2\geqslant\frac{\sigma_1+\alpha\sigma_3}{1+\alpha}\qquad(2.5\text{b})$$

式中，$\alpha=\sigma_t/\sigma_c$，为材料的拉压强度比。韧性金属材料 α 一般为 0.77~1.00，脆性金属材料 α 为 0.33~0.77，岩土类材料 α 一般小于 0.5，混凝土 α 为 0.065~0.100。双剪统一强度理论中的参数 b 是反映中间主剪应力以及相应面上的正应力对材料破坏影响程度的系数，它与材料极限剪切强度 τ_s、极限抗拉强度 σ_t、极限抗压强度 σ_c 的关系为

$$b=\frac{(1+\alpha)\tau_s-\sigma_t}{\sigma_t-\tau_s}=\frac{1+\alpha-B_s}{B_s-1}\qquad(2.6)$$
$$B_s=\frac{\sigma_s}{\tau_s}=\frac{1+b+\alpha}{1+b}\qquad(2.7)$$

式中，B_s 为剪应力系数。将式（2.6）代入式（2.5），可得到双剪统一强度理论的另一表达式为

$$F = \sigma_1 - (1+\alpha - B_s)\sigma_2 - (B_s -1)\sigma_3 = \sigma_t, \qquad \sigma_2 \leqslant \frac{\sigma_1 + \alpha\sigma_3}{1+\alpha} \qquad (2.8a)$$

$$F' = \frac{B_s -1}{\alpha}\sigma_1 + \frac{1+\alpha - B_s}{\alpha}\sigma_2 - \alpha\sigma_3 = \sigma_t, \qquad \sigma_2 \geqslant \frac{\sigma_1 + \alpha\sigma_3}{1+\alpha} \qquad (2.8b)$$

式（2.5）和式（2.8）即为统一强度理论的主应力表达式。

统一强度理论从统一的力学模型出发，考虑应力状态的所有应力分量以及它们对材料屈服和破坏的不同影响，建立了一个全新的统一强度理论和一系列新的典型计算准则，适应于不同材料。

统一强度理论包含了四大族无限多个强度理论，即

双剪统一强度理论，外凸理论，$0 \leqslant b \leqslant 1$ 或 $(1+\alpha) \geqslant B_s \geqslant (1+\alpha/2)$。

双剪非凸强度理论，非凸理论，$b < 0$ 或 $b > 1$，即 $B_s > (1+\alpha)$ 或 $B_s \leqslant (1+\alpha/2)$。

双剪统一屈服准则，$\alpha = 1$，$0 \leqslant b \leqslant 1 (2 \geqslant B_s \geqslant 3/2)$。

双剪非凸屈服准则，$\alpha = 1$，$b < 0 (B_s > 2)$。

在一般情况下，可取 $b=0$，$1/4$，$1/2$，$3/4$，1，$5/4$，$3/2$ 等典型参数，得出下列准则：

（1）$b = 0$，得出 Mohr-Coulomb 强度理论 $(B_s = 1+\alpha)$ 为

$$F = F' = \sigma_1 - \alpha\sigma_3 = \sigma_t \quad 或 \quad F = F' = \frac{1}{\alpha}\sigma_1 - \sigma_3 = \sigma_c \qquad (2.9)$$

（2）$b=1/4$，得加权双剪强度理论$\left(B_s = 1+\frac{4}{5}\alpha\right)$为

$$F = \sigma_1 - \frac{\alpha}{5}(\sigma_2 + 4\sigma_3) = \sigma_t, \qquad \sigma_2 \leqslant \frac{\sigma_1 + \alpha\sigma_3}{1+\alpha} \qquad (2.10a)$$

$$F' = \frac{1}{5}(4\sigma_1 + \sigma_2) - \alpha\sigma_3 = \sigma_t, \qquad \sigma_2 \geqslant \frac{\sigma_1 + \alpha\sigma_3}{1+\alpha} \qquad (2.10b)$$

（3）$b=1/2$，得加权双剪强度理论$\left(B_s = 1+\frac{2}{3}\alpha\right)$为

$$F = \sigma_1 - \frac{\alpha}{3}(\sigma_2 + 2\sigma_3) = \sigma_t, \qquad \sigma_2 \leqslant \frac{\sigma_1 + \alpha\sigma_3}{1+\alpha} \qquad (2.11a)$$

$$F' = \frac{1}{3}(2\sigma_1 + \sigma_2) - \alpha\sigma_3 = \sigma_t, \qquad \sigma_2 \geqslant \frac{\sigma_1 + \alpha\sigma_3}{1+\alpha} \qquad (2.11b)$$

由于 Drucker-Prager 准则与实际不符，从理论上讲，准则（3）是代替 Drucker-Prager 准则的一个较为合理的新的强度准则。

（4）$b=3/4$，得加权双剪强度理论 $\left(B_s = 1 + \dfrac{4}{7}\alpha\right)$ 为

$$F = \sigma_1 - \frac{\alpha}{7}(3\sigma_2 + 4\sigma_3) = \sigma_t, \qquad \sigma_2 \leqslant \frac{\sigma_1 + \alpha\sigma_3}{1 + \alpha} \qquad (2.12a)$$

$$F' = \frac{1}{7}(4\sigma_1 + 3\sigma_2) - \alpha\sigma_3 = \sigma_t, \qquad \sigma_2 \geqslant \frac{\sigma_1 + \alpha\sigma_3}{1 + \alpha} \qquad (2.12b)$$

（5）$b = 1\left(B_s = 1 + \dfrac{\alpha}{2}\right)$，得俞茂宏于 1983 年提出的双剪应力强度理论为

$$F = \sigma_1 - \frac{\alpha}{2}(\sigma_2 + \sigma_3) = \sigma_t, \qquad \sigma_2 \leqslant \frac{\sigma_1 + \alpha\sigma_3}{1 + \alpha} \qquad (2.13a)$$

$$F' = \frac{1}{2}(\sigma_1 + \sigma_2) - \alpha\sigma_3 = \sigma_t, \qquad \sigma_2 \geqslant \frac{\sigma_1 + \alpha\sigma_3}{1 + \alpha} \qquad (2.13b)$$

（6）$b = 5/4$，得双剪非凸强度理论 $\left(B_s = 1 + \dfrac{4}{9}\alpha\right)$ 为

$$F = \sigma_1 - \frac{\alpha}{9}(5\sigma_2 + 4\sigma_3) = \sigma_t, \qquad \sigma_2 \leqslant \frac{\sigma_1 + \alpha\sigma_3}{1 + \alpha} \qquad (2.14a)$$

$$F' = \frac{1}{9}(4\sigma_1 + 5\sigma_2) - \alpha\sigma_3 = \sigma_t, \qquad \sigma_2 \geqslant \frac{\sigma_1 + \alpha\sigma_3}{1 + \alpha} \qquad (2.14b)$$

（7）$b = 3/2$，得双剪非凸强度理论 $\left(B_s = 1 + \dfrac{2}{5}\alpha\right)$ 为

$$F = \sigma_1 - \frac{\alpha}{5}(3\sigma_2 + 2\sigma_3) = \sigma_t, \qquad \sigma_2 \leqslant \frac{\sigma_1 + \alpha\sigma_3}{1 + \alpha} \qquad (2.15a)$$

$$F' = \frac{1}{5}(2\sigma_1 + 3\sigma_3) - \alpha\sigma_3 = \sigma_t, \qquad \sigma_2 \geqslant \frac{\sigma_1 + \alpha\sigma_3}{1 + \alpha} \qquad (2.15b)$$

（8）$b = 1$，$\alpha = 2\upsilon$ （υ 为材料泊松比），得最大拉应变强度理论为

$$F = \sigma_1 - \upsilon(\sigma_2 + \sigma_3) = \sigma_t \qquad (2.16)$$

以上这 8 种计算准则适用于拉压强度不等的材料，也可作为角隅模型的线性代替式应用。

（9）双剪统一屈服准则：当材料拉压强度相同时，材料的拉压强度比 $\alpha = 1$，或材料的内摩擦角 $\theta = 0$，则统一强度理论退化为统一屈服准则。统一屈服准则包含了一系列屈服准则，表达式为

$$F = \sigma_1 - \frac{1}{1 + b}(b\sigma_2 + \sigma_3) = \sigma_s, \qquad \sigma_2 \leqslant \frac{\sigma_1 + \sigma_3}{2} \qquad (2.17a)$$

$$F' = \frac{1}{1 + b}(\sigma_1 + b\sigma_2) - \sigma_3 = \sigma_s, \qquad \sigma_2 \geqslant \frac{\sigma_1 + \sigma_3}{2} \qquad (2.17b)$$

当材料的拉压强度比 $\alpha = 1$ 时，式（2.6）变为

$$b = \frac{2\tau_s - \sigma_s}{\sigma_s - \tau_s} = \frac{2 - B_s}{B_s - 1} \qquad (2.18)$$

将式（2.18）代入式（2.17）中可得统一屈服准则的另一表达式为

$$F = \sigma_1 - (2 - B_s)\sigma_2 - (B_s - 1)\sigma_3 = \sigma_s, \qquad \sigma_2 \leqslant \frac{\sigma_1 + \sigma_3}{2} \qquad (2.19a)$$

$$F' = (B_s - 1)\sigma_1 - (2 - B_s)\sigma_2 - \sigma_3 = \sigma_s, \qquad \sigma_2 \geqslant \frac{\sigma_1 + \sigma_3}{2} \qquad (2.19b)$$

式（2.19）与式（2.17）是等效的。

三参数统一强度理论考虑了静水应力对材料破坏的影响，比两参数统一强度理论更加适用于极限抗拉强度 σ_t、极限抗压强度 σ_c 和双轴等压强度 σ_{cc} 均不相等的混凝土材料。其主应力形式的数学表达式为

$$F = \frac{1+b}{2}(1+\beta)\sigma_1 - \frac{1-\beta}{2}(b\sigma_2 + \sigma_3) + \frac{a}{3}(\sigma_1 + \sigma_2 + \sigma_3) = C,$$
$$\sigma_2 \leqslant \frac{1}{2}(\sigma_1 + \sigma_3) + \frac{\beta}{2}(\sigma_1 - \sigma_3) \qquad (2.20a)$$

$$F' = \frac{1+\beta}{2}(\sigma_1 + b\sigma_2) - \frac{1+b}{2}(1-\beta)\sigma_3 + \frac{a}{3}(\sigma_1 + \sigma_2 + \sigma_3) = C,$$
$$\sigma_2 \geqslant \frac{1}{2}(\sigma_1 + \sigma_3) + \frac{\beta}{2}(\sigma_1 - \sigma_3) \qquad (2.20b)$$

$$\beta = \frac{\bar{\alpha} + 2\alpha - 3\alpha\bar{\alpha}}{\bar{\alpha}(1+\alpha)}, \quad a = \frac{3\alpha(1+b)(\bar{\alpha}-1)}{\bar{\alpha}(1+\alpha)}, \quad C = \frac{1+b}{1+\alpha}\sigma_t \qquad (2.21)$$

式中，F、F' 为和主应力相关的函数；σ_1、σ_2、σ_3 分别为最大主应力、中间主应力和最小主应力；β 和 C 为与材料强度相关的参数；a 为反映静水应力对材料破坏的影响参数；b 为反映中间主剪应力及相应面上的正应力对材料破坏影响程度的系数；$\alpha = \sigma_t/\sigma_c$ 为材料的拉压强度比；$\bar{\alpha} = \sigma_{cc}/\sigma_c$ 为材料的双轴等压强度与极限抗压强度之比。

统一强度理论不仅包含了现有的强度理论（包括双剪强度理论，即现有的强度理论均为统一强度理论的特例或线性逼近），而且可以产生一系列新的可能有的强度理论。此外，它还可以发展出其他更广泛的理论和计算准则。以强度理论为中心，建立起不同强度理论之间的联系，形成一个统一强度理论新体系，称为俞茂宏统一强度理论。俞茂宏统一强度理论的意义如下：

（1）将以往只适用于某一类材料的单一强度理论发展为可以适用于众多类型材料的统一强度理论。

（2）用一个简单的统一数学表达式包含了现有的和可能有的强度理论。

（3）将现有的分散的强度理论用统一的力学模型和统一的计算准则联系起来，形成一个理论体系。

（4）为 Timoshenko[17]认为不可能解决的统一强度理论问题提供了一个可能。

（5）一个简单的统一方程可以十分灵活地适合于各类材料的实验结果。

（6）用统一强度理论可以得出一系列新的计算结果，这些结果大多没有被研究过或被复杂化。

（7）可以进一步推广为统一弹塑性本构方程并在有限元程序中实施，形成统一形式的结构弹塑性分析程序，可以十分方便地应用于结构的弹性极限设计、弹塑性分析和塑性极限分析。已有学者将双剪统一强度理论写入大型结构分析程序中。

（8）可以在很多领域得到广泛的推广，并建立起相应的双剪统一滑移线场理论、统一多重屈服面理论、应变空间的统一强度理论等。

（9）以统一强度理论为基础，发展出三参数统一强度理论和五参数统一强度理论。适用于拉压强度不等且双轴等压强度 σ_{cc} 不等于极限抗压强度 σ_c 的材料。

2. 统一强度理论在钢管混凝土柱中的应用

在钢管混凝土柱承载力的研究中[14]，用统一强度理论进行分析，得出了极限承载力统一解的计算公式，考虑了中间主应力对钢管混凝土柱承载力的影响。若用混凝土的黏聚力 c 和内摩擦角 θ 表示统一强度理论，则式（2.1）变为

$$F = \tau_{13} + b\tau_{12} + \sin\theta(\sigma_{13} + b\sigma_{12}) = (1+b)c\cos\theta, \qquad F \geqslant F' \qquad (2.22a)$$
$$F' = \tau_{13} + b\tau_{23} + \sin\theta(\sigma_{13} + b\sigma_{23}) = (1+b)c\cos\theta, \qquad F \leqslant F' \qquad (2.22b)$$

对于钢管混凝土柱中的核心混凝土，其应力状态为 $0 > \sigma_1 = \sigma_2 > \sigma_3$，比较式（2.22a）和式（2.22b）得

$$F' - F = b(\tau_{23} + \sin\theta\sigma_{23} - \tau_{12} - \sin\theta\sigma_{12}) \qquad (2.23)$$

将 $\tau_{23} = \dfrac{\sigma_2 - \sigma_3}{2}$，$\sigma_{23} = \dfrac{\sigma_2 + \sigma_3}{2}$，$\tau_{12} = \dfrac{\sigma_1 - \sigma_2}{2}$，$\sigma_{12} = \dfrac{\sigma_1 + \sigma_2}{2}$ 代入式（2.23），可得

$$F' - F = b(1 - \sin\theta)(\sigma_1 - \sigma_3) \geqslant 0 \qquad (2.24)$$

$F' \geqslant F$，适用于式（2.22b），得

$$F' = \tau_{13} + b\tau_{23} + \sin\theta(\sigma_{13} + b\sigma_{23}) = (1+b)c\sin\theta \qquad (2.25)$$

写成主应力形式，并考虑到 $\sigma_1 = \sigma_2$，式（2.25）变为

$$\frac{1+b}{2}(\sigma_1 - \sigma_3) + \frac{1+b}{2}\sin\theta(\sigma_1 + \sigma_3) = (1+b)c\sin\theta \qquad (2.26)$$

进一步转化为

$$-\sigma_3 = \frac{2c\cos\theta}{1-\sin\theta} - \frac{1+\sin\theta}{1-\sin\theta}\sigma_1 \qquad (2.27)$$

对混凝土材料，很少去测定 c 和 θ，一般用混凝土轴心抗拉强度 f_t 和混凝土轴心抗压强度 f_c 来表示。由单轴受力可知，$\sigma_3 = f_c$，$\sigma_1 = \sigma_2 = 0$。当满足 Mohr-Coulomb 强度准则时，由莫尔圆的几何关系得 $f_c = \dfrac{2c\cos\theta}{1-\sin\theta}$。

令 $k = \dfrac{1+\sin\theta}{1-\sin\theta}$，式（2.27）变为

$$-\sigma_3 = f_c - k\sigma_1 \qquad (2.28)$$

式（2.28）与 b 值无关，与 Mohr-Coulomb 强度准则、双剪强度准则所得结果一致。这是因为在钢管混凝土柱的混凝土应力状态中，中间主应力与最小主应力相等，所以统一理论中的各个 b 值的结果相同。Meyerhof[18]的试验指出，三轴受压混凝土得出的内摩擦角 θ 变化范围为 $30° \sim 50°$，侧压力小，内摩擦角大；侧压力大，内摩擦角小，相应 k 取值为 1.0~7.0，钢管混凝土计算时经常取 $k=1.5 \sim 3$，具体取值可由试验确定。

统一强度理论是一系列有序强度准则的集合，包括或逼近现有多种主要强度准则，其 π 平面极限线如图 2.1 所示。当 $0 < \alpha < 1$，$b = 0$ 时，退化为 Mohr-Coulomb 强度准则，$b = 1$ 时退化为双剪应力强度理论，$0 < b < 1$ 时为一系列新的外凸非线性强度准则。在所有外凸极限面中，b 值越大，极限面越大，即 $b = 0$ 时的 Mohr-Coulomb 强度准则的极限面最小；$b = 1$ 时，双剪应力强度理论的极限面最大；$b = 1/2$ 时，极限面处于 Mohr-Coulomb 强度准则极限面和双剪应力强度理论极限面的中间；b 取其他值时，可以得到对应的极限面和强度准则。因此，统一强度理论在 π 平面的极限线覆盖了所有外凸区域，适用于不同工程材料。

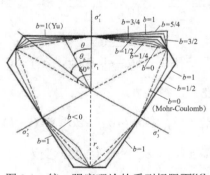

图 2.1　统一强度理论的系列极限面[16]

2.2.5　数值模拟

随着计算机技术的发展，近年来，越来越多的学者采用有限元法（finite element method）进行钢管混凝土柱力学性能分析，数值方法也是钢管混凝土柱理论研究中的一种重要手段。Shakiy-Khalil 和 AI-Rawdan[19]采用 ABAQUS 对矩形钢管混凝土压弯构件进行了分析，混凝土和加荷板采用实体单元，钢板采用壳单元，分析结果与试验结果吻合较好；Zhang 和 Shahrooz[20]在搜集大量矩形钢管混凝土柱试验结果的基础上，通过对 ACI 提供的钢材和混凝土本构关系模型的改进，利用纤维模型法对试验结果进行了数值模拟，计算结果与试验结果吻合较好；Malvar 等[21]利用 ANSYS 程序对 CFRP 包裹的圆形和方形钢管混凝土柱进行了计算，并分析了钢管的 D/t 和 B/t 对其核心混凝土约束效果的变化规律。Liang[22]利用有限元分析方法建立了内圆外圆中空夹层复式钢管混凝土短柱在轴压作用下的数值分析模型，研究了圆钢管径厚比、内外钢管半径比、钢材与混凝土强度等因素对其承载力的影响规律，并基于数值分析基础建立了该钢管混凝土柱的极限承载力计算式；Ahmed 等[23]基于文献[22]，采用数值模拟方法研究了复式圆钢管高强混凝土短柱的轴压性能，提出了其承载力计算式，并与现有规范进行了对比。

因此，本书采用统一强度理论和数值模拟相结合的方法，针对钢管混凝土不同截面柱的承载力性能开展系统深入研究，并与试验结果进行验证，得到一系列创新性研究结论，从而为组合结构的工程应用和规范修订提供理论依据。

2.3　轴压承载力的有关计算方法

随着工程理论和实践的发展，钢管混凝土构件轴压承载力的计算方法已经在国内外很多规程或规范中有了明确的规定，其中包括《钢管混凝土结构设计与施工规程》（JCJ 01—89）[24]、《钢管混凝土结构设计与施工规程》（CECS 28:90）[25]、《钢-混凝土组合结构设计规程》（DL/T 5085—1999）[26]、福建地方标准《钢管混凝土结构技术规程》（DBJ/T 13-51—2003）[27]、《矩形钢管混凝土结构技术规程》（CECS 159: 2004）[28]、美国《钢结构建筑设计规范：荷载和抗力系数设计法》（AISC-LRFD 99）[29]、欧洲规程 EC4（1994）[30]、日本规程 AIJ（1997）[31]等。这些规范普遍存在一个关键问题，即只针对单一的特定截面形式，相关的设计公式不统一，特别对近些年出现的新型截面形式如正多边形、中空夹层、带约束拉杆型等钢管混凝土柱，无法设计和计算。

2.4 本章小结

本章主要介绍了钢管混凝土柱的工作机理、不同理论计算方法及国内外规范中有关轴压承载力的计算方法存在的问题，重点突出了统一强度理论的推导过程和用于钢管混凝土柱承载力计算的优点，为后续章节的理论分析做好铺垫。

参 考 文 献

[1] Han L H, Liu W, Yang Y F. Behaviour of concrete-filled steel tubular stub columns subjected to axially local compression[J]. Journal of Constructional Steel Research, 2008, 64(4): 377-387.

[2] 欧智菁, 陈宝春. 钢管混凝土极限承载力的统一算法研究[J]. 土木工程学报, 2012, 45(7): 80-85.

[3] 江韩, 储良成, 左江, 等. 轴心受压双钢管混凝土短柱正截面受压承载力理论分析及试验研究[J]. 建筑结构学报, 2008, 29(4): 96-105.

[4] 李国祥, 程文瀼. 双层钢管混凝土短柱轴心受压承载力的试验研究[C]. 第 15 届全国结构工程学术会议, 焦作, 2006, 57-61.

[5] 王清湘, 朱美春, 冯秀峰. 型钢-方钢管自密实高强混凝土轴压短柱受力性能的试验研究[J]. 建筑结构学报, 2005, 26(4): 27-31.

[6] 朱美春. 钢骨-方钢管自密实高强混凝土轴压柱力学性能研究[D]. 大连: 大连理工大学, 2005.

[7] Ding F X, Fang C, Bai Y, et al. Mechanical performance of stirrup-confined concrete-filled steel tubular stub columns under axial loading[J]. Journal of Constructional Steel Research, 2014, 98: 146-157.

[8] 张俊光. PBL 加劲型方钢管混凝土轴压柱受力性能试验研究[D]. 西安: 长安大学, 2012.

[9] 王志浩, 成戎. 复合方钢管混凝土短柱的轴压承载力[J]. 清华大学学报(自然科学版), 2005, 45(12): 1596-1599, 1612.

[10] 黄宏, 陶忠, 韩林海. 圆中空夹层钢管混凝土柱轴压工作机理研究[J]. 工业建筑, 2006, 36(11): 11-14, 36.

[11] Zhao X L, Grzebieta R H, Elchalakani M. Tests of concrete-filled double skin circular hollow sections[C]. Proceedings of the First International Conference on Steel and Composite Structures, Pusan, 2001, 283-290.

[12] Zhao X L, Grzebieta R. Strength and ductility of concrete filled double skin(SHS Inner and SHS Outer)tubes[J]. Thin-Walled Structures, 2002, 40(2): 199-213.

[13] 杨俊杰, 徐汉勇, 彭国军. 八边形中空夹层钢管混凝土轴压短柱力学性能的研究[J]. 土木工程学报, 2007,40(2): 33-38.

[14] 赵均海. 强度理论及工程应用[M]. 北京: 科学出版社, 2003.

[15] 蔡绍怀. Gvozdev 破坏线剪力理论的应用[C]. 第一届全国现代结构工程学术报告会, 天津, 2001: 637-641.

[16] Yu M H. Unified Strength Theory and Its Applications[M]. Berlin: Springer Press, 2004.

[17] Timoshenko S P. History of Strength of Materials[M]. New York: McGraw-Hill, 1953.

[18] Meyerhof G G. The ultimate bearing capacity of foundations[J]. Geotechnique, 1951, 2: 301-332.

[19] Shakir-Khalil H, AI-Rawdan A. Experimental behaviour and numerical modeling of concrete-filled rectangular hollow section tubular columns[C]. Proceedings of the Engineering Foundation Conference, New York, 1997: 222-235.

[20] Zhang W Z, Shahrooz B M. Strength of short and long concrete-filled tubular columns[J]. ACI Structural Journal, 1999, 96(2): 230-238.

[21] Malvar L J, Kenneth B M, John E C. Numerical modeling of concrete confined by fiber-reinforced composites [J]. Journal of Composite Construction, 2004, 8(4): 315-322.

[22] Liang Q Q. Nonlinear analysis of circular double-skin concrete-filled steel tubular columns under axial compression[J]. Engineering Structures, 2017,131(1): 639-650.

[23] Ahmed M, Liang Q Q, Patel V I, et al. Numerical analysis of axially loaded circular high strength concrete-filled

double steel tubular short columns[J]. Thin-Walled Structures, 2019, 138: 105-116.

[24] 国家建材工业局苏州混凝土水泥制品研究院, 中国船舶总公司第九设计研究院.钢管混凝土结构设计与施工规程: JCJ 01—89 [S]. 上海: 同济大学出版社, 1989.

[25] 哈尔滨建筑工程学院, 中国建筑科学研究院.钢管混凝土结构设计与施工规程: CECS 28:90 [S]. 北京: 中国计划出版社, 1990.

[26] 华北电力设计院.钢-混凝土组合结构设计规程: DL/T 5085—1999 [S]. 北京: 中国电力出版社, 1999.

[27] 福州大学, 福建省建筑科学研究院.钢管混凝土结构技术规程: DBJ/T 13-51—2003 [S]. 福州: 福建省住房和城乡建设厅, 2003.

[28] 同济大学, 浙江杭萧钢构股份有限公司.矩形钢管混凝土结构技术规程: CECS 159: 2004 [S]. 北京: 中国计划出版社, 2004.

[29] American Institute of Steel Construction. Load and resistance factor design specification for structural steel buildings: AISC-LRFD 99 [S]. Chicago: American Institute of Steel Construction, Inc., 1999.

[30] The European Committee for Standardization members. Eurocode 4. Design of composite steel and concrete structures: EN1994-1-1:1994 [S]. London: British Standards Institution, 1994.

[31] Japan Steel Construction Committee. Recommendations for design and construction of concrete filled steel tubular structures: AIJ 1997 [S]. Tokyo: Architectural Institute of Japan(AIJ), 1997.

第3章 单钢管混凝土柱力学性能

钢管混凝土柱的轴压承载力是钢管混凝土构件的重要力学性质之一，钢管混凝土构件极限承载力的提高，在很大程度上取决于外包材料能为核心混凝土提供有效约束。因此，本书充分考虑不同截面形式的钢管对其核心混凝土的约束效应，针对钢管混凝土柱的轴压及偏压性能开展了一系列研究。本章主要论述作者在圆形截面、方形截面以及多边形钢管普通混凝土柱、钢管再生混凝土柱、钢管轻骨料混凝土柱、钢管 RPC 柱等方面取得的阶段性研究成果。

3.1 圆钢管混凝土柱力学性能

长安大学赵均海团队[1-5]对圆钢管普通混凝土柱、圆钢管再生混凝土柱、圆钢管轻骨料混凝土柱和圆钢管 RPC 柱的轴压与偏压性能开展试验研究、理论分析和数值模拟，得到影响圆钢管混凝土柱轴压性能的关键因素，可用于指导工程设计。

3.1.1 圆钢管普通混凝土柱

1. 试件设计

水泥选用普通硅酸盐水泥 425 号，1~2 卵石，中砂。配合比为 $m_{水泥}:m_{水}:m_{砂子}:m_{石子}=1:0.38:3.44:1.51$，水灰比为 0.38，设计混凝土立方强度 C30。钢管选用卷制焊接管，外直径为 90mm，壁厚分别为 1.0mm、1.2mm、1.5mm 三种尺寸，钢管高度取 300mm、500mm、700mm、900mm，混凝土搅拌均匀后灌入钢管中振捣成型并养护 28d 以上。

2. 试验结果

为了掌握钢管的约束作用，先对钢管材料进行抗拉试验，测得屈服强度 $f_y = 328.95\text{MPa}$。对混凝土立方试块进行试验得抗压强度 $f_{cu} = 36.4\text{MPa}$，换算成圆柱体试件得 $f_{cy} = 0.79f_c = 28.8\text{MPa}$。根据文献[6]的结论，加载方式对极限承载力没有明显影响，本试验采用钢管和混凝土同时受压的加载方式。对试件进行轴心受压和偏心受压试验，轴心受压结果如表 3.1 所示，偏心受压结果如表 3.2 所示。

表 3.1　圆钢管混凝土柱试件轴心受压试验结果

试件编号	D×t×L/（mm×mm×mm）	含钢率/%	垂直位移/mm	极限荷载/kN	平均荷载/kN
G1-1	90×1.0×300	4.40	3.2	348.8	
G1-2	90×1.0×300	4.40	3.4	341.9	345.7
G1-3	90×1.0×300	4.40	3.5	346.5	
G2-1	90×1.2×300	5.26	3.4	358.1	
G2-2	90×1.2×300	5.26	3.6	351.2	356.6
G2-3	90×1.2×300	5.26	3.4	360.5	
G3-1	90×1.5×300	6.55	4.6	390.7	
G3-2	90×1.5×300	6.55	4.4	390.7	387.6
G3-3	90×1.5×300	6.55	4.6	381.4	

注：D、t、L 分别为钢管外直径、壁厚及试件长度，下同。

表 3.2　圆钢管混凝土柱试件偏心受压试验结果

试件编号	D×t×L/（mm×mm×mm）	含钢率/%	L/D	偏心距 e_0/mm	中心挠度/mm	垂直位移/mm	极限荷载/kN	平均荷载/kN
G1-1-1	90×1.0×300	4.40	3.3	15	2.4	2.6	232.6	220.95
G1-1-2	90×1.0×300	4.40	3.3	15	4.0	3.6	209.3	
G1-2-1	90×1.5×300	6.55	3.3	15	2.4	2.6	244.2	246.50
G1-2-2	90×1.5×300	6.55	3.3	15	2.6	3.0	248.8	
G2-1-1	90×1.0×500	4.40	5.6	15	6.0	5.0	195.3	189.50
G2-1-2	90×1.0×500	4.40	5.6	15	5.2	5.0	183.7	
G2-2-1	90×1.5×500	6.55	5.6	15	7.3	7.0	214.0	224.45
G2-2-2	90×1.5×500	6.55	5.6	15	7.0	4.5	234.9	
G3-1-1	90×1.0×700	4.40	7.8	15	8.0	4.2	184.1	183.90
G3-1-2	90×1.0×700	4.40	7.8	15	8.0	4.8	183.7	
G3-2-1	90×1.5×700	6.55	7.8	15	8.4	5.8	216.3	217.45
G3-2-2	90×1.5×700	6.55	7.8	15	7.0	3.8	218.6	
G1-1-1	90×1.0×900	4.40	10	15	10.0	3.9	172.1	168.60
G4-1-2	90×1.0×900	4.40	10	15	10.0	3.7	165.1	
G4-2-1	90×1.5×900	6.55	10	15	11.0	4.2	200.0	200.00
G4-2-2	90×1.5×900	6.55	10	15	10.0	4.0	200.0	

由表 3.1 和表 3.2 可知，圆钢管混凝土柱的轴心受压极限荷载比无约束混凝土的轴心受压极限荷载增加较多，比相应的空钢管和核心混凝土分别承受的承载力之和平均大 27%；钢管混凝土的塑性、韧性相应地提高，抗震性能好；在相同条件下，承载力随含钢率的增加而增加；偏心受压承载力较轴心受压降低很多，且受长径比的影响较大，在相同条件下，随着长径比增大，承载力减小；在构件不发生失稳破坏时，含钢率和长径比对构件竖向应变影响不大。

典型试件 G1-3、G2-1-1、G3-1-1、G4-2-1 的荷载-位移曲线如图 3.1 所示。

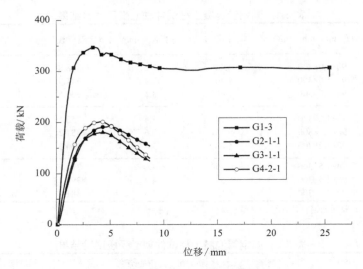

图 3.1　典型试件的荷载-位移曲线

　　由图 3.1 知，在开始加载阶段，荷载-位移曲线接近于直线，为弹性工作阶段，此阶段混凝土泊松比 υ_c 小于钢管泊松比 υ_s，因而此阶段钢管对混凝土无约束作用；加载到一定程度，钢管达到比例极限，这时混凝土泊松比 υ_c 逐渐增大到和钢管泊松比 υ_s 约略相等，但钢管对混凝土仍无约束作用，两者仍为单向受力状态；随着荷载和位移的继续增加，钢管进入弹塑性阶段之后，弹性模量不断减小，而核心混凝土的弹性模量并未减小，或略有增加，这引起了钢管和核心混凝土间轴向压力分配比例的不断变化，荷载和位移的关系逐渐偏离直线而形成弹塑性阶段。在此阶段，混凝土的受力增加了，其泊松比 υ_c 超过了钢管泊松比 υ_s，两者间产生了逐渐增加的相互作用力即紧箍力，因而两者处于三向应力状态；当达到屈服荷载时，钢管已屈服，而混凝土也达到抗压强度，此后钢管混凝土柱进入强化阶段。钢管进入屈服阶段，荷载增量将由核心混凝土单独承受，导致混凝土纵向应力和应变增大，横向应变也迅速增大，径向推挤钢管，迫使钢管的环向应力增大，即两者间紧箍力不断增大，这时处于三向受压的混凝土，其纵向承载力由于侧向压力（紧箍力）的增大而增大，但处于异号力场的钢管，其纵向承载力却由于环向应力的增大而下降。这个变化取决于套箍系数 ζ，当套箍系数 $\zeta > 1$ 时，紧箍效应大，混凝土纵向承载力的增加值超过了钢管纵向承载力下降值，逐渐形成强化阶段；当套箍系数 $\zeta = 1$ 时，两者的纵向承载力的增大值和下降值接近相等，出现水平塑性阶段；当套箍系数 $\zeta < 1$ 时，混凝土纵向承载力的增加值小于钢管纵向承载力下降值，逐渐形成软化阶段。本试验中，$\zeta_{1.0} = 0.53$，$\zeta_{1.2} = 0.60$，$\zeta_{1.5} = 0.80$，均小于 1，形成了软化阶段。

3. 轴心受压承载力计算

图 3.2 为圆钢管混凝土柱的横截面尺寸及受力简图。该钢管混凝土柱的承载力由钢管承载力和核心混凝土的承载力共同组成，即

$$N_b = f_c' A_c + A_s f_y \tag{3.1}$$

式中，N_b 为钢管混凝土柱承载力；f_c' 为核心混凝土抗压强度；A_c 为核心混凝土截面面积；A_s 为钢管截面面积；f_y 为钢管屈服强度。对于核心混凝土，由于钢管的作用使其抗压强度提高，由双剪统一强度理论式（2.28）得

$$-\sigma_b = f_c - k\sigma_a \tag{3.2}$$

式中，σ_b 为核心混凝土三向应力状态下的轴向抗压强度，即为 f_c'；f_c 为单轴混凝土轴心抗压强度；σ_a 为核心混凝土所受的侧向约束应力。对于抗压混凝土，按习惯一般取压为正，拉为负，则式（3.2）变为

$$\sigma_b = f_c + k\sigma_a \tag{3.3}$$

本试验采用的是圆钢管混凝土试件，f_c 应取圆钢管混凝土轴心抗压强度，即 f_{cy}，因此式（3.3）变为

$$f_c' = f_{cy} + k\sigma_a \tag{3.4}$$

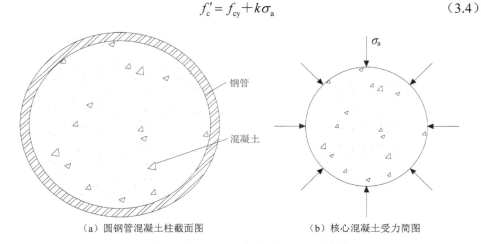

（a）圆钢管混凝土柱截面图　　　　　　　　　（b）核心混凝土受力简图

图 3.2　圆钢管混凝土柱横截面尺寸及受力简图

由材料力学知，钢管对核心混凝土产生的侧压力 σ_a 为

$$\sigma_a = \frac{2t}{D} f_y \tag{3.5}$$

本试验中 $f_{cy}=28.8$MPa，钢管的屈服强度 $f_y=328.95$MPa。参考文献[7]，结合本试验，取 $k=1.5$。由式（3.5）、式（3.4）、式（3.1）得不同壁厚钢管的 σ_a、f_c' 及 N_b 等，结果如表 3.3 所示。

表 3.3　圆钢管混凝土柱轴心受压计算结果

试件编号	f_y /MPa	σ_a /MPa	f_c' /MPa	混凝土承载力/kN	钢管承载力/kN	N_b /kN	N_{exp}/kN	误差/%
G1-1							348.8	4.28
G1-2	328.95	7.31	39.77	241.89	91.97	333.86	341.9	2.35
G1-3							346.5	3.65
G2-1							358.1	1.37
G2-2	328.95	8.77	41.96	252.89	110.12	363.01	351.2	3.36
G2-3							360.5	0.70
G3-1							390.7	3.97
G3-2	328.95	10.97	45.26	269.02	137.19	406.22	390.7	3.97
G3-3							381.4	6.51

注：N_{exp} 为文献[1]中的试验承载力。

4. 偏心受压承载力计算

本试验在上下支座采用了球铰，因此柱上、下端均可视为铰接，故计算长度取 $l_0=1.0l$。

偏心受压承载力的计算是在轴心受压的基础上考虑偏心率和长径比等对承载力的影响，其中轴心受压承载力见式（3.1）。

设 φ_e 为偏心率对偏心受压构件承载力的影响降低系数，φ_l 为长径比对偏心受压构件承载力的影响降低系数，则钢管混凝土偏心受压构件承载力 N_{bp} 的计算公式为

$$N_{bp}=\varphi_e\varphi_l N_b=\varphi_e\varphi_l\left(f_c'A_c+A_s f_y\right) \tag{3.6}$$

参考文献[8]，结合本节的结果取

$$\varphi_e=\frac{1}{1+1.85e_0/r_c}, \quad \varphi_l=1-0.05\sqrt{l_0/D-4} \tag{3.7}$$

式中，r_c 为核心混凝土截面半径；e_0 为偏心距；l_0 为计算长度；D 为钢管外直径。按照式（3.6）和式（3.7）计算的偏心受压柱结果如表 3.4 所示。

表 3.4　圆钢管混凝土柱偏心受压计算结果

试件编号	$D \times t \times L/$（mm×mm×mm）	L/D	e_0 /mm	φ_l	φ_e	N_{bp}/kN	N_{exp}/kN	误差/%
G1-1-1	90×1.0×300	3.3	15	1.0	0.6132	204.74	232.6	7.08
G1-1-2	90×1.0×300	3.3	15	1.0	0.6132	204.74	209.3	
G1-2-1	90×1.5×300	3.3	15	1.0	0.6105	248.00	244.2	0.94
G1-2-2	90×1.5×300	3.3	15	1.0	0.6105	248.00	248.8	

试件 编号	$D \times t \times L/$ （mm×mm×mm）	L/D	e_0 /mm	φ_l	φ_e	N_bp/kN	N_exp/kN	误差/%
G2-1-1	90×1.0×500	5.6	15	0.937	0.6132	191.83	195.3	3.10
G2-1-2	90×1.0×500	5.6	15	0.937	0.6132	191.83	183.7	
G2-2-1	90×1.5×500	5.6	15	0.937	0.6105	232.37	214.0	4.83
G2-2-2	90×1.5×500	5.6	15	0.937	0.6105	232.37	234.9	
G3-1-1	90×1.0×700	7.8	15	0.903	0.6132	184.86	184.1	0.52
G3-1-2	90×1.0×700	7.8	15	0.903	0.6132	184.86	183.7	
G3-2-1	90×1.5×700	7.8	15	0.903	0.6105	223.94	216.3	2.99
G3-2-2	90×1.5×700	7.8	15	0.903	0.6105	223.94	218.6	
G4-1-1	90×1.0×900	10.0	15	0.878	0.6132	179.75	172.1	6.66
G4-1-2	90×1.0×900	10.0	15	0.878	0.6132	179.75	165.1	
G4-2-1	90×1.5×900	10.0	15	0.878	0.6105	217.74	200.0	8.87
G4-2-2	90×1.5×900	10.0	15	0.878	0.6105	217.74	200.0	

注：N_exp 为文献[2]中的试验承载力。

3.1.2　圆钢管再生混凝土柱

1. 试验概况

1）试件设计

本次试验共设计了 13 个圆钢管再生混凝土试件，其中 11 个钢管内填充钢纤维作为对比，主要考察参数为钢纤维体积掺量（分别为 0.5%、1%、1.5%、2%、2.5%、3%），试件参数及部分试验结果见表 3.5。

表 3.5　圆形试件参数及部分试验结果

试件 编号	$D \times t \times L /$ （mm×mm×mm）	f_ck /MPa	N_exp /kN	$\bar{N}_\text{exp}$ /kN	ϑ	$\bar{\vartheta}$
CZ00-1	112×2.0×350	23.48	644.1	650.9	4.09	4.12
CZ00-2	112×2.0×350	23.48	657.7		4.14	
CZ05-1	112×2.0×350	24.46	663.3	669.2	5.17	5.21
CZ05-2	112×2.0×350	24.46	675.1		5.24	
CZ10-1	112×2.0×350	20.54	634.5	635.2	5.46	5.53
CZ10-2	112×2.0×350	20.54	635.9		5.60	
CZ15-1	112×2.0×350	22.65	659.7	660.7	5.50	5.69
CZ15-2	112×2.0×350	22.65	661.6		5.87	
CZ20-1	112×2.0×350	21.96	627.8	633.4	7.42	7.48
CZ20-2	112×2.0×350	21.96	639.0		7.54	
CZ25-1	112×2.0×350	21.73	639.5	632.7	7.78	8.01
CZ25-2	112×2.0×350	21.73	625.8		8.24	
CZ30-1	112×2.0×350	18.41	576.3	576.3	12.95	12.95

注：试件编号中 CZ 代表圆形柱试件，紧随其后的两位数字如 05，表示钢纤维的体积掺量为 0.5%，"-"后的数字代表同类试件的序号。f_ck 为混凝土轴心抗压强度标准值；ϑ 为延性系数。

2）材性指标

钢管采用直缝钢管，根据标准试验方法测得钢材的力学性能见表 3.6。内填再生混凝土原材料为普通硅酸盐水泥（P.O.32.5R）、普通中砂，粗骨料包括天然骨料和再生粗骨料，其中再生粗骨料由服役 30 多年的钢筋混凝土梁经机械破碎后筛分获得（图 3.3），骨料粒径为 5~25mm。再生混凝土中各原材料质量配合比为 $m_{水泥}:m_{砂}:m_{粗骨料}:m_{水}=1:1.24:2.63:0.43$，其中再生粗骨料为 894kg，取代率为 75%，采用自然养护法养护。钢纤维采用波形钢纤维，尺寸为 0.7mm×0.7mm×35mm。钢管底部焊接有尺寸为 150mm×150mm×10mm 的端板，再生混凝土从顶部灌入，在振动台上分两层振捣密实，并保证同批次制作 3 个边长为 150mm 的标准立方体抗压试块。为使加载端保持平整，待混凝土凝结硬化后，用打磨机将构件顶端打磨平齐。钢材材性试验试件及混凝土试块破坏形态分别如图 3.4 和图 3.5 所示。

表 3.6　钢材的力学性能

钢板厚度/mm	屈服强度/MPa	抗拉强度/MPa	弹性模量/GPa
2.00	327.6	399.0	191.0
2.80	347.0	400.3	196.3
3.75	360.5	417.2	198.4

图 3.3　再生粗骨料筛分

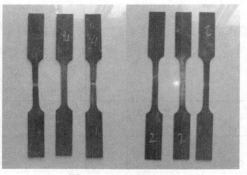

图 3.4　钢材材性试验试件

图 3.5　混凝土试块破坏形态

3）加载装置

试验采用 5000kN 微机控制液压伺服压力试验机进行加载，加载装置如图 3.6 所示。轴向压缩位移由试验机上安装的位移计适时采集。为研究试件在受力过程中的变形情况，在各试件中部位置分别粘贴纵向和横向应变片。首先进行试件几何对中，并进行预加载，预加荷载取预计极限荷载的 10%。待检查加载系统和各测点工作运行正常，卸载一段时间后，采用力控制进行分级加载，在低于预计极限荷载的 70% 时，每级荷载取预计极限荷载的 1/10；超过该值后，每级荷载为预计极限荷载的 1/15，每级持荷 2min，临近极限荷载时，连续缓慢加载，当试件承载力降低至极限承载力的 80% 以下时，试验停止。

图 3.6　试验加载装置图

2. 试验现象及破坏形态

全部试件的试验过程均得到了较好的控制。刚开始加载时，所有试件表面均无明显变化，纵向变形很小，试件处于弹性状态。当加载到极限荷载的 80%~90% 时，钢管壁上开始出现掉锈现象。荷载继续增加，试件的上端部、中部和底部的钢管壁局部鼓起，接近极限荷载时，局部鼓起增大（达到 3~8mm）并扩展形成了多条呈螺线形的鼓曲线，同时伴有响声，最后试件因钢管约束失效纵向变形过大而呈斜剪压破坏。试件破坏形态如图 3.7 所示。由图 3.7 可知，所有试件的破坏形态相似，钢纤维的体积掺量对其破坏形态的影响不明显。

图 3.7　圆钢管再生混凝土试件破坏形态

　　剥离钢管后，内部再生混凝土的典型破坏状态如图 3.8 所示。从图 3.8 可看出，钢管鼓曲处混凝土有脱落和破碎现象，端面和其他部位混凝土无明显裂纹，试件混凝土完整性较好，主要是再生混凝土受钢管、钢纤维的约束作用，强度和塑性得以提高。

图 3.8　剥离钢管后圆钢管内部再生混凝土的破坏形态

3．试验结果

1）承载力

　　由表 3.5 可以得出以下结论：当钢纤维体积掺量不超过 1.5%时，试件承载力较未添加钢纤维的构件有小幅提高，CZ05、CZ15 试件平均承载力比 CZ00 试件平均承载力分别提高 2.8%、1.5%，且未呈现出明显规律；当钢纤维体积掺量超过 2%时，试件承载力出现降低，且降幅随钢纤维体积掺量的增大而增大，CZ30-1 试件比未添加钢纤维试件的承载力降低达 11.5%。造成这种结果的原因与钢纤维密切相关：一方面掺加的钢纤维约束了受压过程中混凝土的横向膨胀变形，延缓了破坏进程，这对提高混凝土强度和试件承载力有利；另一方面钢纤维分布不均或结团，会增加界面薄弱层，构件受压后更容易在混凝土内界面薄弱区引起破坏，进而导致强度降低。钢纤维上述相互矛盾的作用主要取决于其体积掺量，当体积掺量较小时，钢纤维的约束增强作用相对突出，混凝土强度和试件承载力得到提高；当体积掺量较大时，钢纤维分布越不均匀且越容易结团，和易性越差，界面薄弱区越多，越容易引起混凝土强度和试件承载力降低。

2）荷载-位移曲线

根据测试数据整理，部分试件的荷载-位移关系曲线如图 3.9 所示。由图可看出，各试件均经历了弹性和塑性发展阶段。圆形试件在 $0.80N_m$~$0.90N_m$（N_m 为峰值）之前，基本处于弹性状态，之后试件进入塑性阶段；随着钢纤维体积掺量的提高，试件荷载-位移曲线下降段呈现出平缓趋势，说明试件的延性得到了改善。

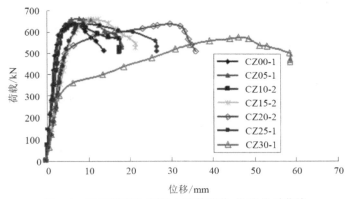

图 3.9　圆钢管再生混凝土试件荷载-位移关系曲线

3）荷载-应变曲线

图 3.10 为试件的荷载-应变关系曲线（包括荷载-轴向压应变关系曲线和荷载-环向应变关系曲线）。由于试件达到极限承载力以后，承载力下降较应变数据采集快，难以实现应变与下降段承载力一一对应，此时大部分试件变形已很大，应变片与钢管壁发生滑移，应变值出现大幅度回落，且回落数据比较凌乱。因此，本节仅列出了承载力上升期间的应变数据，曲线没有理论上的下降段。从图 3.10 中可看出，刚开始加载时，曲线基本呈线性变化，表明试件处于弹性状态；之后进入塑性状态，当达到极限承载力时，所有试件的钢管中部无论是在轴向还是在环向均早已屈服，且此时钢管局部屈曲，试件变形显著，应变片测得的局部变形受到很大影响，致使应变片的测量值无明显的规律。另外由于加工误差，个别试件存在一定的倾斜缺陷，进而使得刚开始加载时，钢管局部产生了拉应变。

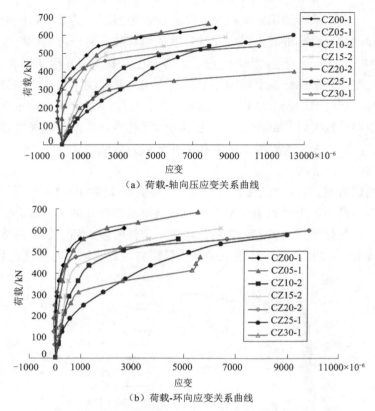

（a）荷载-轴向压应变关系曲线

（b）荷载-环向应变关系曲线

图 3.10　圆钢管再生混凝土试件荷载-应变关系曲线

4）延性分析

参考文献[9]，定义试件的延性系数 ϑ 为

$$\vartheta = \varDelta_{85\%} / \varDelta_{\mathrm{u}} \tag{3.8}$$

式中，$\varDelta_{85\%}$ 为承载力降低至峰值荷载 85%时对应的位移；$\varDelta_{\mathrm{u}}$ 为试件峰值荷载对应的位移。圆形试件的延性系数见表 3.5。从表中可以看出：①掺加钢纤维后的试件位移延性系数较未掺加试件显著提高，圆形试件中 CZ05 试件位移延性系数较 CZ00 试件提高 26.5%，CZ30 试件位移延性系数较 CZ00 试件提高达 214.3%；②位移延性系数随着钢纤维体积掺量的增加而增大；③钢纤维的掺入对试件延性的影响比对试件承载力的影响更为显著，为使试件同时获得较高的承载力和延性，建议钢纤维的体积掺量取为 1.0%~1.5%。

4. 理论计算

在工程实践中，普通钢管混凝土柱和钢管钢纤维再生混凝土柱所采用的钢管大多为薄壁钢管，其径厚比、边厚比通常大于或等于 20。前已述及，和普通钢管混凝土柱相似，钢管钢纤维再生混凝土柱中，钢管对内填核心再生混凝土作用侧向压力，同时钢管又受到核心再生混凝土施加的相同大小的径向压力（即侧向压力的反作用力），该压力使钢管产生了环向拉应力。当环向拉应力达到其屈服强度时，钢管对核心再生混凝土的约束作用失效，构件达到承载能力极限状态而发生破坏。钢管实际所处的受力状态为轴向受压-径向受压-环向受拉。

$$\sigma_z = -\frac{N_s}{A_s}, \quad \sigma_r = \frac{2t}{D}\sigma_\theta \tag{3.9}$$

式中，σ_z、σ_r、σ_θ 分别为钢管的轴向应力、径向应力和环向应力；N_s 为钢管所受的轴向压力；A_s 是钢管截面面积，$A_s \approx D\pi t$，D 是钢管外直径，t 为钢管壁厚。

当钢管达到屈服进入塑性发展阶段后，试件变形迅速增大，钢管受到的环向应力持续增大而轴向压应力减小，钢管从主要承受轴向压应力，转变为主要承受环向拉应力，且 $\sigma_\theta \geqslant \sigma_z$。按照 $\sigma_1 > \sigma_2 > \sigma_3$ 规定，则钢管所受的各主应力为

$$\sigma_1 = \sigma_\theta, \sigma_2 = \sigma_r, \sigma_3 = \sigma_z \tag{3.10}$$

钢材可视为各向同性材料，因此可取 $\alpha = 1$，统一强度理论退化为统一屈服准则。此时有

$$\frac{\sigma_1 + \alpha\sigma_3}{1+\alpha} = \frac{\sigma_\theta + \sigma_z}{2} > 0 > \sigma_2 = \sigma_r \tag{3.11}$$

将式（3.10）代入式（2.5a），可得 σ_3 的表达式，从而得到钢管所受的轴向压力表达式为 $N_s = A_s\sigma_3$，即

$$N_s = \frac{\left[(b+1)D^2\pi + 2\alpha bD\pi t\right]\sigma_r - 2(b+1)\pi Dt f_y}{2\alpha} \tag{3.12}$$

式中，f_y 为钢管的屈服强度。

试件中，钢管受到内填核心再生混凝土径向应力 σ_r 的作用，根据受力平衡，其与钢管环向应力 σ_θ 满足 $\sigma_\theta = \frac{D\sigma_r}{2t}$，由 $\sigma_\theta = \frac{D\sigma_r}{2t} \leqslant f_y$，可得最大径向应力为

$$\sigma_{r\,max} = \frac{2t}{D}f_y \tag{3.13}$$

将式（3.13）代入式（3.12）可得，当钢管钢纤维再生混凝土短柱处于极限状态时，钢管承受的轴向压力为

$$N_s = 2b\pi t^2 f_y \tag{3.14}$$

根据文献[10]所得结果，处于三向受压状态的核心混凝土抗压强度 f_c' 为

$$f_c' = f_c + k\sigma_a \tag{3.15}$$

式中，f_c 是混凝土轴心抗压强度；$k = \dfrac{1+\sin\theta}{1-\sin\theta}$，在进行钢管混凝土计算时常取 3.0~5.0，具体数值由试验确定；σ_a 为钢管对核心混凝土的侧向约束应力，根据受力平衡，$\sigma_a = \sigma_r$。

由核心混凝土承受的轴向压力为

$$N_c = A_c f_c' = A_c \left(f_c + k\sigma_a \right) \tag{3.16}$$

则圆钢管钢纤维再生混凝土短柱的轴压极限承载力 N 为

$$N = N_s + N_c = 2b\pi t^2 f_y + A_c \left(f_c + k\dfrac{2t}{D}f_y \right) \tag{3.17}$$

5. 公式验证与分析

现根据试验数据，利用式（3.17）（取 $k=4$，$b=0.5$）和现行规范《钢管混凝土结构技术规程》（CECS 28:2012）[11]、《钢-混凝土组合结构设计规程》（DL/T 5085—1999）[12]、《钢管混凝土结构技术规程》（DBJ/T 13-51—2010）[13]推荐公式计算圆形试件的轴压极限承载力，并与试验结果进行对比，进而分析本节推导公式以及各规程在计算钢管钢纤维再生混凝土短构件轴压极限承载力方面的适用性，结果见表 3.7。

表 3.7　圆形试件计算结果与试验结果比较

试件编号	N_{exp}/kN	式（3.17）		DBJ/T 13-51—2010		DL/T 5085—1999		CECS 28:2012	
		N_c/kN	N_c/N_{exp}	N_c/kN	N_c/N_{exp}	N_c/kN	N_c/N_{exp}	N_c/kN	N_c/N_{exp}
CZ00-1	644.1	647.6	1.005	511.8	0.795	553.6	0.860	661.9	1.028
CZ00-2	657.7	647.6	0.985	511.8	0.778	553.6	0.842	661.9	1.006
CZ05-1	663.3	656.6	0.990	522.8	0.788	565.0	0.852	675.2	1.018
CZ05-2	675.1	656.6	0.973	522.8	0.774	565.0	0.837	675.2	1.000
CZ10-1	634.5	620.7	0.978	478.8	0.755	519.7	0.819	620.6	0.978
CZ10-2	635.9	620.7	0.976	478.8	0.753	519.7	0.817	620.6	0.976
CZ15-1	659.7	640.0	0.970	502.5	0.762	544.0	0.825	650.3	0.986
CZ15-2	661.6	640.0	0.967	502.5	0.760	544.0	0.822	650.3	0.983
CZ20-1	627.8	633.7	1.009	494.8	0.788	536.1	0.854	640.8	1.021
CZ20-2	639.0	633.7	0.992	494.8	0.774	536.1	0.839	640.8	1.003

续表

试件编号	N_{exp}/kN	式（3.17）		DBJ/T 13-51—2010		DL/T 5085—1999		CECS 28:2012	
		N_c/kN	N_c/N_{exp}	N_c/kN	N_c/N_{exp}	N_c/kN	N_c/N_{exp}	N_c/kN	N_c/N_{exp}
CZ25-1	639.5	631.6	0.988	492.2	0.770	533.4	0.834	637.3	0.997
CZ25-2	625.8	631.6	1.009	492.2	0.786	533.4	0.852	637.3	1.018
CZ30-1	576.3	601.2	1.043	454.9	0.789	495.3	0.859	590.3	1.024
平均值	—	—	0.991	—	0.775	—	0.839	—	1.003
平均误差	—	—	0.009	—	0.225	—	0.161	—	0.003
方差	—	—	0.021	—	0.014	—	0.015	—	0.018

由表 3.7 可看出，运用现行规范 DBJ/T 13-51—2010、DL/T 5085—1999 推荐公式计算所得的试件轴压承载力均小于试验实测值，且两者差值较大，分别达到 22.5%、16.1%，计算过于保守；利用本节推导公式和规范 CECS 28:2012 推荐公式计算结果与试验实测值相比，平均误差分别为 0.9%、0.3%，方差分别为 0.021、0.018，均符合较好，建议在圆钢管钢纤维再生混凝土短柱的轴压承载力设计计算中采用。

3.1.3　圆钢管轻骨料混凝土柱

1. 承载力计算

1）核心轻骨料混凝土纵向抗压强度

钢管轻骨料混凝土短柱在轴压荷载作用下，其核心轻骨料混凝土处于轴向压缩和侧向均匀围压的三向受压应力状态，即为

$$0 > \sigma_1 = \sigma_2 > \sigma_3 \tag{3.18}$$

$\sigma_2 - \left[\dfrac{1}{2}(\sigma_1 + \sigma_3) - \dfrac{\sin\theta}{2}(\sigma_1 - \sigma_3) \right] = \dfrac{1}{2}(\sigma_1 - \sigma_3)(1 + \sin\theta) \geqslant 0$ 满足式（2.22b）的条件，因此取式（2.22b）进行计算，变换式（2.27）得

$$\sigma_1 - \frac{1 - \sin\theta}{1 + \sin\theta}\sigma_3 = \frac{2c\cos\theta}{1 + \sin\theta} \tag{3.19}$$

由混凝土单轴受力可知，当满足 Mohr-Coulomb 强度准则时，由莫尔圆的几何关系可得混凝土轴心抗压强度为

$$f_c = \frac{2c\cos\theta}{1 - \sin\theta} \tag{3.20}$$

令 $k = \dfrac{1 + \sin\theta}{1 - \sin\theta}$，并对受压混凝土取压为正、拉为负，则由式（3.19）和式（3.20）可得

$$\sigma_b = f_c + k\sigma_a \qquad (3.21)$$

式中，σ_b 为核心轻骨料混凝土三向应力状态下的轴心抗压强度，即为 f_c'；f_c 为轻骨料混凝土轴心抗压强度；σ_a 为核心轻骨料混凝土所受的侧向约束应力，即为 σ_r，因此式（3.21）变为

$$f_c' = f_c + k\sigma_r \qquad (3.22)$$

由于钢管混凝土柱外径大小的差异，Sakino 等[14]根据试验结果对核心混凝土的抗压强度进行了修正，引入了混凝土强度折减系数 γ_u 来考虑尺寸效应的影响，如图 3.11 所示，图中 1、2 分别表示外直径 $D_1 = 450\text{mm}$，$D_2 = 108\text{mm}$ 的圆钢管混凝土柱；3、4 分别表示外边宽 $B_3 = 323\text{mm}$，$B_4 = 120\text{mm}$ 的方钢管混凝土柱。

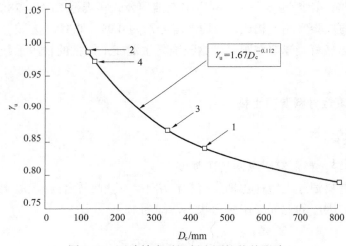

图 3.11　尺寸效应对混凝土圆柱体的影响

由图 3.11 可知，试件外直径/外边宽越大，混凝土强度折减系数 γ_u 越小，其表达式为

$$\gamma_u = 1.67 D_c^{-0.112} \qquad (3.23)$$

式中，D_c 为混凝土圆柱体直径，对于方钢管混凝土柱，按等面积方法将其等效为圆钢管混凝土柱后进行计算。

因此，核心轻骨料混凝土的纵向抗压强度为

$$f_c' = \gamma_u f_{cy} + k\sigma_a \qquad (3.24)$$

式中，f_{cy} 为 15cm×30cm 圆柱体轴心抗压强度。

2）圆形薄壁钢管的纵向抗压强度

薄壁钢管轻骨料混凝土短柱在轴心压力作用下同时受压时，由于薄壁钢管和

核心轻骨料混凝土的相互作用，薄壁钢管处于三向应力状态，并且不考虑圆形薄壁钢管局部屈曲性能的影响[15]。在这个过程中，薄壁钢管承受的压力逐渐减小，而核心轻骨料混凝土因受到外包钢管的环向约束具有更高的承载力，薄壁钢管从主要承受纵向压应力转变为主要承受环向拉应力[16]。当薄壁钢管和核心轻骨料混凝土的纵向承载力之和达到最大值时，薄壁钢管轻骨料混凝土柱即达到极限状态。然而由于薄壁钢管承受着一定的纵向压应力，在钢管混凝土短柱达到极限状态时，其钢管的环向拉应力或纵向压应力并不一定达到了钢材的屈服极限。本节引入 α_u 和 β_u 两个参数来表示薄壁钢管在极限荷载时的环向应力 σ_θ，纵向应力 σ_z 和径向应力 σ_r，通过确定参数 α_u 和 β_u 的值可以确定薄壁钢管在极限荷载时的 σ_θ 和 σ_z，其表达式为

$$\sigma_\theta = \alpha_u f_y, \quad \sigma_z = -\beta_u f_y \tag{3.25}$$

式中，α_u 和 β_u 主要根据试验来确定，其中 $0 \leqslant \alpha_u \leqslant 1$，$0 \leqslant \beta_u \leqslant 1$；$f_y$ 为钢管的屈服强度。由材料力学可知，对于薄壁钢管，$\sigma_r = \dfrac{2t}{D-2t}\sigma_\theta$，即 $\sigma_r = \dfrac{2t}{D-2t}\alpha_u f_y$，$D$、$t$ 分别为薄壁钢管的外直径和壁厚。

对于薄壁钢管，有 $|\sigma_r|/\sigma_\theta = 2t/(D-2t) < 1$，因此钢管的径向应力小于环向应力，即 $|\sigma_r| < \sigma_\theta$；钢管混凝土达到极限状态时，薄壁钢管主要承受环向拉应力，因此纵向应力小于环向应力，即 $|\sigma_r| < \sigma_\theta$；而对于纵向应力 σ_z 和径向应力 σ_r 的大小尚不能确定，因此分两种情况进行讨论：

（1）第一种情况，当 $\sigma_z \leqslant \sigma_r$ 时，即 $\beta_u \geqslant \dfrac{2t}{D-2t}\alpha_u \geqslant 0$。

按 $\sigma_1 > \sigma_2 > \sigma_3$ 的规定，则薄壁钢管三向应力状态下的主应力分别为

$$\sigma_1 = \sigma_\theta, \quad \sigma_2 = \sigma_r, \quad \sigma_3 = \sigma_z \tag{3.26}$$

由文献[7]可知，对于韧性金属，材料拉压强度比 α 一般为 0.77~1.0，脆性金属材料为 0.33~0.77，岩土类材料一般小于 0.5，因此 $\dfrac{\sigma_\theta + \alpha\sigma_z}{1+\alpha} > 0 > \sigma_r$，即 $\dfrac{\sigma_1 + \alpha\sigma_3}{1+\alpha} \geqslant \sigma_2$ 满足式（2.5a）的条件，将式（3.25）和式（3.26）代入式（2.5a）进行计算得

$$\alpha_u f_y - \frac{\alpha}{1+b}\left(-\frac{2bt}{D-2t}\alpha_u f_y - \beta_u f_y\right) = f_y \tag{3.27}$$

整理得

$$\beta_u = \frac{1+b}{\alpha}(1-\alpha_u) - \frac{2bt}{D-2t}\alpha_u \tag{3.28}$$

取压为正，拉为负，则薄壁钢管的纵向抗压强度为

$$\sigma_z = \left[\frac{1+b}{\alpha}(1-\alpha_u) - \frac{2bt}{D-2t}\alpha_u\right]f_y \tag{3.29}$$

因为 $\frac{2t}{D-2t}\alpha_u \leqslant \beta_u \leqslant 1$，将式（3.39）代入，解不等式得

$$\frac{1+b-\alpha}{1+b+\dfrac{2\alpha bt}{D-2t}} \leqslant \alpha_u \leqslant \frac{1}{1+\dfrac{2\alpha t}{D-2t}} \tag{3.30}$$

（2）第二种情况，当 $\sigma_z \geqslant \sigma_r$ 时，即 $\beta_u \leqslant \dfrac{2t}{D-2t}\alpha_u \leqslant 1$。

薄壁钢管三向应力状态下的主应力分别为

$$\sigma_1 = \sigma_\theta, \quad \sigma_2 = \sigma_z, \quad \sigma_3 = \sigma_r \tag{3.31}$$

同理，$\dfrac{\sigma_\theta + \alpha\sigma_r}{1+\alpha} > 0 \geqslant \sigma_z$，即 $\dfrac{\sigma_1 + \alpha\sigma_3}{1+\alpha} \geqslant \sigma_2$ 满足式（2.5a）的条件，将式（3.31）代入式（2.5a）得

$$\alpha_u f_y - \frac{\alpha}{1+b}\left(-\beta_u f_y b - \frac{2t}{D-2t}\alpha_u f_y\right) = f_y \tag{3.32}$$

整理得

$$\beta_u = \frac{1+b}{\alpha b}(1-\alpha_u) - \frac{2t}{b(D-2t)}\alpha_u \tag{3.33}$$

取压为正，拉为负，则薄壁钢管的纵向抗压强度为

$$\sigma_z = \left[\frac{1+b}{\alpha b}(1-\alpha_u) - \frac{2t}{b(D-2t)}\alpha_u\right]f_y \tag{3.34}$$

因为 $0 \leqslant \beta_u \leqslant \dfrac{2t}{D-2t}\alpha_u$，将式（3.33）代入，解不等式得

$$\frac{1}{1+\dfrac{2\alpha t}{D-2t}} \leqslant \alpha_u \leqslant \frac{1}{1+\dfrac{2\alpha t}{(D-2t)(1+b)}} \tag{3.35}$$

综合上述两种情况，薄壁钢管的纵向抗压强度统一解为

$$\sigma_z = \left[\frac{1+b}{\alpha}(1-\alpha_u) - \frac{2bt}{D-2t}\alpha_u\right]f_y, \quad \frac{1+b-\alpha}{1+b+\dfrac{2\alpha bt}{D-2t}} \leqslant \alpha_u \leqslant \frac{1}{1+\dfrac{2\alpha t}{D-2t}} \tag{3.36a}$$

$$\sigma_z{}' = \left[\frac{1+b}{\alpha b}(1-\alpha_u) - \frac{2t}{b(D-2t)}\alpha_u\right]f_y, \qquad \frac{1}{1+\dfrac{2\alpha t}{D-2t}} \leqslant \alpha_u \leqslant \frac{1}{1+\dfrac{2\alpha t}{(D-2t)(1+b)}} \qquad (3.36b)$$

（3）圆形薄壁钢管轻骨料混凝土柱轴压承载力统一解。

薄壁钢管轻骨料混凝土轴压短柱的极限承载力由薄壁钢管的承载力和核心轻骨料混凝土的承载力共同组成，即

$$N_u = \sigma_z A_s + A_c f_c' \qquad (3.37)$$

式中，A_s 为薄壁钢管的截面面积；A_c 为核心轻骨料混凝土的截面面积。

将式（3.24）和式（3.36）代入式（3.37），并化简得薄壁钢管轻骨料混凝土轴压短柱的极限承载力统一解为

当 $\dfrac{1+b-\alpha}{1+b+\dfrac{2\alpha bt}{D-2t}} \leqslant \alpha_u \leqslant \dfrac{1}{1+\dfrac{2\alpha t}{D-2t}}$ 时，

$$N_u = \frac{1+b}{\alpha}f_y A_s + \gamma_u f_{cy} A_c + \alpha_u\left[k\frac{2t}{D-2t}f_y A_s - \left(\frac{1+b}{\alpha} + \frac{2bt}{D-2t}\right)f_y A_s\right] \qquad (3.38a)$$

当 $\dfrac{1}{1+\dfrac{2\alpha t}{D-2t}} \leqslant \alpha_u \leqslant \dfrac{1}{1+\dfrac{2\alpha t}{(D-2t)(1+b)}}$ 时，

$$N_u' = \frac{1+b}{\alpha b}f_y A_s + \gamma_u f_{cy} A_c + \alpha_u\left[k\frac{2t}{D-2t}f_y A_c - \left(\frac{1+b}{\alpha b} + \frac{2t}{b(D-2t)}\right)f_y A_s\right] \qquad (3.38b)$$

2. 公式退化及验证

1）公式退化

统一强度理论包含了四大族无限多个强度理论[7]，详见 2.2.4 小节。

在一般情况下，可取 $b=0$，$1/4$，$1/2$，$3/4$，1，$5/4$，$3/2$ 等典型参数，得出一系列准则。

针对本节研究的薄壁钢管轻骨料混凝土柱，其外包钢管可近似为拉压强度相同的金属类材料，即薄壁钢管的拉压强度比 $\alpha=1$。因此，对于薄壁钢管轻骨料混凝土轴压短柱极限承载力公式（3.38）选择不同的 b 值时，可以退化为以其他强度理论为基础的计算公式，并且只要 b 值选取的合适，公式（3.38）可以适用于拉压强度性质相同的外包材料在复杂应力状态下的屈服计算。

（1）当 $\alpha=1$，$b=0$ 时，得出 Tresca 屈服准则（$B_s=2$ 或 $\tau_s=0.5\sigma_s$）的承载

力极限解为

$$N_u = f_y A_s + \gamma_u f_{cy} A_c + \alpha_u \left(k \frac{2t}{D-2t} f_y A_c - f_y A_s \right), \qquad 0 \leqslant \alpha_u \leqslant \frac{1}{1 + \frac{2t}{D-2t}} \qquad (3.39)$$

N_u' 不成立。

（2）当 $\alpha = 1$，$b = 1/4$ 时，得出新双剪应力屈服准则（$B_s = 9/4$ 或 $\tau_s = 0.556\sigma_s$）的承载力极限解为

当 $\dfrac{1}{5 + \dfrac{2t}{D-2t}} \leqslant \alpha_u \leqslant \dfrac{1}{1 + \dfrac{2t}{D-2t}}$ 时，

$$N_u = \frac{5}{4} f_y A_s + \gamma_u f_{cy} A_c + \alpha_u \left[k \frac{2t}{D-2t} f_y A_c - \left(\frac{5}{4} + \frac{t}{2(D-2t)} \right) f_y A_s \right] \qquad (3.40a)$$

当 $\dfrac{1}{1 + \dfrac{2t}{D-2t}} \leqslant \alpha_u \leqslant \dfrac{1}{1 + \dfrac{8t}{5(D-2t)}}$ 时，

$$N_u' = 5 f_y A_s + \gamma_u f_{cy} A_c + \alpha_u \left[k \frac{2t}{D-2t} f_y A_c - \left(5 + \frac{8t}{D-2t} \right) f_y A_s \right] \qquad (3.40b)$$

（3）当 $\alpha = 1$，$b = 1/2$ 时，得出 Mises 屈服准则的线性逼近（$B_s = 5/3$ 或 $\tau_s = 0.6\sigma_s$）的承载力极限解为

当 $\dfrac{1}{3 + \dfrac{2t}{D-2t}} \leqslant \alpha_u \leqslant \dfrac{1}{1 + \dfrac{2t}{D-2t}}$ 时，

$$N_u = \frac{3}{2} f_y A_s + \gamma_u f_{cy} A_c + \alpha_u \left[k \frac{2t}{D-2t} f_y A_c - \left(\frac{3}{2} + \frac{t}{D-2t} \right) f_y A_s \right] \qquad (3.41a)$$

当 $\dfrac{1}{1 + \dfrac{2t}{D-2t}} \leqslant \alpha_u \leqslant \dfrac{1}{1 + \dfrac{4t}{3(D-2t)}}$ 时，

$$N_u' = 3 f_y A_s + \gamma_u f_{cy} A_c + \alpha_u \left[k \frac{2t}{D-2t} f_y A_s - \left(3 + \frac{4t}{D-2t} \right) f_y A_s \right] \qquad (3.41b)$$

（4）当 $\alpha = 1$，$b = 3/4$ 时，得出新屈服准则（$B_s = 11/7$ 或 $\tau_s = 0.636 f_y$）的承

载力极限解为

当 $\dfrac{1}{\dfrac{7}{3}+\dfrac{2t}{D-2t}}\leqslant\alpha_{\mathrm{u}}\leqslant\dfrac{1}{1+\dfrac{2t}{D-2t}}$ 时，

$$N_{\mathrm{u}}=\frac{7}{4}f_{\mathrm{y}}A_{\mathrm{s}}+\gamma_{\mathrm{u}}f_{\mathrm{cy}}A_{\mathrm{c}}+\alpha_{\mathrm{u}}\left[k\frac{2t}{D-2t}f_{\mathrm{y}}A_{\mathrm{c}}-\left(\frac{7}{4}+\frac{3t}{2(D-2t)}\right)f_{\mathrm{y}}A_{\mathrm{s}}\right] \quad (3.42a)$$

当 $\dfrac{1}{1+\dfrac{2t}{D-2t}}\leqslant\alpha_{\mathrm{u}}\leqslant\dfrac{1}{1+\dfrac{8t}{7(D-2t)}}$ 时，

$$N_{\mathrm{u}}'=\frac{7}{3}f_{\mathrm{y}}A_{\mathrm{s}}+\gamma_{\mathrm{u}}f_{\mathrm{cy}}A_{\mathrm{c}}+\alpha_{\mathrm{u}}\left[k\frac{2t}{D-2t}f_{\mathrm{y}}A_{\mathrm{c}}-\left(\frac{7}{3}+\frac{8t}{3(D-2t)}\right)f_{\mathrm{y}}A_{\mathrm{s}}\right] \quad (3.42b)$$

（5）当 $\alpha=1$，$b=1$ 时，得出双剪应力屈服准则（$B_{\mathrm{s}}=3/2$ 或 $\tau_{\mathrm{s}}=2/3f_{\mathrm{y}}$）的承载力极限解为（由于推得的 N_{u} 和 N_{u}' 计算式相同，因此将他们合并为 N_{u} 表示）

当 $\dfrac{1}{2+\dfrac{2t}{D-2t}}\leqslant\alpha_{\mathrm{u}}\leqslant\dfrac{1}{1+\dfrac{t}{D-2t}}$ 时，

$$N_{\mathrm{u}}=2f_{\mathrm{y}}A_{\mathrm{s}}+\gamma_{\mathrm{u}}f_{\mathrm{cy}}A_{\mathrm{c}}+\alpha_{\mathrm{u}}\left[k\frac{2t}{D-2t}f_{\mathrm{y}}A_{\mathrm{c}}-\left(2+\frac{2t}{D-2t}\right)f_{\mathrm{y}}A_{\mathrm{s}}\right] \quad (3.43)$$

2）公式验算

本节定义的薄壁钢管轻骨料混凝土短柱中，其薄壁钢管是指径厚比（圆钢管）超过钢结构对其局部屈曲控制的限值或者钢管厚度小于 3mm 的钢管；轻骨料混凝土是指用轻粗骨料、轻细骨料或者普通砂、水泥和水配制成的，干表观密度不大于 1950kg/m³ 的混凝土。针对该定义本节采用文献[15]、[17]、[18]中的试验数据进行圆形薄壁钢管轻骨料混凝土轴压短柱的计算。

取双剪应力屈服准则的极限承载力公式（3.43）进行计算，并取 $k=3.4$，当 $\alpha_{\mathrm{u}}=\dfrac{1}{2+2t/(D-2t)}$ 时，式（3.43）的计算结果达到最大值。由式（3.43）得到的计算结果与文献[15]、[17]、[18]试验结果的比较如表 3.8 所示。

表 3.8　式（3.43）计算结果与文献[15]、[17]、[18]试验结果比较

试件编号	D /mm	t /mm	D/t	f_{c} /MPa	f_{y} /MPa	γ_{u}	α_{u}	N_{u} /kN	$N_{\exp}$ /kN	$\dfrac{N_{\mathrm{u}}}{N_{\exp}}$	备注
SC1-A	163.9	2.47	66.4	16.7	299.0	0.9434	0.4924	1008.2	962	1.0480	文献[17]

续表

试件编号	D /mm	t /mm	D/t	f_c /MPa	f_y /MPa	γ_u	α_u	N_u /kN	N_{exp} /kN	$\dfrac{N_u}{N_{exp}}$	备注
SC1-B	164.0	2.53	64.8	16.7	299.0	0.9433	0.4922	1024.7	1033	0.9920	
SC1-C	164.4	2.49	66.0	16.7	299.0	0.9431	0.4923	1017.5	954	1.0666	
SC5-A	111.2	2.04	54.5	29.21	305.6	0.9853	0.4907	658.4	659	0.9991	
SC5-C	111.5	2.11	52.8	29.21	305.6	0.9850	0.4904	673.1	675	0.9972	
SC6-A	111.4	2.06	54.1	37.66	305.6	0.9851	0.4906	741.8	738	1.0051	
SC6-B	111.4	2.19	50.9	37.66	305.6	0.9851	0.4900	763.9	689	1.1087	
SC6-C	111.4	2.12	52.5	37.66	305.6	0.9851	0.4903	752.0	678	1.1091	文献[17]
SC9-B	164.5	2.64	62.3	29.21	281.7	0.9430	0.4918	1259.3	1214	1.0373	
SC9-C	164.4	2.51	65.5	29.21	281.7	0.9431	0.4922	1227.1	1403	0.8746	
SC10-A	164.3	2.63	62.5	37.66	281.7	0.9431	0.4919	1419.2	1475	0.9622	
SC10-C	164.8	2.45	67.3	37.66	281.7	0.9428	0.4925	1383.4	1540	0.8983	
SC11-A	165.5	2.99	55.4	29.21	293.9	0.9423	0.4908	1387.9	1410	0.9843	
SC11-B	165.2	3.01	54.9	29.21	293.9	0.9425	0.4907	1389.3	1340	1.0368	
sc11-a	163.9	2.47	66.4	22.90	281.7	0.9434	0.4924	1089.4	1113	0.9788	
sc11-b	163.9	2.53	64.8	22.90	281.7	0.9434	0.4922	1103.9	1123	0.9830	文献[18]
sc11-c	164.4	2.49	66.0	22.90	281.7	0.9430	0.4923	1098.9	1122	0.9794	
O-1Q	180.0	1.49	120.8	21.79	222.7	0.9335	0.4958	861.9	1040	0.8288	
O-2Q	150.0	1.50	100.0	18.56	222.7	0.9528	0.4949	598.1	666	0.898	文献[15]
O-3Q	135.0	1.46	92.5	21.79	222.7	0.9641	0.4945	548.9	594	0.9241	
O-4Q	120.0	1.51	79.5	21.79	222.7	0.9769	0.4936	466.6	500	0.9332	
$\overline{X}$										0.9831	
$\overline{W}$										0.0711	

注：f_c 为 150mm×150mm×300mm 棱柱体试块测得的轴心抗压强度，由文献[17]轻骨料混凝土的抗压强度关系式，取 $f_c = 0.76 f_{cu}$，$f_{cy} = 0.79 f_{cu}$；D/t 为圆形薄壁钢管的径厚比；$\overline{X}$ 为平均值；$\overline{W}$ 为标准差。

3. 参数分析

1）参数 α_u、β_u 与径厚比 D/t 的关系

当 $\alpha=1$，$b=1$ 时，由式（3.28）和式（3.33）得双剪应力屈服准则时的公式为

$$\beta_u = 2 - \alpha_u\left(2 + \frac{2t}{D-2t}\right),\quad \frac{1}{2+\dfrac{2t}{D-2t}} \leqslant \alpha_u \leqslant \frac{1}{1+\dfrac{t}{D-2t}} \tag{3.44}$$

由式（3.44）得 α_u、β_u 和 D/t 之间的关系如图 3.12 所示。由图 3.12 可知，当参数 β_u 一定时，参数 α_u 随着径厚比 D/t 的增大而增大，且增大的幅度越来越小；当参数 α_u 一定时，参数 β_u 随着径厚比 D/t 的增大而增大，且增大的幅度越来越小；当径厚比 D/t 一定时，参数 β_u 随着参数 α_u 的增大而减小，即当薄壁钢管的环向拉应力增大时，其纵向压应力将减小。

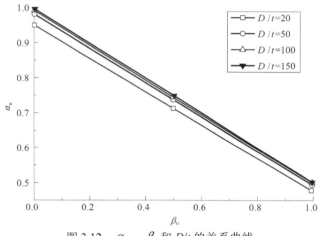

图 3.12　α_u、β_u 和 D/t 的关系曲线

2）套箍系数的影响

为了分析方便，定义薄壁钢管轻骨料混凝土柱的承载力提高系数为

$$\mathrm{SI} = N_u / N_0 \qquad (3.45)$$

式中，N_u 为式（3.43）计算的极限承载力；N_0 定义为试件名义轴压强度承载力[19]，$N_0 = A_s f_y + A_c f_c$，其中 A_s、f_y 分别为钢管的截面面积和屈服强度，A_c、f_c 分别为核心混凝土的截面面积和轴心抗压强度。套箍系数 $\zeta = \left(f_y A_s\right) / \left(f_c A_c\right)$[16]，则对于圆形薄壁钢管轻骨料混凝土轴压短柱试验数据可绘出 SI-ζ 关系曲线，如图 3.13 所示。由图 3.13 可以看出，同一种截面形式的薄壁钢管轻骨料混凝土短柱，套箍系数越大，承载力提高系数越高。说明随着套箍系数的增大，极限承载力 N_u 就越大。

3）径（宽）厚比和混凝土强度对提高系数 SI 的影响

对式（3.43）的承载力提高系数进行分析时，取 $\alpha = 1$，$b = 1$，并且 $k = 3.4$，$f_y = 299\mathrm{MPa}$，则不同混凝土强度下提高系数与径（宽）厚比的关系如图 3.14 所示。由图 3.14 可知，承载力提高系数随着径（宽）厚比的增大和混凝土强度的提高而减小。这主要是因为随着径（宽）厚比的增大和混凝土强度的提高，钢管混凝土的套箍系数 ζ 减小。

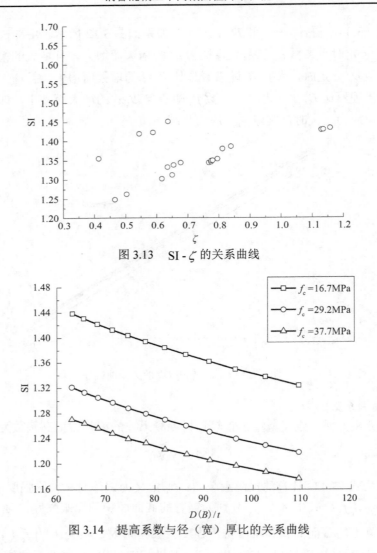

图 3.13　　SI - ζ 的关系曲线

图 3.14　　提高系数与径（宽）厚比的关系曲线

4. 数值模拟

1）有限元模型的建立

本节采用大型有限元分析软件 ANSYS 进行分析，核心轻骨料混凝土单元采用实体单元 solid65 单元模拟，薄壁钢管单元采用 8 节点实体单元 solid45 单元模拟。对于 solid65 单元，模拟钢管混凝土中不配筋混凝土时，不需设置实常数；solid45 单元不需要设置实常数。轻骨料混凝土的弹性模量按照材料试验所测取值，泊松比 $\upsilon_c = 0.2$；薄壁钢管的弹性模量为 $E_s = 206000\text{MPa}$，泊松比 $\upsilon_s = 0.3$。在有限元分析过程中轻骨料混凝土的破坏准则选用 William-Warnke 五参数模型破坏准则，本节中开口裂缝剪切传递系数取为 0.4，闭口裂缝剪切传递系数取为 0.9。

在分析时关闭混凝土的压碎功能，即取单轴抗压强度为"-1"。核心轻骨料混凝土的本构模型表达式为式（3.46）和式（3.47），模型定义为等强硬化模型。薄壁钢管的本构模型表达式为式（3.48），模型定义为随动强化模型。

$$\sigma = \sigma_0 \left[A \frac{\varepsilon}{\varepsilon_0} - B \left(\frac{\varepsilon}{\varepsilon_0} \right)^2 \right], \quad \varepsilon \leqslant \varepsilon_0 \qquad (3.46)$$

$$\sigma = \begin{cases} \sigma_0 (1-q) + \sigma_0 q \left(\dfrac{\varepsilon}{\varepsilon_0} \right)^{0.1\zeta}, & \zeta \geqslant 1.22, \\[3mm] \sigma_0 \left(\dfrac{\varepsilon}{\varepsilon_0} \right) \dfrac{1}{\beta \left(\dfrac{\varepsilon}{\varepsilon_0} - 1 \right)^2 + \dfrac{\varepsilon}{\varepsilon_0}}, & \zeta < 1.22, \end{cases} \quad \varepsilon > \varepsilon_0 \qquad (3.47)$$

式中，$\sigma_0 = f_c \left[1.194 + \left(\dfrac{13}{f_c} \right)^{0.45} \left(-0.07485\zeta^2 + 0.5789\zeta \right) \right]$，$f_c$ 为混凝土轴心抗压强度；$\varepsilon_0 = \varepsilon_c + \left[1000 + 800 \left(\dfrac{f_c}{24} - 1 \right) \right] \zeta^{0.2}$（$\mu\varepsilon$），$\varepsilon_c = 1788 + 17.58 f_c$（$\mu\varepsilon$）；$A = 2.0 - k$；$B = 1.0 - k$；　$k = 0.1\zeta^{0.745}$；　$q = \dfrac{k}{0.2 + 0.1\zeta}$；　$\beta = \left(2.36 \times 10^{-5} \right)^{\left[0.25 + (\zeta - 0.5)^7 \right]} \times 5.0 \times f_c^2 \times 10^{-4}$。

$$\sigma = \begin{cases} E_s \varepsilon, & \varepsilon \leqslant \varepsilon_e \\ -A\varepsilon^2 + B\varepsilon + C, & \varepsilon_e < \varepsilon \leqslant \varepsilon_{e1} \\ f_y, & \varepsilon_{e1} < \varepsilon \leqslant \varepsilon_{e2} \\ f_y \left[1 + 0.6 (\varepsilon - \varepsilon_{e2}) / (\varepsilon_{e3} - \varepsilon_{e2}) \right], & \varepsilon_{e2} < \varepsilon \leqslant \varepsilon_{e3} \\ 1.6 f_y, & \varepsilon > \varepsilon_{e3} \end{cases} \qquad (3.48)$$

式中，f_y 为钢材的屈服强度；$\varepsilon_e = 0.8 f_y / E_s$；$\varepsilon_{e1} = 1.5\varepsilon_e$；$\varepsilon_{e2} = 10\varepsilon_e$；$\varepsilon_{e3} = 100\varepsilon_e$；$E_s$ 为钢管的弹性模量，可取为 $2.06 \times 10^5 \text{MPa}$；$A = \dfrac{0.2 f_y}{(\varepsilon_{e1} - \varepsilon_e)^2}$；$B = 2A\varepsilon_{e1}$；$C = 0.8 f_y + A\varepsilon_e^2 - B\varepsilon_e$。

本节模拟的试件尺寸及 ANSYS 计算结果比较见表 3.9。根据对称性可以只取 1/4 的几何模型来划分单元。有限元模型网格划分如图 3.15 所示。

表 3.9　模拟试件尺寸及 ANSYS 计算结果比较

试件编号	D/mm	t/mm	L/mm	f_c/MPa	f_y/MPa	N_{FEM}/kN	N_{exp}/kN	N_{FEM}/N_{exp}	备注
SC1-A	163.9	2.47	495	16.7	299.0	937.8	962	0.9748	
SC1-B	164.0	2.53	495	16.7	299.0	940.2	1033	0.9102	
SC1-C	164.4	2.49	495	16.7	299.0	936.1	954	0.9812	
SC5-A	111.2	2.04	342	29.21	305.6	643.4	659	0.9763	
SC5-C	111.5	2.11	342	29.21	305.6	632.8	675	0.9375	
SC6-A	111.4	2.06	342	37.66	305.6	710.0	738	0.9621	
SC6-B	111.4	2.19	342	37.66	305.6	724.2	689	1.0511	文献[17]
SC6-C	111.4	2.12	342	37.66	305.6	717.9	678	1.0588	
SC9-B	164.5	2.64	495	29.21	281.7	1215.4	1214	1.0012	
SC9-C	164.4	2.51	495	29.21	281.7	1194.5	1403	0.8514	
SC10-A	164.3	2.63	495	37.66	281.7	1393.0	1475	0.9444	
SC10-C	164.8	2.45	495	37.66	281.7	1370.8	1540	0.8901	
SC11-A	165.5	2.99	495	29.21	293.9	1313.6	1410	0.9316	
SC11-B	165.2	3.01	495	29.21	293.9	1315.5	1340	0.9817	
sc11-a	163.9	2.47	495	22.90	281.7	1037.4	1113	0.9321	文献[18]
sc11-b	163.9	2.53	495	22.90	281.7	1048.3	1123	0.9335	
sc11-c	164.4	2.49	495	22.90	281.7	1047.0	1122	0.9332	
$\overline{X}$								0.9560	
$\overline{W}$								0.0508	

注：D、t 和 L 分别为钢管的外直径、壁厚和试件的长度；f_c 为 150mm×150mm×300mm 棱柱体试块测得的轴心抗压强度，由文献[17]，取 $f_c = 0.76 f_{cu}$，$f_{cy} = 0.79 f_{cu}$；N_{FEM} 为 ANSYS 软件计算承载力；N_{exp} 为试验承载力；$\overline{X}$ 为平均值；$\overline{W}$ 为标准差。

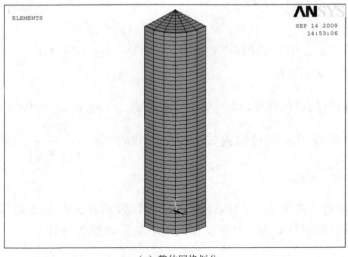

（a）整体网格划分

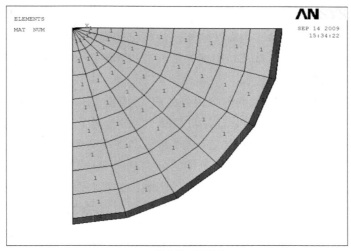

（b）横截面网格划分

图 3.15　圆钢管轻骨料混凝土柱有限元模型网格划分图

　　本节采用位移加载方式。在试件的有限元模型中，对试件底部节点施加全部约束，不考虑核心混凝土柱端的摩擦，采用 1/4 模型进行计算，因此需将两个对称面施加对称边界条件。单元模型约束及加载如图 3.16 所示。

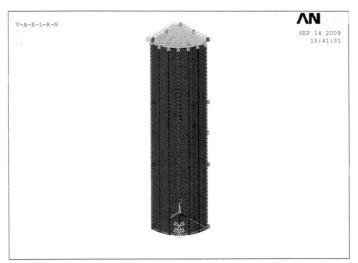

图 3.16　圆钢管轻骨料混凝土柱模型约束及加载

　　2）有限元模型的验证

　　从表 3.9 中可以看出，ANSYS 软件计算承载力与试验承载力的比值为 0.8514~1.0588，平均值为 0.9560，标准差为 0.0508。由此可见，ANSYS 有限元计算值与试验结果吻合良好。计算值与试验结果产生偏差的原因可能有：一是在

ANSYS 有限元建模时没有考虑薄壁钢管和核心轻骨料混凝土的滑移；二是试验短柱存在初始缺陷，如钢管的局部缺陷，混凝土的浇筑密实度等；三是试件材料强度有一定的离散性；四是试验中试件加载过程和约束条件与有限元模型有一定的区别，如绝对的轴心加载等。

　　文献[17]和[18]中部分试件模拟得到的应力-应变（σ-ε）曲线如图 3.17 所示。从图 3.17 中可以看出，薄壁钢管轻骨料混凝土轴压短柱具有较好的延性。文献[18]中试件 SC5-C、SC6-A 和 SC10-C 的应力-应变曲线在达到极限荷载后有一定的下降段，与本节分析结果稍有不同。可能的原因有：一是有限元模拟中没有考虑薄壁钢管的初始缺陷对钢管承载力学性能的影响；二是有限元模拟中核心混凝土的密实度比试验试件好，使薄壁钢管不会过早发生局部屈曲；三是由于在计算时所取混凝土和钢管本构关系的影响，且在混凝土数值模拟中，为了计算收敛，关闭了混凝土的压碎功能，数值模拟存在一定的误差。从图 3.17 还可以看出，试件的理论曲线较好地描述了薄壁钢管轻骨料混凝土轴压短柱应力-应变过程的三个阶段：弹性阶段、弹塑性阶段和强化阶段。

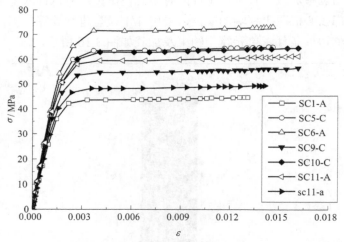

图 3.17　有限元模拟试件的 σ-ε 曲线

　　图 3.18~图 3.22 分别给出试件 SC10-C 在极限荷载时纵向的变形和位移分布图以及试件 SC10-C、混凝土、钢管纵向应力云图。可以明显地看出，图 3.18~图 3.20 中试件的破坏形态是中间凸出，变形较大，且 Y 方向（纵向）的位移随加载端的距离而变化，距离越远其位移越小，这与文献[17]中的试验现象基本吻合。从图 3.21 和图 3.22 中可知轻骨料混凝土在靠近外包钢管周围的混凝土比中心的混凝土应力要大，表明外层的混凝土将会较早破坏；薄壁钢管靠近端部的地方应力较大，呈对称分布，且钢管完全屈服。图中核心轻骨料混凝土的应力基本上都超过了其单轴强度，表明核心混凝土在外包钢管的约束下，其抗压强度得到

较大的提高，与文献试验结果吻合较好。

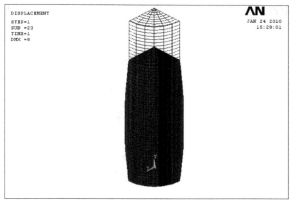

图 3.18　试件 SC10-C Y 向（纵向）变形图

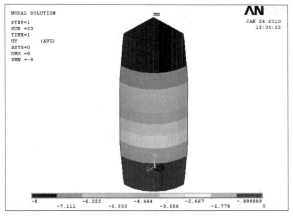

图 3.19　试件 SC10-C Y 向（纵向）位移分布图

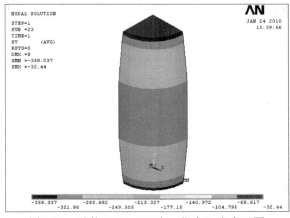

图 3.20　试件 SC10-C Y 向（纵向）应力云图

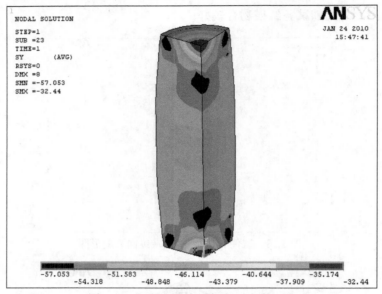

图 3.21　混凝土 Y 向（纵向）应力云图

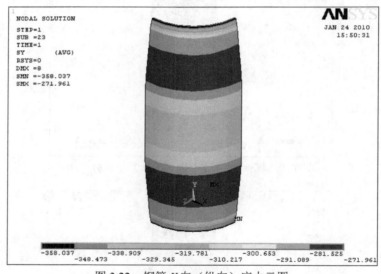

图 3.22　钢管 Y 向（纵向）应力云图

3）套箍系数和混凝土强度对构件力学性能的影响

为了更好地分析套箍系数 $\zeta = (f_y A_s)/(f_c A_c)$ 对薄壁钢管轻骨料混凝土轴压短柱力学性能的影响，保持核心混凝土强度等级不变（分别取 LC40 和 LC50），改变套箍系数（0.47~0.84），对构件进行有限元数值模拟，并将其应力-应变曲线做比较，如图 3.23 和图 3.24 所示。由图 3.23 和图 3.24 可知，在相同轻骨料混凝土强度条件下，薄壁钢管轻骨料混凝土轴压短柱的强度随着套箍系数 ζ 的增大而提高。

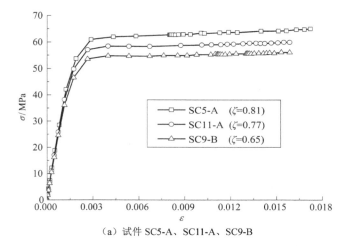

（a）试件 SC5-A、SC11-A、SC9-B

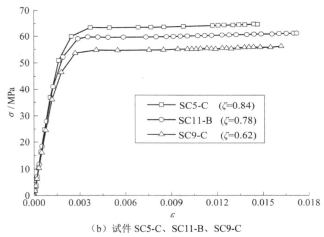

（b）试件 SC5-C、SC11-B、SC9-C

图 3.23　LC40 轻骨料混凝土强度时组合柱的 σ-ε 曲线

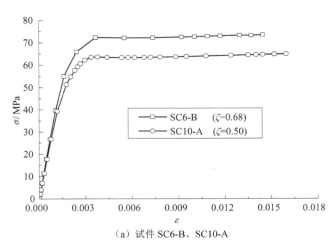

（a）试件 SC6-B、SC10-A

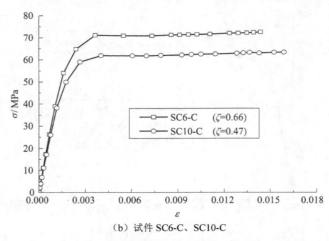

（b）试件 SC6-C、SC10-C

图 3.24　LC50 轻骨料混凝土强度时组合柱的 σ-ε 曲线

表 3.10 为套箍系数在 0.47~0.84 时对薄壁钢管轻骨料混凝土轴压短柱力学性能的影响。从表中数据可以看出，在相同轻骨料混凝土强度条件下，随着构件套箍系数的减小，构件的屈服强度 σ_s 和极限强度 σ_u 都逐渐降低；构件的屈服位移 Δ_y 与极限位移 Δ_u 都有增大的趋势。构件的强屈比 σ_u/σ_s 稳定在 1.15 附近，构件的延性比均大于 5，说明构件具有较好的延性。

表 3.10　套箍系数对薄壁钢管轻骨料混凝土轴压短柱力学性能的影响

试件编号	混凝土强度等级	ζ	σ_s/MPa	σ_u/MPa	σ_u/σ_s	Δ_y/mm	Δ_u/mm	Δ_u/Δ_y
SC5-C		0.84	56.90	64.81	1.14	0.75	4.92	6.56
SC5-A		0.81	57.06	66.25	1.16	0.78	6.00	7.69
SC11-B	LC40	0.78	53.81	61.37	1.14	1.08	8.50	7.87
SC11-A		0.77	53.09	61.06	1.15	1.02	7.81	7.66
SC9-B		0.65	50.15	57.19	1.14	1.06	7.72	7.28
SC9-C		0.62	48.73	56.27	1.15	1.03	7.10	6.89
SC6-B		0.68	64.98	74.30	1.14	0.80	5.00	6.25
SC6-C	LC50	0.66	64.98	73.65	1.13	0.81	4.84	5.98
SC10-A		0.50	58.03	65.70	1.13	1.14	7.15	6.27
SC10-C		0.47	55.42	64.26	1.16	1.10	6.88	6.25

同时，对不同混凝土强度等级（LC25、LC30、LC40、LC50）的构件进行有限元数值模拟，其应力-应变（σ-ε）曲线如图 3.25 所示。由图可知，薄壁钢管轻骨料混凝土轴压短柱的强度随着核心混凝土强度的增大而提高。

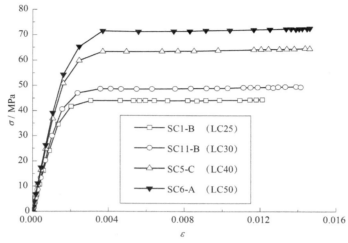

图 3.25　不同混凝土强度时组合柱的 σ-ε 曲线

表 3.11 为混凝土强度等级（LC25、LC30、LC40、LC50）对薄壁钢管轻骨料混凝土轴压短柱力学性能的影响。从表中数据可以看出，随着核心混凝土强度等级的增加，构件的屈服强度和极限强度都逐渐增大。构件的强屈比 σ_u/σ_s 稳定在 1.14 附近，构件的延性比 Δ_u/Δ_y 均大于 5，说明构件具有较好的延性。

表 3.11　混凝土强度等级对薄壁钢管轻骨料混凝土轴压短柱力学性能的影响

试件编号	混凝土强度等级	f_c/MPa	σ_s/MPa	σ_u/MPa	σ_u/σ_s	Δ_y/mm	Δ_u/mm	Δ_u/Δ_y
SC1-B	LC25	16.70	40.14	44.51	1.11	0.93	5.68	6.11
SC11-B	LC30	22.90	43.42	49.69	1.14	0.95	6.16	6.48
SC5-C	LC40	29.21	56.90	64.81	1.14	0.75	4.92	6.56
SC6-A	LC50	37.66	63.90	72.84	1.14	0.81	4.66	5.75

3.1.4　圆钢管 RPC 柱

1. 受力机理

圆钢管 RPC 柱在初始荷载阶段，RPC 的横向变形系数小于钢管的泊松比，因此核心 RPC 与钢管之间不会发生挤压，两者共同承受纵向压力。随着加载的不断进行，纵向应变增加，导致 RPC 的侧向膨胀超过钢管的侧向膨胀，产生了径向压力。按照屈服条件，钢管环向应力不断增加，纵向应力不断减小，在钢管与 RPC 之间产生了应力重分布，钢管从主要承受纵向压力转变为主要承受环向拉力。

圆钢管 RPC 柱的受力模型为：钢管处于轴压、环拉和径向受压的三向应力状态；核心 RPC 处于轴向压缩和侧向均匀围压的三向受压应力状态，受力简图如图 3.26 所示。

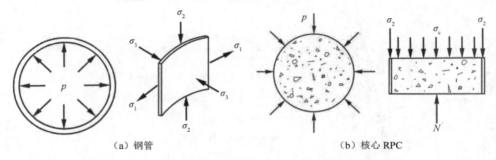

（a）钢管　　　　　　　　　　　　　（b）核心 RPC

图 3.26　钢管和核心 RPC 受力简图

2. 轴压承载力计算

本书采用考虑中间主应力效应的统一强度理论计算外钢管，将其视为厚壁圆筒进行分析，则根据文献[10]可得钢管受内压作用的塑性极限载荷：

$$p_p = \frac{\sigma_t}{1-\alpha}\left[\left(\frac{r_i}{r_o}\right)^{\frac{2(1+b)(\alpha-1)}{2+2b-\alpha b}} - 1\right] \tag{3.49}$$

式中，σ_t 为钢管单向受压时的极限抗拉强度；r_i、r_o 分别为钢管的内、外半径。

若规定 $\sigma_1 \geqslant \sigma_2 \geqslant \sigma_3$，则有

$$\sigma_1 = \sigma_\theta, \quad \sigma_2 = \sigma_z, \quad \sigma_3 = \sigma_r \tag{3.50}$$

式中，σ_r、σ_θ、σ_z 分别为钢管的径向应力、环向应力和轴向应力。

由塑性力学的厚壁圆筒理论得圆钢管的纵向抗压强度 σ_z 为[20, 21]

$$\sigma_z = \frac{1}{2}(\sigma_r + \sigma_\theta) = \frac{p_i r_i^2}{r_o^2 - r_i^2} = \frac{\sigma_t}{1-\alpha}\left[\left(\frac{r_i}{r_o}\right)\frac{2(1+b)(\alpha-1)}{2+2b-\alpha b} - 1\right]\frac{r_i^2}{r_o^2 - r_i^2} \tag{3.51}$$

核心 RPC 的应力状态处于 $0 > \sigma_1 = \sigma_2 > \sigma_3$ 的三向受压状态，钢管的侧向约束使 RPC 抗压强度提高，由统一强度理论推得[22]

$$\sigma_b = f_c + k\sigma_a \tag{3.52}$$

式中，σ_b 为核心 RPC 三向应力状态下的轴向抗压强度，即 f_c'；k 为混凝土强度提高系数，$k = \dfrac{1+\sin\theta}{1-\sin\theta}$，其值在 1~3[23]，具体由试验确定，$\theta$ 为 RPC 的内摩擦

角；f_c 为 RPC 轴心抗压强度；σ_a 为圆钢管对核心混凝土的均匀内压力 p。因此式（3.52）可改写为

$$f_c' = f_c + kp \tag{3.53}$$

圆钢管 RPC 轴压短柱的极限承载力由钢管的承载力与核心 RPC 的承载力共同组成，即

$$N_{u1} = N_c + N_s = f_c' A_c + \sigma_z A_s \tag{3.54}$$

将式（3.51）和式（3.53）代入式（3.54），整理可得钢管 RPC 柱的极限承载力为

$$N_{u1} = \left(f_c + kp\right) A_c + \frac{r_i^2 p}{r_o^2 - r_i^2} A_s \tag{3.55}$$

式中，A_c 为核心 RPC 的截面面积，$A_c = \pi r_i^2$；A_s 为圆钢管的截面面积，$A_s = \pi\left(r_o^2 - r_i^2\right)$；均匀内压力 $p = \dfrac{\sigma_t}{1-\alpha}\left[\left(\dfrac{r_i}{r_o}\right)^{\frac{2(1+b)(\alpha-1)}{2+2b-\alpha b}} - 1\right]$。

3. 尺寸效应模型的选取

1）RPC 尺寸效应模型的选取

文献[24]建立的名义强度表达式为

$$\sigma_N = \sigma_0 \left(V / V_c\right)^{-1/(\omega_c+1)}，\quad \omega_c = 27 \tag{3.56}$$

式中，σ_0，V_c 分别为标准试件的强度和体积；V 为计算试件的体积。

考虑到活性粉末混凝土尺寸效应的影响，且缺乏试验数据的支撑，采用 Weibull 分布统计尺寸效应模型对核心 RPC 的抗压强度并进行修正。参考经过修正、应用和证实的计算式（3.56）和式（3.53），可以得到

$$f_{cz} = f_c \left(V / V_c\right)^{-1/(\omega_c+1)}，\quad \omega_c = 27 \tag{3.57}$$

式中，f_{cz} 为修正后的轴心抗压强度；ω_c 为 Weibull 系数。

整理得到活性粉末混凝土的抗压强度为

$$f_c' = f_{cz} + kp \tag{3.58}$$

用 f_{cz} 代替式（3.55）中的 f_c，从而对核心 RPC 进行尺寸效应修正。

2）厚壁圆筒理论尺寸效应修正

为了考虑外钢管的尺寸效应，基于俞茂宏统一屈服准则和应变梯度塑性理论，推导考虑尺寸效应的厚壁圆筒塑性极限解，从而得到考虑尺寸效应的外钢管的纵向抗压强度。

设长厚壁圆筒的内、外半径分别为 r_i、r_o，受均匀内压力 p 作用，材料为线性硬化材料。基于 Muhlhaus 和 Aifantis[25]提出的应变梯度塑性理论对厚壁圆筒进行塑性分析。引入有效塑性应变的空间梯度项，可以预测材料的尺寸效应。

$$p_s = \frac{2(1+b)}{2+b}\sigma_y\left[\left(1-\frac{E_p}{E}\right)\ln\frac{r_o}{r_i}+\frac{E_p}{2E}\left(\frac{r_o^2}{r_i^2}-1\right)-\frac{C}{E}\frac{r_o^2}{r_i^2}\left(1-\frac{r_i^4}{r_o^4}\right)\frac{1}{r_i^2}\right] \qquad (3.59)$$

式中，E 为弹性模量；E_p 反映塑性硬化的切线模量；σ_y 为屈服应力；r_i、r_o 分别为厚壁圆筒的内、外半径。式（3.59）即为考虑尺寸效应的厚壁圆筒受塑性内压统一极限解，它不仅和圆筒内、外半径比这一量纲有关，还和圆筒的内、外半径相关，从而将圆筒的特征尺寸纳入其中，以考虑尺寸效应的影响。

3）验证

统一解在 $b=1/(1+\sqrt{3})$ 时，式（3.59）可以退化为文献[26]中基于 Mises 屈服准则的极限解 $p_s=\frac{2}{\sqrt{3}}\sigma_y\left[\left(1-\frac{E_p}{E}\right)\ln\frac{r_o}{r_i}+\frac{E_p}{2E}\left(\frac{r_o^2}{r_i^2}-1\right)-\frac{C}{E}\frac{r_o^2}{r_i^2}\left(1-\frac{r_i^4}{r_o^4}\right)\frac{1}{r_i^2}\right]$。当 $C=0$，$E_p=0$ 时，式（3.59）退化为不考虑尺寸效应的厚壁圆筒的理想弹塑性模型解，此时 $b=0$ 对应 Tresca 屈服准则解答[27]，$b=1/(1+\sqrt{3})$ 对应 Mises 屈服准则解[28]，$b=1$ 对应双剪屈服准则解答[29]。

因此，可以用式（3.59）中的 p_s 代替式（3.55）中的 p，从而对外钢管进行尺寸效应修正。

4. 考虑界面黏结的钢管 RPC 短柱轴压承载力尺寸效应修正

1）对承载力的影响

研究表明，影响钢管和混凝土之间黏结强度的因素很多，如混凝土强度、钢管的径厚比、构件的长细比、钢管表面的粗糙程度、混凝土的浇筑方式及养护条件等。针对钢管 RPC 柱这种超高强材料的组合结构，本节对混凝土强度、构件长细比 $\lambda=L/D$ 及套箍系数 $\zeta=(A_s f_y)/(A_c f_c)$ 进行分析。

（1）混凝土强度。文献[30]研究表明，随着核心受压混凝土强度的增大，钢管与 RPC 之间存在的黏结应力部分的长度变长。另外，美国规范中认为强度与混凝土强度的平方根成正比。RPC 是一种超高强材料，钢管与 RPC 之间的应变不是完全连续的，即两者组合界面的黏结滑移是不能忽略的。

（2）构件长细比。文献[31]中的试验分析表明，随着构件长细比（$4L/D$）的增大（长细比范围 4~12），极限黏结强度也随之增大。本书所研究的构件的长细比均为 12，因此对于此组合结构，钢管与 RPC 之间的黏结作用是应该考虑在内的。

（3）套箍系数。由文献[32]可知，套箍系数 $\zeta \leqslant 1.6$ 时，黏结强度随着套箍系数的增大而增大，而本节的套箍系数 ζ 均在这个研究范围内。

综上所述，作为钢管与核心 RPC 相互作用的重要环节，黏结强度是钢管 RPC 柱投入工程应用的重要参数，对于钢管 RPC 轴压短柱考虑黏结滑移的影响是很有必要的。钢管混凝土构件处于弹性阶段时，两者之间的黏结作用已经发生破坏，胶结力与咬合力退出工作，黏结作用只剩下摩擦阻力。则抗剪黏结应力 τ 的表达式为

$$\tau = \mu p \qquad (3.60)$$

式中，摩擦系数 μ 取值为 0.6[33]。

2）修正后的钢管 RPC 柱承载力统一解

基于公式（3.60），当考虑钢管和 RPC 连接面上的黏结应力时，钢管纵向方向不仅承受纵向压力，而且承受纵向黏结力。由式（3.51）可以得到考虑黏结作用的钢管的纵向应力为

$$\sigma_{zb} = \frac{p_l r_i^2}{r_o^2 - r_i^2} + \mu p \qquad (3.61)$$

将式（3.57）、式（3.59）、式（3.61）分别代入式（3.55），从而得到考虑界面黏结作用的圆钢管 RPC 短柱轴压承载力尺寸效应修正公式为

$$N'_{u1} = \left[f_{cz} + p_s - f_{cz} \left(0.96 - \sqrt{0.92 + \left(\frac{6}{f_{cz}} + \frac{1}{7} \right) p_s} \right) \right] A_c + \left(\frac{p_s r_i^2}{r_o^2 - r_i^2} + \mu p_s \right) A_s \qquad (3.62)$$

式中，$f_{cz} = f_c \left(V / V_c \right)^{-1/(\omega_c + 1)}$，$\omega_c = 27$。

5. 公式验证

对于钢材，式（3.59）中的 $E = 2.03 \times 10^5\,\mathrm{MPa}$，$E_p = 6100\,\mathrm{MPa}$。文献[26]给出梯度系数与弹性模量的关系，定义了材料特征长度 $l = \sqrt{|C_1|/E}$，表示材料在不同尺度层次表现出不同的力学行为，依赖于材料微结构的特征常数，是联系材料宏观经典塑性变形与微观塑性变形的桥梁。钢材特征长度 $l = 5.2\,\mu\mathrm{m}$[34]，可以得到应变梯度系数 $C_1 = -5.49\mathrm{N}$。

采用文献[35]和[36]的试验数据，与本节式（3.55）与式（3.62）的计算结果进行比较。N_u、N'_u 为本节计算承载力，N_{exp} 为文献试验承载力。k 为混凝土强度提高系数，其值在 1~3[36]；参数 b 的取值范围 $0 \leqslant b \leqslant 1$[36]。当 $k=1.8$，$b=0.5$ 时，将式（3.55）和式（3.62）计算结果与试验结果进行比较，见表 3.12。

表 3.12　文献试验数据与本节计算结果的对比

试件编号	$D \times t \times L$/(mm×mm×mm)	f_y/MPa	f_c/MPa	ζ	N_{exp}/kN	N'_u/kN	N_u/kN	$\dfrac{N'_u}{N_{exp}}$	$\dfrac{N_u}{N_{exp}}$	备注
1	133×3×400	290	109	0.257	2000	1932.2	1930.6	0.966	0.965	
2					2005	1932.2	1930.6	0.964	0.963	
3	133×3×400	290	154	0.182	2300	2489.6	2500.4	1.082	1.087	
4					2350	2489.6	2500.4	1.059	1.064	
5	133×4.5×400	318	109	0.439	2250	2223.7	2191.6	0.988	0.974	
6					2200	2223.7	2191.6	1.011	0.996	
7	133×4.5×400	318	154	0.311	2700	2713.2	2734.8	1.005	1.013	
8					2750	2713.2	2734.8	0.987	0.994	
9	133×6.5×400	318	109	0.666	2300	2512.8	2441.0	1.093	1.061	
10					2350	2512.8	2441.0	1.069	1.039	
11	133×6.5×400	318	154	0.472	2950	3010.4	3249.6	1.020	1.102	
12					2950	3010.4	3249.6	1.020	1.102	文献[35]
13	133×8.5×400	290	109	0.837	2500	2435.6	2726.4	0.974	1.091	
14					2550	2435.6	2726.4	0.955	1.069	
15	133×8.5×400	290	154	0.592	2950	2980.6	3201.7	1.010	1.085	
16					2960	2980.6	3201.7	1.007	1.082	
17	133×10×400	376	109	1.329	3200	3215.1	2914.7	1.005	0.911	
18					3100	3215.1	2914.7	1.037	0.940	
19	133×10×400	376	154	0.941	3450	3556.3	3565.7	1.031	1.034	
20					3450	3556.3	3565.7	1.031	1.034	
21	133×12×400	336	154	1.067	3500	3435.8	3498.0	0.982	0.999	
22					3650	3435.8	3498.0	0.941	0.958	
23	110×5×300	310	115.8	0.562	1580	1728.0	1666.7	1.094	1.055	
24	113×6.5×300	321	115.8	0.768	2076	2010.0	1918.2	0.968	0.924	文献[36]
25					2048	2010.0	1918.2	0.981	0.937	

续表

试件编号	$D \times t \times L/$ (mm×mm ×mm)	$f_y/$ MPa	$f_c/$ MPa	ζ	$N_{exp}/$ kN	N_u' /kN	N_u /kN	$\dfrac{N_u'}{N_{exp}}$	$\dfrac{N_u}{N_{exp}}$	备注
26	110×5×300	310	117.9	0.552	1620	1744.1	1683.2	1.077	1.039	
27					1621	1744.1	1683.2	1.076	1.038	
28	110×5×300	320	117.9	0.569	1645	1728.4	1707.6	1.051	1.038	
29					1655	1728.4	1707.6	1.044	1.032	
30	113×6.5×300	321	117.9	0.754	2096	2026.0	1934.7	0.967	0.923	
31					2172	2026.0	1934.7	0.933	0.891	文献[36]
32	113×6.5×300	321	149.3	0.596	2379	2272.5	2181.1	0.955	0.917	
33					2415	2272.5	2181.1	0.941	0.903	
34	108×6.5×300	391	144.2	0.793	2141	2162.0	2186.6	1.010	1.021	
35					2146	2162.0	2186.6	1.007	1.019	
36	110×5×300	320	149.3	0.45	1693	1950.7	1964.1	1.152	1.160	
37					1641	1950.7	1964.1	1.189	1.197	
38					1734	1950.7	1964.1	1.125	1.133	
$\overline{X}$								1.014	1.058	
$\overline{W}$								0.0426	0.0688	

由表 3.12 可知，考虑黏结和尺寸效应的 N_u'/N_{exp} 比值在 0.933~1.189，平均值为 1.014，标准差为 0.0426；不考虑黏结和尺寸效应的 N_u/N_{exp} 比值在 0.891~1.197，平均值为 1.058，标准差为 0.0688。从表中对比分析可以看出，考虑界面黏结及尺寸效应所得的承载力计算结果与文献试验结果吻合更好，说明基于统一强度理论和黏结滑移理论，对外钢管和核心 RPC 进行尺寸效应修正，计算方法是可行的。

采用式（3.55）与式（3.62），以文献[35]~[39]的试验资料为例，对 27 组 84 个钢管 RPC 轴压短柱的计算承载力/试验承载力进行统计分析，结果如图 3.27 所示。从图中可以看出，不考虑界面黏结和尺寸效应，随着构件截面尺寸的增大，按式（3.55）的计算承载力明显有比试验承载力偏大的趋势，而考虑界面黏结和尺寸效应后，按式（3.62）的计算承载力随构件尺寸增大而比试验承载力偏大的趋势得到明显削减，这说明对钢管 RPC 柱考虑界面黏结和尺寸效应后，预测结果得到明显改善，提高了计算的准确性。

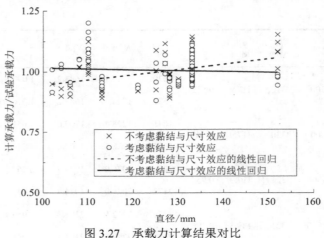

图 3.27　承载力计算结果对比

6. 参数分析

1) 强度理论参数

图 3.28 反映了混凝土强度提高系数 k 和材料参数 b 变化时对钢管 RPC 柱极限承载力的影响。参数 b 值代表不同强度理论的选取,对于不同的材料,b 取不同的值,即统一强度理论可以适用于多种材料,参数 b 对钢管 RPC 短柱的极限承载力有较大影响。由图 3.28 可知,N_u' 随着参数 b 的增大而增大,b 值越大即中间主应力效应越明显。$k=2.0$ 时,$b=1.0$ 对应的极限承载力 N_u' 比 $b=0$ 时增加了13.1%,这说明考虑中间主应力 σ_2 的影响,可以更客观地表现材料的强度潜能,充分发挥其自承载能力。

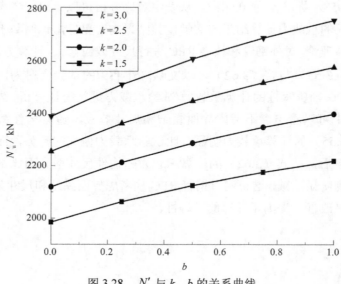

图 3.28　N_u' 与 k、b 的关系曲线

2）套箍系数

套箍系数表征钢管混凝土柱中钢管与混凝土考虑强度与面积因素的综合比例。为了分析套箍系数对构件力学性能的影响，保证其他条件不变，改变套箍系数对钢管 RPC 构件的极限承载力数据进行统计分析，得 N_u' 与 ζ、b 的关系曲线，如图 3.29 所示。由图可知，钢管 RPC 轴压短柱的极限承载力随着套箍系数 ζ 和参数 b 的增大而提高。这是因为在钢管 RPC 短柱受力过程中，随着套箍系数的增大，钢管对核心混凝土的约束作用增强，从而构件极限承载能力提高。

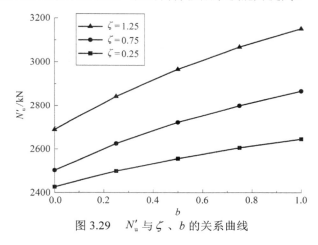

图 3.29　N_u' 与 ζ、b 的关系曲线

3）活性粉末混凝土强度

混凝土强度对钢管混凝土的受力性能有一定的影响。图 3.30 给出了极限承载力 N_u' 与活性粉末混凝土轴心抗压强度 f_c 及参数 b 之间的关系曲线。从图中可以看出，随着核心混凝土强度等级的增加，构件的极限承载力逐渐增大；随着参数 b 的增大，构件的极限承载力也逐步增大。

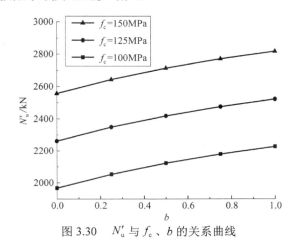

图 3.30　N_u' 与 f_c、b 的关系曲线

3.2 方钢管混凝土柱力学性能

方钢管混凝土柱具有节点构造简单、连接方便、抗弯性能好等优点,目前各国在这方面的研究非常广泛。但是方钢管与核心混凝土之间的相互约束不同于圆钢管混凝土柱,如何精确估算方钢管和核心混凝土之间相互约束而产生的"效应",是研究方钢管混凝土柱轴压承载力的关键。因此,李小伟等[40]根据统一强度理论,引入考虑厚边比ω影响的等效约束折减系数ξ,将方钢管对混凝土的约束等效为圆钢管对混凝土的约束,推导并建立了方钢管普通混凝土柱的轴压承载力计算式;长安大学赵均海团队[32, 41]针对方钢管再生混凝土柱的轴压与偏压性能开展了试验研究和理论分析,并开展了方钢管轻骨料混凝土柱的轴压承载力理论计算和有限元数值模拟,验证了所得公式的普遍适用性;朱倩[5]推导了方钢管 RPC 柱的轴压承载力计算式,并采用试验研究和有限元数值模拟对其进行了验证,该计算方法具有较高精度,参数明确,便于指导工程设计。

3.2.1 方钢管普通混凝土柱

1. 受力特点

1)混凝土强度折减系数的引入

在高应力水平时,由于混凝土内部纵向微裂缝的发展,泊松比将超过 0.5。当混凝土的泊松比超过钢材的泊松比时,钢管对混凝土产生围压,对于圆钢管混凝土,混凝土受均匀约束力作用。方钢管对内部混凝土的约束力没有圆钢管对内部混凝土的约束力强,并且方钢管的约束力很不均匀,角部的混凝土受的约束力强,边部中间管壁的混凝土受的约束力弱。当方钢管达到极限强度时,角部钢管发生塑性变形,钢管边部中间管壁发生局部失稳,混凝土压碎。目前的研究表明,方钢管对内部混凝土的约束可分为有效约束区和非有效约束区,有效约束区和非有效约束区的界限为抛物线,如图 3.31 所示。有效约束区混凝土的极限抗压强度高于非约束混凝土,非有效约束区的混凝土所受的侧向约束是不均匀的。因为考虑方钢管对混凝土的约束有一定困难,所以对方形截面钢管混凝土的研究大多建立在试验的基础上。除此之外,还有学者利用切线模量理论方法计算方形截面钢管混凝土构件的承载力。本节中对混凝土不进行有效约束区和非有效约束区的划分,而是采用混凝土强度折减系数$\gamma_u = 1.67 D_c^{-0.112}$来考虑非有效约束区侧向约束减弱的影响,其中$D_c$为圆钢管内直径。混凝土强度折减系数考虑了尺寸效应的影响。

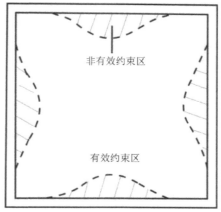

图 3.31　方钢管核心混凝土有效约束区

2）方钢管混凝土厚边比的影响

方钢管混凝土向圆钢管混凝土等代时，由于方钢管四周对混凝土的约束不均匀，这种等代有困难。本节引入考虑厚边比 $\omega = t / B$ 影响的等效约束折减系数 ξ，将方钢管对混凝土的约束等效为圆钢管对混凝土的约束。ξ 的意义为方钢管一条边上受约束的计算比例长度，如图 3.32 所示，图中 l_0 为方钢管角部作用均匀内压力的计算长度，且 $l_0 = \xi B / 2$。通过等效约束折减系数 ξ，将图 3.32 下角非均匀的约束转化为像上角那样的均匀角部约束 p_e（p_e 为方钢管混凝土所受的均匀内压力，反映方钢管混凝土的破坏是由于角部塑性屈服和钢管边的中间管壁局部失稳）。ξ 的计算式为

$$\xi = 66.474\omega^2 - 0.9919\omega + 0.41618 \tag{3.63}$$

因此，方钢管混凝土所受的均匀内压力 p_e 为

$$p_\mathrm{e} = p\xi \tag{3.64}$$

式中，p 为圆钢管混凝土所受的均匀内压力。

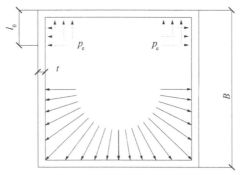

图 3.32　方钢管混凝土的内压力

2. 承载力推导

将方钢管混凝土柱的钢与混凝土面积按等面积方法分别转化为圆钢管混凝土柱的钢与混凝土面积：

$$\pi r_{\mathrm{i}}^2 = \left(B - 2t\right)^2, \quad \pi r_{\mathrm{e}}^2 = B^2 \tag{3.65}$$

式中，B 为方钢管外边长；t 为钢管壁厚；r_{i} 为等效圆钢管内半径；r_{e} 为等效圆钢管外半径，$r_{\mathrm{e}} = r_{\mathrm{i}} + t$。本节中钢管的屈服准则采用统一强度理论，根据这一理论，在轴心压力下等效圆钢管混凝土的外包钢管的塑性极限荷载为[10, 42]

$$p_{\mathrm{p}} = \frac{\sigma_{\mathrm{t}}}{1-\alpha}\left[\left(\frac{r_{\mathrm{i}}}{r_{\mathrm{i}}+t}\right)^{\frac{2(1+b)(\alpha-1)}{2+2b-b\alpha}} - 1\right] = \frac{\sigma_{\mathrm{t}}}{1-\alpha}\left[\left(1 + \mu_{\mathrm{t}}/2\right)^{\frac{2(1+b)(1-\alpha)}{2+2b-b\alpha}} - 1\right] \tag{3.66}$$

式中，μ_{t} 为含钢率。

钢管混凝土的组合抗压强度 $f_{\mathrm{c,c}}$ 为

$$f_{\mathrm{c,c}} = \frac{\gamma_{\mathrm{u}}}{A_{\mathrm{c}}}\left(\sigma_{\mathrm{cp}} A_{\mathrm{c}} + \sigma_{\mathrm{zp}} A_{\mathrm{s}}\right) \tag{3.67}$$

式中，A_{c} 为混凝土截面面积；A_{s} 为钢管截面面积；σ_{cp}、σ_{zp} 分别为核心混凝土和钢管在三向应力状态下的纵向抗压强度。

A_{c}、A_{s} 可表示为

$$A_{\mathrm{c}} = \pi r_{\mathrm{i}}^2 \tag{3.68}$$

$$A_{\mathrm{s}} = \left[\left(2r_{\mathrm{i}} + 2t\right)^2 - r_{\mathrm{i}}^2\right]\big/4 = \mu_{\mathrm{t}} A_{\mathrm{c}} \tag{3.69}$$

其中

$$\mu_{\mathrm{t}} = A_{\mathrm{s}}\big/A_{\mathrm{c}} \approx 2t/r_{\mathrm{i}} \tag{3.70}$$

钢管混凝土套箍系数为

$$\zeta = \mu_{\mathrm{t}}\frac{f_{\mathrm{y}}}{f_{\mathrm{c}}} \tag{3.71}$$

方钢管的核心混凝土的屈服条件非线性方程为[16]

$$\sigma_{\mathrm{cp}} = f_{\mathrm{c}}\left[1 + c\left(p_{\mathrm{e}}\right)\right] \tag{3.72}$$

$$c\left(p_{\mathrm{e}}\right) = 1.5\sqrt{p_{\mathrm{e}}/f_{\mathrm{c}}} + 2p_{\mathrm{e}}/f_{\mathrm{c}} = 1.5\sqrt{p_{\mathrm{p}}\xi/f_{\mathrm{c}}} + 2p_{\mathrm{p}}\xi/f_{\mathrm{c}} \tag{3.73}$$

由塑性力学的厚壁圆筒理论得[20]

$$\sigma_{zp} = \frac{p_e r_i^2}{(r_i + t)^2 - r_i^2} = \frac{4p_e}{4\mu_t + \mu_t^2} = \frac{4p_p\xi}{4\mu_t + \mu_t^2} \qquad (3.74)$$

将式（3.73）代入式（3.72），再由式（3.67）、式（3.72）、式（3.74）得

$$f_{c,c} = \gamma_u \left(f_c + 1.5\sqrt{p_p\xi f_c} + 2p_p\xi + \frac{4p_p\xi}{4 + \mu_t} \right) \qquad (3.75)$$

方钢管混凝土的极限承载力计算公式为

$$N_u = A_c f_{c,c} \qquad (3.76)$$

式（3.76）考虑了中间主应力的影响，既可以计算外包材料为金属材料的构件，又能计算外包材料为非金属材料的构件；不仅可以用于计算外包材料有明显屈服点的钢管混凝土柱，还可用于计算外包材料为强化材料的钢管混凝土柱。

3．参数分析

1）α、b 对钢管混凝土承载力的影响

方钢管混凝土的套箍系数为 ζ，当混凝土的极限抗压强度 f_{cu} 取 30MPa，钢管的屈服强度 f_y 取 310MPa，拉压强度比 α 对钢管混凝土极限承载力的影响如图 3.33 所示。反映中间主剪应力以及相应面上的正应力对材料破坏影响程度的材料参数 b 变化时，对钢管混凝土极限承载力的影响如图 3.34 所示。由图 3.33 和图 3.34 可以看出，随着 α 的增大，钢管混凝土的组合抗压强度与混凝土的极限抗压强度比 $f_{c,c}/f_{cu}$ 变小；随着 b 的增大，$f_{c,c}/f_{cu}$ 增大。

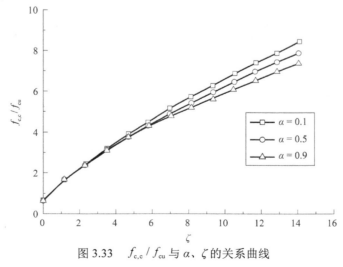

图 3.33　$f_{c,c}/f_{cu}$ 与 α、ζ 的关系曲线

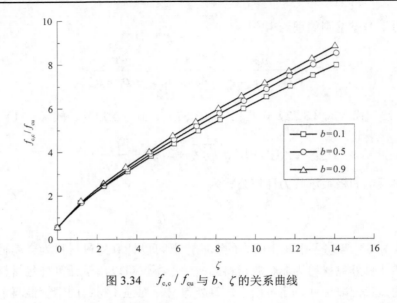

图 3.34　$f_{c,c}/f_{cu}$ 与 b、ζ 的关系曲线

2）套箍系数对钢管纵向压应力的影响

方钢管混凝土的套箍系数为 $\zeta = (A_s f_y)/(A_c f_y)$，当 $\alpha = 0.1$、$b = 0$、$f_y = 310\text{MPa}$、$f_{cu} = 30\text{MPa}$ 时，σ_{zp}/f_y 与 ζ 的关系如图 3.35 所示。由图 3.35 可以看出，随着套箍系数 ζ 的增大，σ_{zp} 变小，即钢管屈服后主要靠其套箍作用提高了钢管混凝土整体的承载力，而钢管本身提供的竖向压应力变得很小。钢管混凝土受力应满足条件 $0 \leqslant \sigma_{zp}/f_y \leqslant 1$，套箍系数 ζ 的取值小于 0.281 时，不能满足这个条件，故实际计算时 ζ 应大于 0.281。

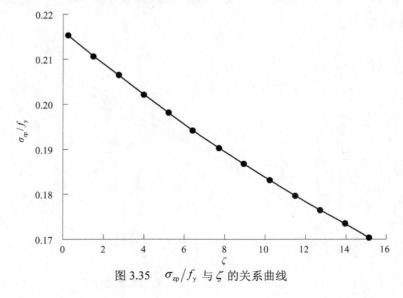

图 3.35　σ_{zp}/f_y 与 ζ 的关系曲线

4. 公式验证

由于大多数钢材是有明显屈服点的材料，并且拉压强度比相同，在应用统一强度理论时取材料拉压强度比 $\alpha = 1$，统一强度理论则变为统一屈服准则。此时变化 b 的值，统一屈服准则变为具体的现有已知的屈服准则或变为现在还没有定义的屈服准则。将 α 取为 1，并求等效塑性极限荷载为

$$p_{\mathrm{p}} = \sigma_{\mathrm{t}} \frac{1+b}{2+b} \ln\left(1 + \frac{\mu_{\mathrm{t}}}{2}\right) \tag{3.77}$$

当材料的极限剪切强度 τ_{s} 和极限抗拉强度 σ_{t} 之比等于 0.577 时，$D = 1.733$、$b = 0.364$，这是统一强度理论对应于 Mises 准则的线性逼近。由于不能得到真实试验时材料的极限剪切强度 τ_{s} 和极限抗拉强度 σ_{t} 的具体数据，此处取 $b = 0.364$ 进行分析。用本节的计算公式分析文献[43]和文献[44]的试验数据，结果见图 3.36 及表 3.13，其中的 N_{exp} 代表试验承载力，N_{u} 代表统一强度理论的 Mises 线性逼近计算极限承载力。表 3.13 中给出了几个代表性的算例，图 3.36 中给出了文献[43]和[44]的试验结果与本节公式计算结果的对比。

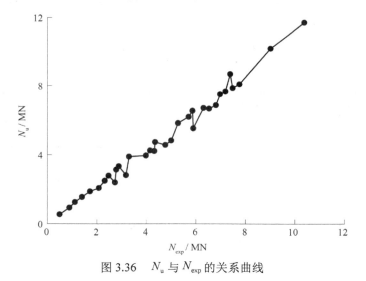

图 3.36　N_{u} 与 N_{exp} 的关系曲线

本节公式具有很强的适用性，不仅适用于外包金属材料的情况，还适用于其他外包材料的情况，此时 $0 \leqslant \alpha \leqslant 1$。应用本节公式时可以依据不同的材料选取相应的屈服准则和强化准则。由图 3.36 可以看出，计算承载力与试验承载力对应点分布在对角平分线附近，这说明本节公式的计算结果与试验结果符合得很好。由表 3.13 同样可得出此结论。

表 3.13　方钢管普通混凝土柱计算结果与文献试验结果对比

试件编号	B/mm	t/mm	f_y/MPa	f_{cu}/MPa	N_{exp}/kN	N_u/kN	N_u/N_{exp}	备注
CR4-C-8	215	4.38	262	80.3	3837	3690	0.96	文献 [43]
CR4-D-4-2	323	4.38	262	41.1	4830	4503	0.93	
CR9-C-9	180	6.60	824	91.1	5873	6074	1.03	
SCZS1-1-4	120	3.80	330	49.3	1080	1188	1.10	文献 [44]
SCZS1-2-1	140	3.80	330	16.0	941	909	0.97	
SCZS2-3-1	200	5.90	321	17.6	2058	1915	0.93	

3.2.2　方钢管再生混凝土柱

1. 方钢管再生混凝土长柱

1）试验概况

试验采用的材料为方形直缝焊接钢管、中联牌普通硅酸盐水泥（P.O 32.5R）、普通中砂、城市自来水、粗骨料（包含再生粗骨料和天然骨料两种），均采用连续级配，最大粒径 25mm，其中再生粗骨料由服役 30 余年的钢筋混凝土梁经机械破碎、筛分后获得。钢材和再生混凝土的基本性能试验方法，分别依据《金属材料 室温拉伸试验方法》（GB/T 228—2002）、《普通混凝土力学性能试验方法标准》（GB/T 50081—2002）进行，主要性能指标见表 3.14。

表 3.14　材料主要性能指标

混凝土立方体抗压强度 标准值 $f_{cu,k}$/MPa	钢材屈服强度 f_y/MPa	钢材极限强度 f_u/MPa	钢材弹性模量 E_s/GPa
35.8	318.9	406.9	205.0

本试验共设计了 8 个试件，主要考虑因素为长细比 λ，λ 的变化范围为 20.74~83.14，试件设计参数见表 3.15。试件按照设计好的长度加工好后，在一端焊上边长为 150mm，厚度为 10mm 的正方形钢板作为底板，底板与空方钢管需几何对中，并保证焊缝质量。混凝土从另外一端（顶部）进行浇筑，在振动台上分 2 层振捣密实。浇筑时端部混凝土面应稍高于钢管面，待养护完毕后，用打磨机将其打磨至与钢管端面齐平。

试验采用 5000kN 微机控制液压伺服压力试验机进行加载。荷载通过置于试件顶端正中的钢垫板施加到试件上，轴向位移由试验机自带的位移计适时采集。试件中部的轴向及环向的应变由静态应变仪 DN3815 采集，加载装置及测点布置见图 3.37。试件采用分级加载，在小于 60%预计极限荷载的范围内，每级荷载为预计极限荷载的 1/10；当加载超过此范围后，每级荷载为预计极限荷载的 1/15，每级荷载持荷 2min，临近破坏时缓慢连续加载，当试件承载力下降至极限荷载的 85%时停止加载。

表 3.15　试件设计参数

试件编号	$B \times t \times L$ / (mm×mm×mm)	γ /%	λ	ζ	N_u /kN
CHZ1	100×2×600	70	20.74	0.77	629.3
CHZ2	100×2×800	70	27.71	0.77	618.5
CHZ3	100×2×1000	70	34.64	0.77	597.2
CHZ4	100×2×1200	70	41.57	0.77	542.1
CHZ5	100×2×1500	70	51.96	0.77	531.2
CHZ6	100×2×1800	70	62.35	0.77	499.3
CHZ7	100×2×2100	70	72.75	0.77	492.8
CHZ8	100×2×2400	70	83.14	0.77	480.3

注：$\lambda = 2\sqrt{3}L/B$；$\zeta = A_s f_y /(A_c f_{cu,k})$，$A_s$、$A_c$ 分别为钢管截面面积以及核心混凝土截面面积。

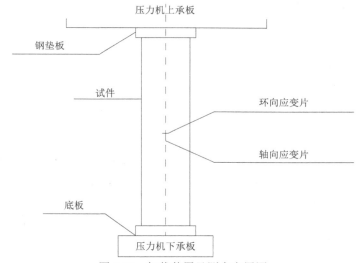

图 3.37　加载装置及测点布置图

2）试验现象及破坏形态

全部试件的受力过程基本相似。在加载初期，试件表面均无明显变化，试件处于弹性阶段。当荷载增大到极限荷载的 80%~90%时，钢管出现掉锈现象。加载超过极限荷载 90%后，试件上部靠近端部附近和中部的钢管壁出现局部鼓起，随着荷载的继续增加，局部鼓起增大并扩展形成了多条明显的鼓曲线，随后试件竖向变形快速增大，荷载迅速下降，试件宣告破坏。CHZ1~CHZ3 三个试件，由于长细比相对较小，受二阶效应影响不明显，侧向挠度很小（CHZ1、CHZ2 几乎没有侧向挠度），试件破坏时，钢管壁鼓曲线较多，核心再生混凝土出现被压碎，试件表现出较多的材料强度破坏；而对于 CHZ4~CHZ8 五个试件，由于长细比相对较大，受二阶效应影响明显，端部屈曲相对较轻，中部挠度过大，试件主要体现为整体弯曲失稳破坏。试件破坏形态如图 3.38 所示。

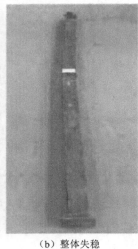

（a）局部屈曲　　　　　　　　（b）整体失稳　　　　　　　　（c）破坏合照

图 3.38　方钢管再生混凝土长柱试件破坏状态

3）试验结果

（1）荷载-位移曲线。各试件荷载-轴向位移关系曲线如图 3.39 所示。从图 3.39 中可以看出，在加载初期，各试件处于弹性阶段，其荷载-位移曲线基本呈线性变化。随着荷载的增加，曲线出现拐点，此时构件屈服，钢管出现局部屈曲，随后进入破坏阶段，表明试件均经历了弹性、屈服和破坏三个阶段，这与前述现象基本一致。CHZ1~CHZ3 三个试件的曲线还出现了明显的尖点，而后曲线迅速下降，主要是试件达到极限承载力后，靠近端部钢管已几乎完全屈服，混凝土被压碎所致。而 CHZ4~CHZ8 试件则较为平缓，主要是这几个试件长细比相对较大，受二阶段效应影响，中部发生了缓慢且较明显的侧向弯曲，而端部屈曲相对较轻，构件达到极限承载力之前出现了较长的流幅。由图 3.39 还可看出，长细比对试件承载力有较大影响，随着长细比的增大，承载力逐渐降低，CHZ8 与 CHZ1 相比降低幅度达 24%。

（2）荷载-轴向应变关系曲线。试验轴向应变数据由在试件中部粘贴的轴向应变片测得，各试件的荷载-轴向应变关系曲线如图 3.40 所示。由于试件达到极限承载力以后，承载力整体来讲下降较快，应变采集相对较慢，难以与下降段承载力一一对应。因此，仅列出从开始加载到极限承载力期间的应变数据（其中，CHZ2

试件加载中，应变仪断电导致后续应变数据未能采集）。从图 3.40 中可以看出，当荷载较小时，应变随荷载的增大基本呈线性增加。试件达到极限承载力时，钢管应变在 0.0015~0.003 变化，表明钢管均已屈服，且长细比相对较大，达到极限承载力时，钢管的应变也相对较大，主要是长细比越大，受二阶效应影响越大，导致试件中部挠度越大，钢管屈曲也越明显。

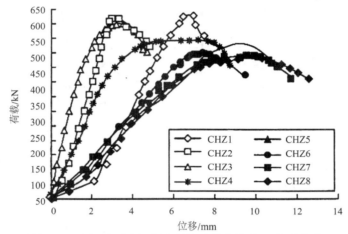

图 3.39　方钢管再生混凝土长柱试件荷载-位移关系曲线

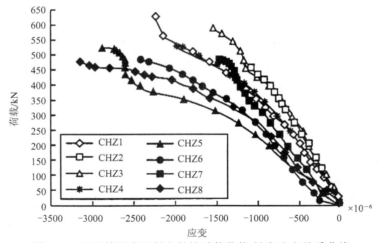

图 3.40　方钢管再生混凝土长柱试件荷载-轴向应变关系曲线

（3）荷载-环向应变关系曲线。通过在试件中部粘贴的环向应变片，得到各试件荷载-环向应变关系曲线如图 3.41 所示。从图中可以看出，当荷载较小时，曲线呈现出线性变化。当荷载增加到极限承载力的 80%左右时，试件开始进入弹塑性阶段，曲线呈非线性变化。当荷载继续增大，达到试件极限承载力时，中部钢管环向应变达到 0.0016。

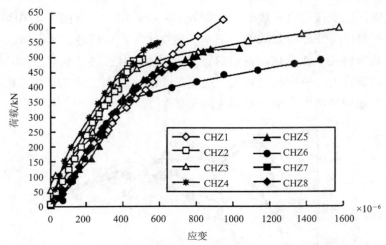

图 3.41　方钢管再生混凝土长柱试件荷载-环向应变关系曲线

4）承载力计算

目前，国内学者对钢管混凝土已开展大量研究工作，取得了丰富的成果，并形成了相关规范，主要有 CECS 159:2004[45]、DBJ/T 13-51—2010[13]、GJB 4142—2000[46]等。本书基于试验数据，利用上述规范推荐的承载力计算方法，计算各试件的极限承载力，并与实测结果进行对比分析，结果见表 3.16 和表 3.17。

表 3.16　方钢管再生混凝土长柱计算结果与试验结果对比

试件编号	N_{exp} /kN	CECS 159:2004		DBJ/T 13-51—2010		GJB 4142—2000	
		N_c /kN	N_c / N_{exp}	N_c /kN	N_c / N_{exp}	N_c /kN	N_c / N_{exp}
CHZ1	629.3	559.3	0.89	628.5	1.00	637.9	1.01
CHZ2	618.5	542.7	0.88	608.2	0.98	619.5	1.00
CHZ3	597.2	524.7	0.88	588.7	0.99	599.6	1.00
CHZ4	542.1	504.8	0.93	566.6	1.05	577.1	1.06
CHZ5	531.2	470.2	0.89	528.4	0.99	538.2	1.01
CHZ6	499.3	429.2	0.86	483.6	0.97	492.6	0.99
CHZ7	492.8	383.2	0.78	433.1	0.88	441.1	0.90
CHZ8	480.3	335.8	0.70	381.0	0.79	388.0	0.81

表 3.17　表 3.16 对比结果统计

N_{exp} / N_c 统计	CECS 159:2004	DBJ/T 13-51—2010	GJB 4142—2000
平均值	1.19	1.05	1.04
方差	0.0119	0.0085	0.0082
变异系数	0.0917	0.0878	0.0871

由表 3.16 和表 3.17 可看出，运用规范 CECS 159:2004 计算得到的承载力均小于实测值，且相差较大，设计计算过于保守；而采用 DBJ/T 13-51—2010、GJB

4142—2000 规范推荐计算结果与实测值吻合较好。因此，建议工程实践中采用规范 DBJ/T 13-51—2010、GJB 4142—2000 来进行方钢管再生混凝土轴压长柱的承载力设计计算。

2. 方钢管再生混凝土短柱

1）试验概况

试验共设计了 25 个方钢管再生混凝土短柱试件，钢管采用直缝钢管，根据标准试验方法测得的钢材力学性能见表 3.6。内填再生混凝土原材料为普通硅酸盐水泥（P.O.32.5R）、普通中砂，粗骨料包含天然骨料和再生粗骨料，再生混凝土配合比为 $m_{水泥}:m_{砂}:m_{粗骨料}:m_{水}=1:1.24:2.63:0.43$，钢纤维采用波形钢纤维，尺寸为 0.7mm×0.7mm×35mm。试件参数及部分试验结果如表 3.18 所示。

表 3.18　方钢管再生混凝土短柱试件参数及部分试验结果

试件编号	$B \times t \times L$ /（mm×mm×mm）	f_{ck} /MPa	α	ζ	N_{exp}/kN	N_{exp} 平均值/kN	ϑ	$\bar{X}$
SZt$_2$00-1	100×2.8×350	23.48	0.122	1.805	704.1	712.7	1.52	1.59
SZt$_2$00-2	100×2.8×350	23.48	0.122	1.805	721.3		1.65	
SZt$_2$05-1	100×2.8×350	24.46	0.122	1.733	731.2	733.5	1.78	1.74
SZt$_2$05-2	100×2.8×350	24.46	0.122	1.733	735.7		1.70	
SZt$_2$10-1	100×2.8×350	20.54	0.122	2.064	728.2	722.9	1.89	1.85
SZt$_2$10-2	100×2.8×350	20.54	0.122	2.064	717.5		1.81	
SZt$_2$15-1	100×2.8×350	22.65	0.122	1.872	728.6	736.1	1.94	2.02
SZt$_2$15-2	100×2.8×350	22.65	0.122	1.872	743.5		2.09	
SZt$_2$20-1	100×2.8×350	21.96	0.122	1.930	705.0	714.7	2.21	2.10
SZt$_2$20-2	100×2.8×350	21.96	0.122	1.930	724.3		1.98	
SZt$_2$25-1	100×2.8×350	21.73	0.122	1.951	698.1	701.4	2.33	2.37
SZt$_2$25-2	100×2.8×350	21.73	0.122	1.951	704.7		2.40	
SZt$_2$30-1	100×2.8×350	18.41	0.122	2.303	504.0	504.0	2.85	2.85
SZt$_1$10-1	100×2×350	20.54	0.085	1.357	604.3	601.3	1.85	1.78
SZt$_1$10-2	100×2×350	20.54	0.085	1.357	598.2		1.71	
SZt$_1$15-1	100×2×350	22.65	0.085	1.230	598.6	589.3	1.95	1.90
SZt$_1$15-2	100×2×350	22.65	0.085	1.230	580.0		1.85	

续表

试件编号	$B \times t \times L$ / (mm×mm×mm)	f_{ck} /MPa	α	ζ	N_{exp}/kN	N_{exp}平均值/kN	ϑ	$\bar{X}$
SZt₁20-1	100×2×350	21.96	0.085	1.269	607.3	611.9	2.05	1.98
SZt₁20-2	100×2×350	21.96	0.085	1.269	616.4		1.91	
SZt₃10-1	100×3.75×350	20.54	0.169	2.962	896.2	894.6	1.89	1.92
SZt₃10-2	100×3.75×350	20.54	0.169	2.962	893.0		1.95	
SZt₃15-1	100×3.75×350	22.65	0.169	2.686	915.0	920.4	2.13	2.07
SZt₃15-2	100×3.75×350	22.65	0.169	2.686	925.7		2.01	
SZt₃20-1	100×3.75×350	21.96	0.169	2.770	917.7	887.2	2.11	2.16
SZt₃20-2	100×3.75×350	21.96	0.169	2.770	856.7		2.21	

注: 试件编号中 SZ 代表方形柱试件，t_1、t_2、t_3 代表钢管壁厚，分别对应为 2mm、2.8mm、3.75 mm，紧随其后的两位数字如 05，表示钢纤维的体积掺量为 0.5%，"-"后的数字代表同类试件的序号。

本次试验采用5000kN微机控制液压伺服压力试验机进行加载，轴向压缩位移由试验机上安装的位移计适时采集。首先进行试件几何对中，并进行预加载，预加荷载取预计极限荷载的10%。待检查加载系统和各测点工作运行正常，卸载一段时间后，采用力控制进行分级加载，在低于预计极限荷载的70%时，每级荷载取预计极限荷载的1/10；超过该值后，每级荷载为预计极限荷载的1/15，每级持荷2min，临近极限荷载时，连续缓慢加载，当试件承载力降低至极限承载力的80%以下时，试验停止。

2）试验现象及破坏形态

全部试件的试验过程均得到了较好的控制。刚开始加载时，所有试件表面均无明显变化，纵向变形很小，试件处于弹性状态。对方形试件，当加载达到极限荷载的 75%~90%时，钢管表面出现掉锈现象，并伴随有轻微的响声。加载继续进行，试件距离上端部（1/4~1/3）柱高处、中部和距离底板 1/4 柱高处的钢管壁局部鼓起，临近极限荷载时，局部鼓起增大（达到 3~10mm）并扩展形成了明显的鼓曲线，且钢纤维体积掺量越大的试件，局部鼓起越大，鼓曲线也越明显，达到极限荷载以后，承载力缓慢下降，变形继续增加，最后试件呈剪切型破坏，这一破坏形态与钢管普通混凝土构件相似[47]。剥离钢管后，内部再生混凝土短柱的破坏状态如图 3.42 所示。从图 3.42 可看出，钢管鼓曲处混凝土有脱落和破碎现象，端面和其他部位混凝土无明显裂纹，试件混凝土整体完整性较好，主要是再生混凝土受钢管、钢纤维的约束作用，强度和塑性得以提高。试件破坏形态如图 3.43 所示，可以看出，所有试件的破坏形态相似，显示钢纤维的掺量对其破坏形态并无明显影响。

图 3.42　剥离钢管后方钢管内部再生混凝土短柱破坏形态

图 3.43　方钢管再生混凝土短柱试件破坏形态

3）试验结果

（1）承载力。分析表 3.18 中的方钢管再生混凝土柱轴压试验数据可以得出以下结论：当钢纤维体积掺量不超过 1.5%时，试件承载力较未添加钢纤维的构件有小幅提高，SZt_205、SZt_210、SZt_215 试件平均承载力比 SZt_200 试件平均承载力分别提高 2.9%、1.4%、3.3%，且未呈现出明显规律；当钢纤维体积掺量超过 2%时，试件承载力出现降低，且降幅随钢纤维体积掺量的增大而增大，造成这种结果的原因与钢纤维密切相关，一方面掺加的钢纤维约束了受压过程中混凝土的横向膨胀变形，延缓了破坏进程，这对提高混凝土强度和试件承载力有利，另一方面钢纤维分布不均或结团，会增加界面薄弱层，构件受压后更容易在混凝土内界面薄弱区引起破坏，进而导致强度降低；在钢纤维体积掺量保持不变的情况下，试件承载力随含钢率的增大而明显增大。

（2）荷载-位移曲线。试件的荷载-位移关系曲线如图 3.44 所示，其中图 3.44（a）为钢管壁厚均为 t_2（2.8mm）的试件随钢纤维体积掺量变化时的荷载-位移关系曲线，图 3.44（b）显示的是含钢率变化时试件的荷载-位移关系曲线。由图可看出，各试件均经历了弹性和塑性发展阶段。对方形试件在 $0.75N_m \sim 0.95N_m$（N_m 为峰值荷载）之前时，试件均基本处于弹性状态，之后试件进入塑性阶段。从图 3.44（a）中可以看出，随着钢纤维体积掺量的提高，试件荷载-位移曲线下降段呈现出平缓趋势，说明试件的延性得到了改善。由图 3.44（b）中可看出，随着截面含钢率的增大，试件峰值荷载及与峰值荷载对应的位移均增大，说明含钢率是影响钢管钢纤维再生混凝土短柱试件性能的主要因素。

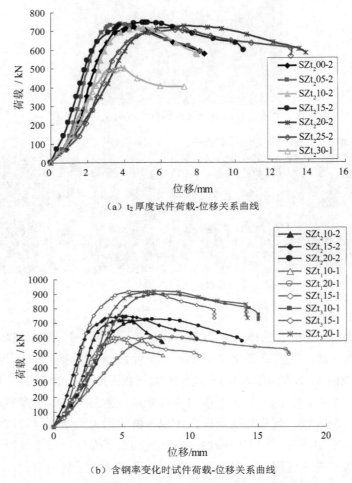

（a）t_2 厚度试件荷载-位移关系曲线

（b）含钢率变化时试件荷载-位移关系曲线

图 3.44　方钢管再生混凝土短柱试件荷载-位移关系曲线

（3）荷载-应变曲线。图 3.45 显示的是试件的荷载-应变关系曲线（包括荷载-轴向应变关系曲线和荷载-环向应变关系曲线）。从图中可看出，刚开始加载时，曲线基本呈线性变化，表明试件处于弹性状态。之后进入塑性状态，当达到极限承载力时，所有试件的钢管中部无论是在轴向还是在环向均早已屈服。

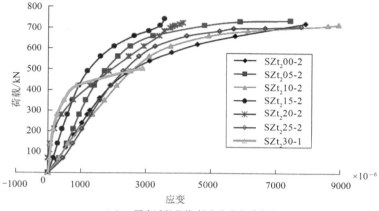

（a）t_2 厚度试件荷载-轴向应变关系曲线

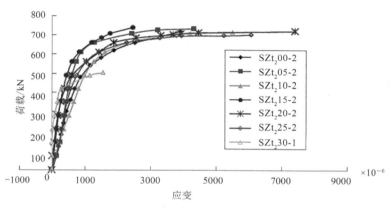

（b）t_2 厚度试件荷载-环向应变关系曲线

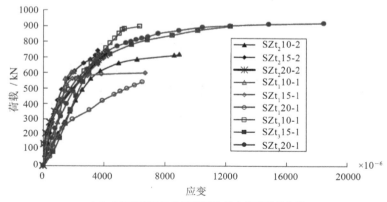

（c）含钢率变化时各试件荷载-轴向应变关系曲线

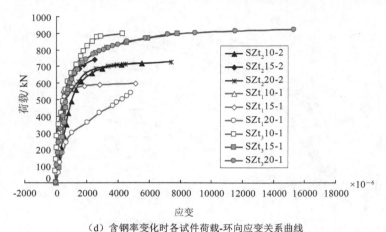

（d）含钢率变化时各试件荷载-环向应变关系曲线

图 3.45 　方钢管再生混凝土短柱试件荷载-应变关系曲线

（4）延性分析。延性系数 ϑ 按照 3.1.2 小节中式（3.8）定义，计算所得各个试件的延性系数见表 3.18。分析表 3.18 中的延性系数，得出以下结论：掺加钢纤维后的试件位移延性系数较未掺加试件显著提高；位移延性系数随着钢纤维体积掺量的增加而增大；在钢纤维体积掺量相同的情况下，试件位移延性系数随截面含钢率的增加而增大；钢纤维的掺入对试件延性的影响比对试件承载力的影响更为显著，为使试件同时获得较高的承载力和延性，建议钢纤维的体积掺量取为 1.0%~1.5%。

（5）耗能分析。本节引入轴压耗能系数 η [48, 49]来分析钢管钢纤维再生混凝土短柱试件的耗能能力，η 的计算按照式（3.78）进行：

$$\eta = \frac{S_{OBAD}}{S_{OECD}} \tag{3.78}$$

式中，S_{OBAD} 为构件荷载-轴向位移关系曲线实际包围面积，即图 3.46 中的阴影部分面积；S_{OECD} 是过峰值点 B 对应的峰值荷载 N_{u} 围成的长方形面积，即 $S_{OECD} = N_{u} \cdot \varDelta_{u}$。将典型试件的轴压耗能系数列于表 3.19 中。

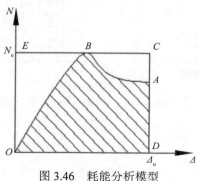

图 3.46 　耗能分析模型

表 3.19　典型试件的轴压耗能系数

试件编号	耗能系数	试件编号	耗能系数
SZt$_2$00-2	0.718	SZt$_1$10-1	0.680
SZt$_2$05-2	0.746	SZt$_1$15-1	0.767
SZt$_2$10-2	0.765	SZt$_1$20-1	0.750
SZt$_2$15-2	0.795	SZt$_3$10-1	0.778
SZt$_2$20-2	0.769	SZt$_3$15-1	0.811
SZt$_2$25-2	0.758	SZt$_3$20-1	0.776
SZt$_2$30-1	0.708	—	—

　　图 3.47 为钢纤维体积掺量变化时，方钢管再生混凝土柱试件的耗能系数变化曲线。图 3.48 为不同钢纤维体积掺量时，方钢管再生混凝土柱试件的耗能系数随截面含钢率的变化曲线。分析图 3.47 和图 3.48，可以得出以下结论：

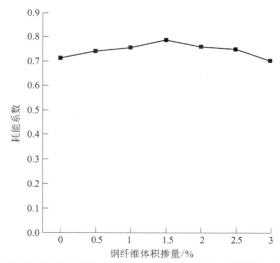

图 3.47　钢纤维体积掺量变化时方钢管再生混凝土柱试件耗能系数变化曲线

　　随着钢纤维体积掺量的增加，试件耗能系数呈现先升后降的趋势：当钢纤维体积掺量小于或等于1.5%时，试件的耗能系数随着钢纤维体积掺量的增加而增大，当钢纤维体积掺量超过 1.5%时，试件的耗能系数随着钢纤维体积掺量的增加而降低。一方面掺加的钢纤维，填补了混凝土之间的间隙，增强了受压过程中对混凝土横向膨胀变形的约束作用，延缓了破坏进程，这对提高试件耗能是有利的；另一方面钢纤维分布不均结团，增加了与混凝土的界面薄弱层，进而使得试件受压后更容易在混凝土内界面薄弱区出现破坏，加快了破坏进程，进而导致耗能降低。

　　当保持钢纤维体积掺量不变时，随着截面含钢率的增大，试件耗能系数增大，主要是因为当截面含钢率增大时，钢管对内部核心混凝土的约束作用增强，延缓了核心混凝土的压碎破坏过程，进而使试件耗能能力增强。

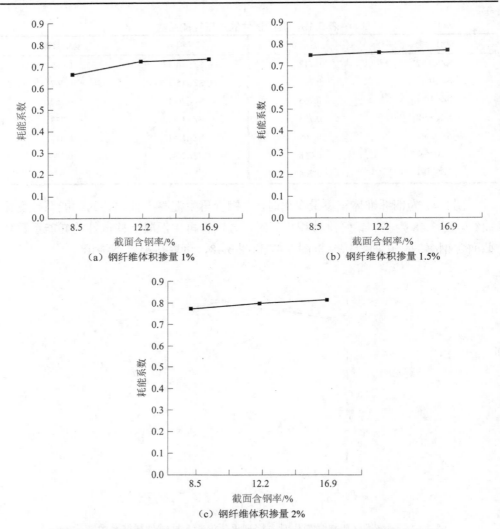

图 3.48　截面含钢率变化时方钢管再生混凝土柱试件耗能系数变化曲线

　　（6）刚度退化。对试件荷载-轴向位移关系曲线上的各点求导，可以获得各个加载点的切线刚度值，进而得到试件的刚度退化曲线。试件的刚度退化曲线如图 3.49 所示。

　　由图 3.49 可知，各个试件呈现出相似的刚度变化趋势。各试件的初期刚度具有一定离散性，而整体呈现出先增大后降低的趋势。主要是因为刚开始加载时，钢管和内部核心混凝土尚没有相互约束作用，试件按照各自的刚度分担轴向力，随着加载的继续进行，混凝土横向变形加大，而钢管变形相对较小，钢管与内填核心混凝土紧密接触并挤压致密，钢管对核心混凝土产生明显的横向约束作用，两者变形趋于一致，组合作用得到增强，刚度提升。随着加载的进一步实施，试件达到极限荷载，钢管出现多处局部凸曲，此时试件刚度开始下降。由图 3.49（a）可看出，在钢纤维体积掺量不变的情况下，截面含钢率越大，试件的峰值刚度越大，刚度上升阶段上升越快；由图 3.49（b）可知，随着钢纤维体积掺量的提高，试件刚度退化呈现放缓趋势。

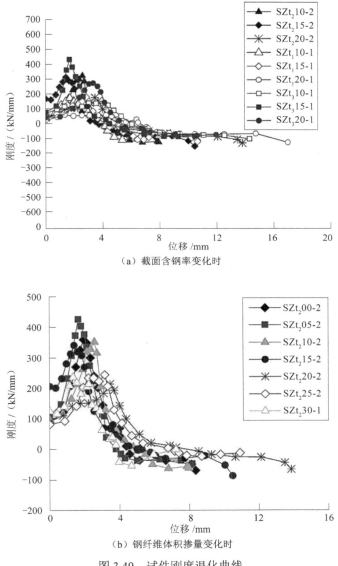

（a）截面含钢率变化时

（b）钢纤维体积掺量变化时

图 3.49　试件刚度退化曲线

4）承载力计算

按照 3.2.1 小节方法将方形试件转化为圆形试件，则等效后圆钢管钢纤维再生

混凝土柱中钢管承载力 N_{so} 为

$$N_{so} = 2b\pi t_o^2 f_y \tag{3.79}$$

式中，f_y 为钢管的屈服强度。

对于内填混凝土的承载力 N_c，可认为由有效约束区混凝土的承载力 N_{c2} 与弱约束区混凝土的承载力 N_{c1} 两部分承担。

$$\begin{aligned} N_{c1} = A_{c1}f_c' &= A_{c1}\left(f_c + k\frac{2t_o}{D_o}\xi f_y\right) \\ &= \frac{2(B-2t)^2 \cdot \tan\theta_1}{3}\left(f_c + k\frac{2t_o}{D_o}\xi f_y\right) \end{aligned} \tag{3.80}$$

$$\begin{aligned} N_{c2} = A_{c2}f_c' &= A_{c2}\left(f_c + k\frac{2t_o}{D_o}f_y\right) \\ &= \left[(B-2t)^2 - \frac{2(B-2t)^2 \cdot \tan\theta_1}{3}\right]\left(f_c + k\frac{2t_o}{D_o}f_y\right) \end{aligned} \tag{3.81}$$

$$\begin{aligned} N_c = N_{c1} + N_{c2} &= \frac{2(B-2t)^2 \cdot \tan\theta_1}{3}\left(f_c + k\frac{2t_o}{D_o}\xi f_y\right) \\ &\quad + \left[(B-2t)^2 - \frac{2(B-2t)^2 \cdot \tan\theta_1}{3}\right]\left(f_c + k\frac{2t_o}{D_o}f_y\right) \end{aligned} \tag{3.82}$$

式中，D_o 和 t_o 分别为等效圆钢管外直径和壁厚；ξ 为考虑厚边比 ω 影响的混凝土弱约束区等效约束折减系数[50]，$\xi = 66.474\omega^2 - 0.9919\omega + 0.41618$，$\omega = t/B$ 为方钢管厚边比；θ_1 为抛物线起点切线夹角。

因此，方钢管钢纤维再生混凝土短柱试件的轴压极限承载力为

$$\begin{aligned} N_{uc} = N_{so} + N_c &= 2b\pi t_o^2 f_y + \frac{2(B-2t)^2 \cdot \tan\theta_1}{3}\left(f_c + k\frac{2t_o}{D_o}\xi f_y\right) \\ &\quad + \left[(B-2t)^2 - \frac{2(B-2t)^2 \cdot \tan\theta_1}{3}\right]\left(f_c + k\frac{2t_o}{D_o}f_y\right) \end{aligned} \tag{3.83}$$

现根据试验数据，利用式（3.83）（取 $k=4$，$b=0.5$）和现行规范《矩形钢管混凝土结构技术规程》（CECS 159:2004）[45]、《钢管混凝土结构技术规程》（DBJ/T 13-51—2010）[13]、《战时军港抢修早强型组合结构技术规程》（GJB 4142—2000）[46]推荐公式计算全部试件的轴压极限承载力，并与试验结果进行对比，进而分析本节推导公式及各规程在计算钢管钢纤维再生混凝土短构件轴压极

限承载力方面的适用性，结果见表 3.20。

表 3.20 方钢管再生混凝土短柱计算结果与试验结果比较

试件编号	N_{exp}/kN	式（3.83）		DBJ/T 13-51—2010		GJB 4142—2000		CECS 159:2004	
		N_{uc}/kN	N_{uc}/N_{exp}	N_{uc}/kN	N_{uc}/N_{exp}	N_{uc}/kN	N_{uc}/N_{exp}	N_{uc}/kN	N_{uc}/N_{exp}
SZt$_2$00-1	704.1	679.8	0.965	637.3	0.905	632.6	0.898	587.0	0.834
SZt$_2$00-2	721.3	679.8	0.942	637.3	0.884	632.6	0.877	587.0	0.814
SZt$_2$05-1	731.2	688.5	0.942	648.9	0.887	643.8	0.880	595.7	0.815
SZt$_2$05-2	735.7	688.5	0.936	648.9	0.882	643.8	0.875	595.7	0.810
SZt$_2$10-1	728.2	650.6	0.893	602.7	0.828	599.4	0.823	560.8	0.770
SZt$_2$10-2	717.5	650.6	0.907	602.7	0.840	599.4	0.835	560.8	0.782
SZt$_2$15-1	728.6	672.4	0.923	627.7	0.862	623.2	0.855	579.6	0.795
SZt$_2$15-2	743.5	672.4	0.904	627.7	0.844	623.2	0.838	579.6	0.780
SZt$_2$20-1	705.0	666.2	0.945	619.4	0.879	615.3	0.873	573.5	0.813
SZt$_2$20-2	724.3	666.2	0.920	619.4	0.855	615.3	0.850	573.5	0.792
SZt$_2$25-1	698.1	664.3	0.952	616.8	0.884	612.8	0.878	571.4	0.819
SZt$_2$25-2	704.7	664.3	0.943	616.8	0.875	612.8	0.870	571.4	0.811
SZt$_2$30-1	504.0	634.6	1.259	577.6	1.146	575.8	1.142	541.8	1.075
SZt$_1$10-1	604.3	504.5	0.835	479.3	0.793	491.2	0.813	446.1	0.738
SZt$_1$10-2	598.2	504.5	0.843	479.3	0.801	491.2	0.821	446.1	0.746
SZt$_1$15-1	598.6	523.8	0.875	504.1	0.842	515.9	0.862	465.6	0.778
SZt$_1$15-2	580.0	523.8	0.903	504.1	0.869	515.9	0.889	465.6	0.803
SZt$_1$20-1	607.3	517.5	0.852	496.0	0.817	507.9	0.836	459.2	0.756
SZt$_1$20-2	616.4	517.5	0.839	496.0	0.805	507.9	0.824	459.2	0.745
SZt$_3$10-1	896.2	840.7	0.938	759.5	0.847	714.5	0.797	696.2	0.777
SZt$_3$10-2	893.0	840.7	0.941	759.5	0.851	714.5	0.800	696.2	0.780
SZt$_3$15-1	915.0	862.4	0.943	784.4	0.857	736.5	0.805	714.3	0.781
SZt$_3$15-2	925.7	862.4	0.932	784.4	0.847	736.5	0.796	714.3	0.772
SZt$_3$20-1	917.7	856.5	0.933	776.2	0.846	729.2	0.795	708.4	0.772
SZt$_3$20-2	856.7	856.5	1.000	776.2	0.906	729.2	0.851	708.4	0.827
平均值	—	—	0.931	—	0.866	—	0.855	—	0.799
平均误差	—	—	0.069	—	0.134	—	0.145	—	0.201
方差	—	—	0.080	—	0.066	—	0.068	—	0.063

由表 3.20 的对比可看出，运用现行规范 CECS 159:2004、DBJ/T 13-51—2010、GJB 4142—2000 推荐方法计算所得的试件轴压承载力绝大多数小于实测值，且两者相差较大，分别达到 20.1%、13.4%、14.5%，计算偏于保守；利用本节推导公式计算结果与试验实测值较接近，平均误差为 6.9%，方差为 0.080，整体吻合较好，可用来进行方钢管钢纤维再生混凝土短柱的轴压承载力设计计算。

3.2.3 方钢管轻骨料混凝土柱

1. 承载力推导

考虑冷弯效应的钢板强度提高值 f_y' 可按式（3.84）进行计算[51]：

$$f_y' = \left[1 + \frac{\chi(12v - 10)t}{l} \sum_{i=1}^{n} \frac{\theta_i}{2\pi} \right] f_y \tag{3.84}$$

式中，χ 为成型方式系数，对于冷弯高频焊（圆变）方、矩形管，取 $\chi = 1.7$，对于圆钢管和其他开口型钢，取 $\chi = 1.0$；v 为钢材抗拉强度与屈服强度的比值，对于 Q235 钢，取 $v = 1.58$，对于 Q345 钢，取 $v = 1.48$；t 为型钢的壁厚（mm）；l 为型钢截面中心线的长度（mm），可取作型钢截面积与壁厚的比值；θ_i 为型钢截面第 i 个棱角所对应的圆周角（如图 3.50 所示），以弧度为单位；f_y 为钢管的屈服强度。

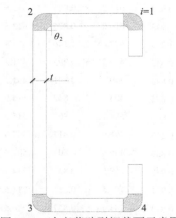

图 3.50　冷弯薄壁型钢截面示意图

由文献[52]可知方形薄壁钢管在轴压下的极限承载力为

$$N_1 = \frac{\left[4(1 + b)r_i^2\pi + 4\alpha br_i t_0\pi \right] P - 4(1 + b)r_i t_0\pi f_y'}{2\alpha} \tag{3.85}$$

本节采用文献[10]从统一强度理论推得的核心混凝土三向应力状态下的轴向抗压强度计算公式：

$$f_c' = f_c + k\sigma_a \tag{3.86}$$

式中，$k = (1 + \sin\theta)/(1 - \sin\theta)$，$\theta$ 为混凝土的内摩擦角，k 的取值在 1.0~7.0，具体值由试验确定；f_c' 为核心混凝土的抗压强度；f_c 为混凝土轴心抗压强度；σ_a 为

钢管对核心混凝土的侧向约束应力。

将方形薄壁钢管轻骨料混凝土等效为圆形薄壁钢管轻骨料混凝土的受力情况进行分析，为弥补转化后圆钢管对核心混凝土的约束效应，引入混凝土强度折减系数 $\gamma_{\mathrm{u}}=1.67D_{\mathrm{c}}^{-0.112}$，其中 D_{c} 为等效圆钢管内直径。混凝土强度折减系数 γ_{u} 考虑了尺寸效应的影响。

轻骨料混凝土由于受到钢管的约束作用而处于三向应力状态，并且其侧向约束应力 $\sigma_{\mathrm{a}}=p$，代入式（3.86），同时引入混凝土强度折减系数得到核心轻骨料混凝土的极限承载力为

$$N_2 = A_{\mathrm{c}}\gamma_{\mathrm{u}}f_{\mathrm{c}}' = \pi r_i^2 \gamma_{\mathrm{u}}(f_{\mathrm{c}}+kp) \tag{3.87}$$

式中，A_{c} 为核心轻骨料混凝土截面面积；f_{c}' 为核心轻骨料混凝土的抗压强度。因此，方形薄壁钢管轻骨料混凝土轴压短柱的极限承载力计算式为

$$N_{\mathrm{u}} = N_1 + N_2 = \frac{\left[4(1+b)r_i^2\pi + 4\alpha br_it_0\pi\right]p - 4(1+b)r_it_0\pi f_{\mathrm{y}}'}{2\alpha} + \pi r_i^2 \gamma_{\mathrm{u}}(f_{\mathrm{c}}+kp) \tag{3.88}$$

2. 公式验证

本节采用文献[15]和[53]的试验数据进行计算，试验所用的钢管考虑冷弯效应的钢板强度提高值，可由式（3.84）计算得出，如表 3.21 所示。

表 3.21　考虑冷弯效应的钢板强度提高值

钢管编号	宽厚比 B/t	屈服强度 f_{y} /MPa	提高系数 $f_{\mathrm{y}}'/f_{\mathrm{y}}$	提高后强度 f_{y}' /MPa	备注
100	108.7	229.3	1.026	235.26	
120	134.8	229.3	1.021	234.12	文献[53]
150	103.4	223.4	1.027	229.43	
4-1Q	120.8	222.7	1.023	227.88	
4-2Q	103.4	222.7	1.027	228.75	文献[15]
4-3Q	93.8	222.7	1.03	229.38	
4-4Q	80.5	222.7	1.035	230.5	

注：B、t 分别为方形薄壁钢管的外边长和壁厚。

式（3.88）中取 $k=3$、$\alpha=0.8$、$b=1$ 时的计算结果与文献[15]和[53]中试验结果进行比较，此时统一强度理论退化为双剪屈服准则。比较结果见表 3.22。从表 3.22 的对比分析不难看出，本节基于统一强度理论推导的方形薄壁钢管轻骨料混凝土轴压短柱承载力计算公式所得的结果与试验承载力吻合良好，说明将统一强度理论运用于方形薄壁钢管轻骨料混凝土柱承载力计算是可行的。

表 3.22　本节计算结果与文献[15]和[53]试验结果对比

试件编号	B/mm	t/mm	B/t	f_y'/MPa	f_c/MPa	$N_u/$kN	$N_{exp}/$kN	N_u/N_{exp}	备注
100-1	100	0.92	108.70	235.3	17.67	376.07	377	0.9975	
100-2	100	0.92	108.70	235.3	17.67	376.07	398	0.9449	
100-3	100	0.92	108.70	235.3	17.67	376.07	369	1.0192	
100-4	100	0.92	108.70	235.3	22.31	420.19	403	1.0427	
100-5	100	0.92	108.70	235.3	22.31	420.19	429	0.9795	
100-6	100	0.92	108.70	235.3	22.31	420.19	434	0.9682	
120-1	120	0.89	134.83	234.1	17.67	476.51	483	0.9866	
120-2	120	0.89	134.83	234.1	17.67	476.51	471	1.0117	文献
120-3	120	0.89	134.83	234.1	22.31	539.18	533	1.0116	[53]
120-4	120	0.89	134.83	234.1	22.31	539.18	527	1.0231	
150-1	150	1.45	103.45	229.4	17.67	823.62	877	0.9391	
150-2	150	1.45	103.45	229.4	17.67	823.62	893	0.9223	
150-3	150	1.45	103.45	229.4	17.67	823.62	887	0.9285	
150-4	150	1.45	103.453	229.4	22.31	918.31	958	0.9586	
150-5	150	1.45	103.45	229.4	22.31	918.31	976	0.9409	
150-6	150	1.45	103.45	229.4	22.31	918.31	941	0.9759	
4-1Q	180	1.49	120.81	228	19.29	1119.65	1082.5	1.0343	
4-2Q	150	1.45	103.45	229	19.29	855.95	943	0.9077	文献
4-3Q	135	1.44	93.75	229	22.65	792.82	779.8	1.0167	[15]
4-4Q	120	1.49	80.54	230	22.65	685.74	536	1.2794	

3. 参数分析

1）α，b 对方形薄壁钢管轻骨料混凝土柱的极限承载力的影响

对于材料的承载力，只要确定了 α，b 的值，就能得到更准确的计算结果，并且对于不同的外包材料，考虑 α，b 的影响是非常有必要的。本节取参数 $B/t=108.7$，f_y'=35.3MPa，f_c=17.67MPa 进行分析，拉压强度比 α 和材料强度系数 b 对方形薄壁钢管轻骨料混凝土柱的极限承载力的影响如图 3.51 所示。由图 3.51 可知，当 α 一定时，N' 随 b 的增大而增大；当 b 一定时，N' 随 α 的增大而增大。

2）套箍系数 ζ 对极限承载力的影响

套箍系数 $\zeta=(A_s f_y)/(A_c f_c)$ 是综合反映含钢率和混凝土强度的指标，其中 A_s、A_c 分别为钢管和内部混凝土的截面面积；f_y、f_c 分别为钢管屈服强度和混凝土轴心抗压强度。为了分析方便，本节定义钢管混凝土的承载力提高系数为 SI $=N_u/N_o$，其中 N_u 为本节公式计算的极限承载力；N_o 为试件名义轴压强度承载力[19]，$N_o=A_s f_y+A_c f_{ck}$，f_{ck} 为混凝土轴心抗压强度标准值。取参数 f_y=235.3MPa，f_c=17.67MPa 进行分析，则提高系数 SI 与套箍系数 ζ 的关系如图 3.52 所示。由图 3.52 可知，提高系数随套箍系数的增大而增大，则极限承载力也随套箍系数的增大而增大。

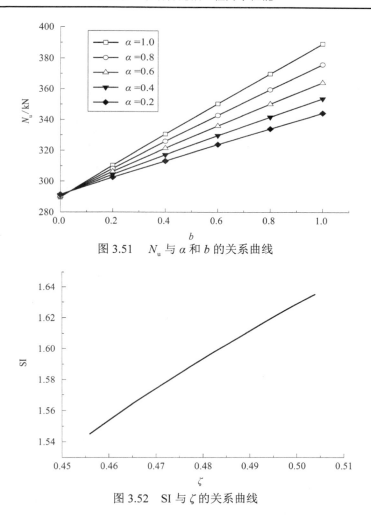

图 3.51　N_u 与 α 和 b 的关系曲线

图 3.52　SI 与 ζ 的关系曲线

3.2.4　方钢管 RPC 柱

1. 受力机理

在高应力水平时，当 RPC 的泊松比大于钢材的泊松比时，钢管对混凝土产生紧箍作用，方钢管对核心 RPC 的约束力体现为：四个角上的混凝土所受约束力强，边部中间管壁的 RPC 所受约束力弱，均匀性差。研究表明[43, 54-57]，方钢管对核心混凝土的约束可以分为有效约束区和非有效约束区，分界线为抛物线，如图 3.31（3.2.1 小节）所示。由图 3.31 可以看出，方钢管对于混凝土的侧向约束是不均匀的，从而造成了混凝土对于方钢管的侧压力分布的不均匀性。考虑到混凝土的约束受力比较复杂，本书将方钢管 RPC 的受力情况等效为圆钢管 RPC 进行分析[40]，对非有效约束区侧向约束减弱则用影响因子 $\gamma_u = 1.67 D_c^{-0.112}$ 来考虑，其中，γ_u 为混凝土强度折减系数，D_c 为等效圆钢管内直径。

2. 承载力推导

引入等效约束折减系数 ξ，ξ 指的是方钢管一条边上受约束的计算比例长度，并考虑厚边比 ω 影响，其原理与 3.2.1 小节相同，如图 3.32 所示。l_0 为角部作用均匀内压力的计算长度，$l_0 = \xi B / 2$。将图 3.32 下部非均匀约束等效为上角的均匀约束，引入参量 p_e 作为方钢管混凝土均匀内压力（$p_e = p\xi$，p 为等效圆钢管混凝土的均匀内压力），它反映了钢管 RPC 的破坏是由于钢管角部塑性屈服和中间管壁局部失稳。ξ 的表达式为

$$\xi = 66.4741\omega^2 - 0.9919\omega + 0.41618 \tag{3.89}$$

按等面积法分别将方钢管 RPC 柱的钢与混凝土面积转化为等效圆钢管 RPC 柱的钢与混凝土面积，由 $B^2 = \pi r_o^2$ 和 $(B - 2t)^2 = \pi r_i^2$ 可以得到 r_o、r_i 的计算式为

$$r_o = B / \sqrt{\pi}, \quad r_i = (B - 2t) / \sqrt{\pi} \tag{3.90}$$

式中，B 为方钢管外边长；t 为方钢管壁厚；r_o、r_i 分别为等效圆钢管的外、内半径。

方钢管 RPC 柱的极限承载力统一解可以表示为

$$N_{u2} = N_s + N_c = \sigma_{zp} A_s + \gamma_u \sigma_{cp} A_c \tag{3.91}$$

式中，A_s、A_c 分别为钢管和核心 RPC 的截面面积，$A_s = 4Bt - 4t^2$，$A_c = (B - 2t)^2$；σ_{zp}、σ_{cp} 分别为钢管和核心 RPC 在三向应力状态下的纵向抗压强度。

由塑性力学的厚壁圆筒理论和统一强度理论得

$$\sigma_{zp} = \frac{p_e r_i^2}{r_o^2 - r_i^2} = \frac{\xi p r_i^2}{r_o^2 - r_i^2}, \quad \sigma_{cp} = f_c + k p_e = f_c + k\xi p \tag{3.92}$$

方钢管混凝土强度提高系数 k 的计算公式为[16]

$$k = 1.5\sqrt{\xi p / f_c} + 2\xi p / f_c \tag{3.93}$$

将式（3.92）和式（3.93）代入式（3.91），得

$$N_{u2} = \left(4Bt - 4t^2\right) \frac{\xi p r_i^2}{r_o^2 - r_i^2} + \gamma_u (B - 2t)^2 \left[f_c + \left(1.5\sqrt{\xi p / f_c} + 2\xi p / f_c\right)\xi p\right] \tag{3.94}$$

式中，r_o、r_i 按式（3.90）计算。

考虑钢管和 RPC 连接面上的黏结应力时，钢管纵向方向不仅承受纵向压力，而且承受纵向黏结力。方钢管 RPC 短柱轴压承载力尺寸效应修正公式为

$$N'_{u2} = \xi\left(4Bt - 4t^2\right)\left(\frac{p_s r_i^2}{r_o^2 - r_i^2} + \mu p_s\right)$$
$$+ \gamma_u \left(B - 2t\right)^2\left[f_{cz} + \left(1.5\sqrt{\xi p_s / f_{cz}} + 2\xi p_s / f_{cz}\right)\xi p_s\right] \quad （3.95）$$

式中，$f_{cz} = f_c \left(V / V_c\right)^{-1/\omega_c + 1}$，$\omega_c = 27$；$\xi = 66.4741\omega^2 - 0.9919\omega + 0.41618$，$\omega = t/B$；

$$p_s = \frac{2(1+b)}{2+b}\sigma_t\left[\left(1 - \frac{E_p}{E}\right)\ln\frac{r_o}{r_i} + \frac{E_p}{2E}\left(\frac{r_o^2}{r_i^2} - 1\right) - \frac{C}{E}\frac{r_o^2}{r_i^2}\left(1 - \frac{r_i^4}{r_o^4}\right)\frac{1}{r_i^2}\right]。$$

3. 公式验证

计算值与试验值对比见表 3.23。可以看出，考虑界面黏结及尺寸效应所得的承载力计算结果与文献试验承载力吻合更好，说明基于统一强度理论和黏结滑移理论对外钢管和核心 RPC 进行尺寸效应修正，计算方法是可行的。

表 3.23　方钢管 RPC 柱公式计算结果与试验结果对比

试件编号	$B_b \times t \times L$ /(mm×mm×mm)	f_y /MPa	f_c /MPa	V_c /mm³	ζ	N_{exp} /kN	N'_{u2} /kN	N_{u2} /kN	N'_{u2} / N_{exp}	N_{u2}/N_{exp}	备注
RA-1	100×4×300	207	80.3	3000000	0.429	925	1018.0	1038.9	1.101	1.123	
RA-2	100×6×300	173	80.3	3000000	0.548	1725	1728.1	1150.8	1.002	0.667	
RA-3	100×10×300	233	80.3	3000000	1.270	2553	2235.3	2239.8	0.876	0.877	
QA-1	100×4×300	207	99.8	3000000	0.345	1023	1181.0	1202.8	1.154	1.176	
QA-2	100×6×300	173	99.8	3000000	0.441	1830	1777.6	1301.4	0.971	0.711	文献[58]
QA-3	100×10×300	233	99.8	3000000	1.030	2125	2359.6	2365.6	1.110	1.113	
QB-1	100×4×300	207	87.9	3000000	0.392	1352	1281.5	1102.8	0.948	0.816	
QB-2	100×6×300	173	87.9	3000000	0.501	1800	1786.4	1209.5	0.992	0.672	
QC-3	100×10×300	233	87.9	3000000	1.170	2410	2283.7	2288.8	0.948	0.950	
$\overline{X}$									1.011	0.901	
$\overline{W}$									0.087	0.190	

注：N_{u2} 为理论计算的轴压承载力；N'_{u2} 为修正后的轴压承载力；N_{exp} 为文献试验承载力；B_b 为方钢管内边长。核心 RPC 强度 f_c 测定采用 100mm×100mm×300mm 棱柱体作为标准试件。

4. 数值模拟

1）有限元模型的建立

核心活性粉末混凝土单元采用实体单元 solid65 单元模拟，钢管单元采用实体单元 solid45 单元模拟，钢管 RPC 之间的黏结滑移采用非线性弹簧单元 combination39 来模拟。在 ANSYS 中，solid45 单元包含过大位移形状，因此不需要设置实常数。对于 solid65 单元，分析中采用分离式模型，因此，设置实常数时，定义一个空的实参数集，加固材料均设为 0（默认值）。非线性弹簧单元对应的实常数：方钢管 RPC 有 7 个（$R_3 \sim R_9$）。建立的模型如图 3.53 所示。材料属性、单元划分方法以及边界约束加载方法同 3.1.4 小节，网格划分如图 3.54 所示，模型约束及加载如图 3.55 所示。

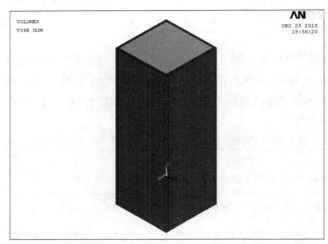

图 3.53　方钢管 RPC 柱整体有限元模型

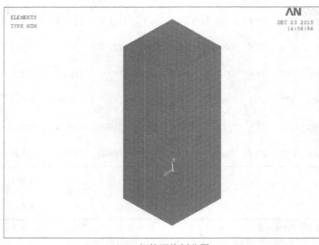

（a）钢管网格划分图

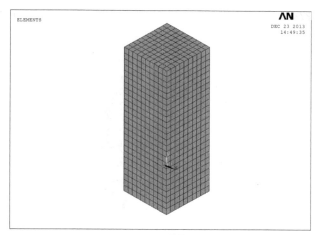

（b）RPC 网格划分图

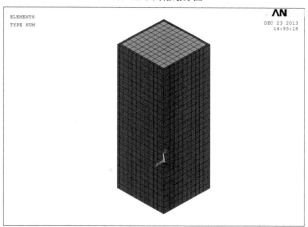

（c）整体有限元模型图

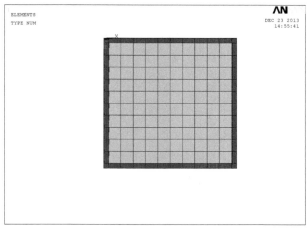

（d）平面网格划分图

图 3.54　方钢管 RPC 柱网格划分图

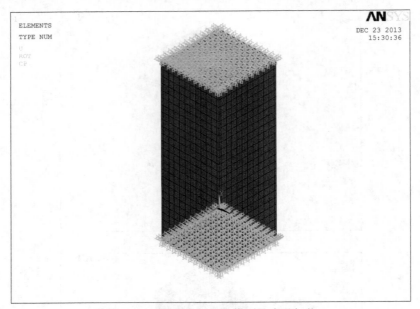

图 3.55　方钢管 RPC 柱模型约束及加载

2）有限元模型的验证

利用 ANSYS 分析计算得到的钢管 RPC 轴压短柱极限承载力与文献[58]试验承载力的对比如表 3.24 所示。表中方钢管 RPC 构件的 N_{FEM} / N_{exp} 在 0.926~1.106，平均值为 1.006。结果对比表明，有限元计算结果与试验数据、公式计算结果吻合良好。

表 3.24　方钢管 RPC 柱有限元计算结果与文献[58]结果对比

试件编号	$B_b \times t \times L/$ (mm×mm×mm)	f_y/MPa	f_c/MPa	ξ	N_{exp}/kN	N_{FEM}/kN	N_{FEM}/N_{exp}
RA-1	100×4×300	207	80.3	0.429	925	1023.8	1.106
RA-2	100×6×300	173	80.3	0.548	1725	1616.4	0.937
RA-3	100×10×300	233	80.3	1.270	2553	2364.1	0.926
QA-1	100×4×300	207	99.8	0.345	1023	1009.7	0.987
QA-2	100×6×300	173	99.8	0.441	1830	1872.1	1.023
QA-3	100×10×300	233	99.8	1.030	2125	2319.8	1.092
QB-1	100×4×300	207	87.9	0.392	1352	1318.2	0.975
QB-2	100×6×300	173	87.9	0.501	1800	1714.6	0.953
QC-3	100×10×300	233	87.9	1.170	2410	2537.7	1.053

注：N_{FEM} 为 ANSYS 计算承载力；N_{exp} 为文献[58]试验承载力；B_b 为方钢管内边长。

3）破坏形态与应力云图

为分析方钢管 RPC 短柱在极限状态时的变形、位移和应力分布情况，利用 ANSYS 软件的通用后处理器 POST1 得到方钢管 RPC 试件 RA-1 的变形图和应力云图如图 3.56 所示。由图 3.56 可知，方钢管 RPC 试件的纵向应力在管壁中间较小，角部最大且柱端钢管角部已经屈服。这说明方钢管对核心混凝土的约束作用比圆钢管差，它对混凝土的约束作用集中在四个角上，分布不均匀。

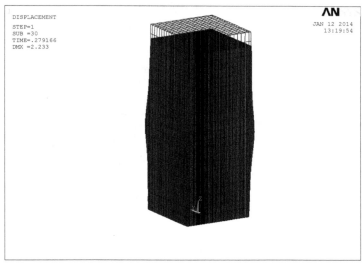

（a）试件 Z 向（纵向）变形图

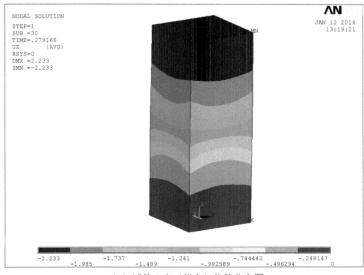

（b）试件 Z 向（纵向）位移分布图

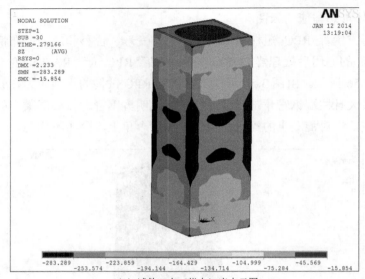

（c）试件 Z 向（纵向）应力云图

图 3.56　方钢管 RPC 试件 RA-1 变形图与应力云图

3.3　多边形钢管混凝土柱力学性能

近年来，随着理论研究的深入和施工工艺的不断创新，出现了多种截面形式的钢管混凝土构件。长安大学赵均海团队[59, 60]针对多边形空心钢管混凝土柱和正多边形钢管混凝土柱的轴压受力性能开展研究，推导得到了轴压承载力统一解，建立了非线性有限元数值模型，并进行了理论公式和数值模型验证以及相关参数分析。

3.3.1　多边形空心钢管混凝土柱

1. 承载力推导

对于正多边形截面，如图 3.57 所示，其截面总面积 A_{sc}、混凝土截面面积 A_c 和钢管截面面积 A_s 分别为

$$A_{sc} = n_s r^2 \tan \Delta_n \tag{3.96a}$$

$$A_c = n_s (r - t)^2 \tan \Delta_n \tag{3.96b}$$

$$A_s = n_s (2rt - t^2) \tan \Delta_n \tag{3.96c}$$

式中，$r = \dfrac{L_i}{2 \tan \Delta_n}$ 为正多边形截面中心至外皮的垂直距离，L_i 为边长；t 为钢管壁厚；n_s 为边数；$\Delta_n = \dfrac{180°}{n_s}$。

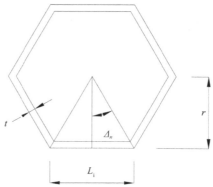

图 3.57　正多边形截面的形状参数

将正多边形截面转化为截面面积和含钢率均相等的圆截面，对应圆钢管的半径 R_0 和厚度 t_0 分别为

$$R_0 = r\left(\frac{n\tan\varDelta_n}{\pi}\right)^{\frac{1}{2}}, \quad t_0 = t\left(\frac{n\tan\varDelta_n}{\pi}\right)^{\frac{1}{2}} \tag{3.97}$$

显然有 $\dfrac{2R_0}{t_0} = \dfrac{2r}{t}$，即截面面积和含钢率相等的正多边形截面和圆截面的钢管的宽厚比相同。故可定义与截面形状无关的广义宽厚比 ψ 为

$$\psi = \frac{2r}{t} \tag{3.98}$$

对于圆截面，ψ 即为其径厚比。

正多边形钢管约束混凝土时，可将混凝土分为有效约束混凝土和非有效约束混凝土，分界线为二次抛物线[61]，且角部受到有效约束。故假设混凝土对钢管侧壁的压应力 σ_r 分布的迹线为二次抛物线，且与有效约束混凝土和非有效约束混凝土的分界线具有相同的边切角 θ_α，则正多边形钢管任一边的混凝土约束模型及受力模型如图 3.58 所示。

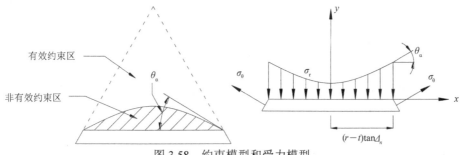

图 3.58　约束模型和受力模型

图 3.58 中，σ_θ 为钢管的环向应力。建立直角坐标系，σ_r 的迹线可表示为 $y = ex^2 + c_1$。若设 $\overline{\sigma_r}$ 为混凝土对钢管壁的平均压力，则 $c_1 = m\overline{\sigma_r}$。$m$ 为约束均匀系数，取 0~1，反映了钢管对混凝土约束的均匀情况，m 越小约束越不均匀，m 越大约束越趋于均匀。由 y 方向力的平衡可知

$$2\int_0^{(r-t)\tan\varDelta_n}\left(ex^2 + c_1\right)\mathrm{d}x = 2\overline{\sigma_r}\left(r-t\right)\tan\varDelta_n = 2t\sigma_\theta\tan\varDelta_n \tag{3.99}$$

由式（3.99）可得

$$e = \frac{3(1-m)t\sigma_\theta}{(r-t)^3\tan^2\varDelta_n}$$

则边切角 θ_α 满足

$$\tan\theta_\alpha = y'\big|_{x=(r-t)\tan\varDelta_n} = \frac{6(1-m)t\sigma_\theta}{(r-t)^2\tan\varDelta_n}$$

故非有效约束混凝土的面积为

$$A_\mathrm{I} = \frac{n}{6}\left[2(r-t)\tan\varDelta_n\right]^2\tan\theta_\alpha = 4n(1-m)tf_y\tan\varDelta_n \tag{3.100}$$

因此，定义正多边形钢管约束混凝土的有效约束面积系数为

$$k_\mathrm{e} = \frac{A_\mathrm{c} - A_\mathrm{I}}{A_\mathrm{c}} \tag{3.101}$$

将式（3.96b）、式（3.98）和式（3.100）代入式（3.101）得

$$k_\mathrm{e} = 1 - \frac{16(1-m)\sigma_\theta}{t(\psi-2)^2} \tag{3.102}$$

极限状态时，构件因环向屈服而破坏，此时有 $\sigma_\theta = f_y$，f_y 为钢管的屈服强度，则

$$k_\mathrm{e} = 1 - \frac{16(1-m)f_y}{t(\psi-2)^2} \tag{3.103}$$

当 $m=1$ 时，钢管对混凝土的约束是均匀的，即为圆钢管混凝土的情况，此时 $k_\mathrm{e}=1$。

按照钢管混凝土统一理论[62]的思想，可将钢管混凝土短柱不同形状的截面转化为圆截面进行极限承载力计算。为体现分析过程的一般性，以空心圆钢管混凝土为对象进行研究。

钢管混凝土承受轴向压力时，钢管横截面的受力如图 3.59 所示。

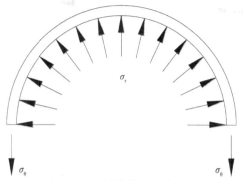

图 3.59　钢管横截面受力简图

由力的平衡可知

$$2t\sigma_\theta = 2(r-t)\sigma_r \qquad (3.104)$$

在极限状态时，取受拉为正，受压为负。钢管的环向应力 σ_θ、径向应力 σ_r 和轴向应力 σ_z 满足[52]

$$\sigma_1 = \sigma_\theta > 0 > \sigma_2 = \sigma_r > \sigma_3 = \sigma_z \text{ 且 } \sigma_\theta > |\sigma_z| \qquad (3.105)$$

对于钢材，三参数统一强度理论[63]中的 $\alpha \approx 1$、$\bar\alpha \approx 1$。显然 σ_1、σ_2 和 σ_3 的关系满足公式（2.20a）的应力表达式，由式（3.104）可知 $\sigma_2 = -\dfrac{t\sigma_1}{r-t}$，代入式（2.20a）得

$$\sigma_3 = -(1+b)f_y + \left(1 + \frac{b\psi}{\psi-2}\right)\sigma_1 \qquad (3.106)$$

构件破坏时，有 $\sigma_1 = f_y$，则

$$\sigma_z = \sigma_3 = \frac{2b}{\psi-2}f_y \qquad (3.107)$$

钢管的承载力为

$$N_s = A_s\sigma_z = \frac{2b}{\psi-2}A_s f_y \qquad (3.108)$$

钢管混凝土承受轴向压力时，混凝土横截面受力如图 3.60 所示。图中，$\sigma_r{}'$ 为钢管对混凝土的径向应力；$\sigma_\theta{}'$ 为混凝土受到的环向应力；d_{co} 为钢管所包围面积的直径；d_{ci} 为空心面积的直径。

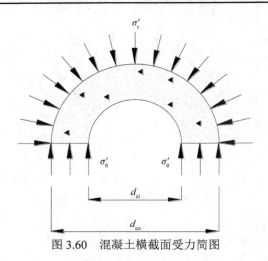

图 3.60　混凝土横截面受力简图

由力的平衡可知

$$\sigma_r' d_{co} = \sigma_\theta' \left(d_{co} - d_{ci} \right) \tag{3.109}$$

定义空心率 $\phi = \dfrac{\pi d_{ci}^2}{4} \bigg/ \dfrac{\pi d_{co}^2}{4}$，则 $d_{ci} = \sqrt{\phi} d_{co}$，代入式（3.109）得

$$\sigma_\theta' = \frac{\sigma_r'}{1 - \sqrt{\phi}} \tag{3.110}$$

取受拉为正，受压为负，则 σ_θ'、σ_r' 和 σ_z' 满足

$$0 > \sigma_1 = \sigma_r' > \sigma_2 = \frac{\sigma_r'}{1 - \sqrt{\phi}} > \sigma_3 = \sigma_z' \tag{3.111}$$

则 $\sigma_2 - \dfrac{1}{2}\left(\sigma_1 + \sigma_3 \right) - \dfrac{\beta}{2}\left(\sigma_1 - \sigma_3 \right) = \left[\dfrac{\left(1 + \sqrt{\phi} \right) \big/ \left(1 - \sqrt{\phi} \right)}{2} - \dfrac{\beta}{2} \right] \sigma_1 - \left(\dfrac{1}{2} - \dfrac{\beta}{2} \right) \sigma_3$。

因为 $\dfrac{\left(1 + \sqrt{\phi} \right) \big/ \left(1 - \sqrt{\phi} \right)}{2} - \dfrac{\beta}{2} > \dfrac{1}{2} - \dfrac{\beta}{2}$ 且 $\sigma_1 > \sigma_3$，所以 $\sigma_2 - \dfrac{1}{2}\left(\sigma_1 + \sigma_3 \right) - \dfrac{\beta}{2}\left(\sigma_1 - \sigma_3 \right) > 0$。故采用第 2 章式（2.20b），可得

$$\sigma_3 = f_c + \frac{\left[k\left(1 - \sqrt{\phi} + b \right) + \left(1 + b - b\sqrt{\phi} \right) \bar{k} \right]}{\left(1 + b \right)\left(1 - \sqrt{\phi} \right)} \sigma_1 \tag{3.112}$$

式中，f_c 为混凝土的轴心抗压强度，对于钢管混凝土构件，应取圆柱体抗压强度 f_{cy}，$f_{cy} = 0.8 f_c$ [64]；$k = \dfrac{1}{\alpha} = \dfrac{f_c}{f_t} = \dfrac{1 + \sin\theta}{1 - \sin\theta}$ [10]，θ 为混凝土的内摩擦角且取值在

$30° \sim 45°^{[65]}$；$\overline{k} = 1 - \dfrac{1}{\overline{\alpha}}$，$\overline{\alpha}$ 一般取 $1.15 \sim 1.35^{[64]}$，则 $\overline{k} = 0.13 \sim 0.26$。

定义空心钢管混凝土的强度提高系数为

$$k_0 = \frac{k\left(1 - \sqrt{\phi} + b\right) + \left(1 + b - b\sqrt{\phi}\right)\overline{k}}{\left(1 + b\right)\left(1 - \sqrt{\phi}\right)} \tag{3.113}$$

将式（3.113）代入式（3.112），得

$$\sigma_z' = \sigma_3 = f_{cy} + k_0 \sigma_1 \tag{3.114}$$

在正多边形钢管混凝土构件中，受到有效约束的混凝土的面积为 $k_e\left(1 - \phi\right)A_c$，根据文献[66]的结果，认为钢管对有效约束区混凝土的有效侧压应力为 $\sigma_1 = k_e f_r'$，则其轴压强度为

$$f_{ze}' = f_{cy} + k_0 k_e \sigma_r' \tag{3.115}$$

受到非有效约束的混凝土的面积为 $\left(1 - k_e\right)\left(1 - \phi\right)A_c$，采用文献[66]的思路，假定钢管对非有效约束区混凝土的非有效侧压应力为 $\sigma_1 = \left(1 - k_e\right)\sigma_r'$，其轴压强度为

$$f_{zl}' = f_{cy} + k_0\left(1 - k_e\right)\sigma_r' \tag{3.116}$$

则混凝土的承载力为

$$N_c = k_e\left(1 - \phi\right)A_c f_{ze}' + \left(1 - k_e\right)\left(1 - \phi\right)A_c f_{zl}' \tag{3.117}$$

将式（3.115）和式（3.116）代入式（3.117），整理得

$$N_c = \left(1 - \phi\right)A_c f_{cy} + k_0\left(1 - \phi\right)A_c \sigma_r'\left(1 - 2k_e + 2k_e^2\right) \tag{3.118}$$

构件破坏时 $\sigma_r' = \sigma_r = \dfrac{2f_y}{\psi - 2}$。

钢管混凝土短柱轴压极限承载力 N 为钢管和混凝土轴向承载力之和，即

$$N = N_s + N_c \tag{3.119}$$

$$N = \frac{2b}{\psi - 2}A_s f_y + \left(1 - \phi\right)A_c f_{cy} + k_0\left(1 - \phi\right)A_c \frac{2f_y}{\psi - 2}\left(1 - 2k_e + 2k_e^2\right) \tag{3.120}$$

式中，A_c 和 A_s 分别用式（3.96b）和式（3.96c）计算。

由于 $\beta \geq 4$ 且 $0 \leq b_s \leq 1$，故定义钢管承载力降低系数为

$$\gamma_s = \frac{2b}{\psi - 2} < 1 \tag{3.121}$$

混凝土承载力提高系数为

$$\gamma_c = 1 + \frac{2k_o f_y}{(\psi - 2) f_{cy}}\left(1 - 2k_e + 2k_e^2\right) > 1 \qquad (3.122)$$

钢管承载力降低系数 γ_s 和混凝土承载力提高系数 γ_c 的物理意义为：钢管和混凝土协同工作，钢管处于轴向和径向受压而环向受拉的不利状态，其轴向承载力降低；而混凝土处于轴向、径向和环向均受压的有利状态，其轴向承载力提高。

将式（3.121）、式（3.122）代入式（3.120），化简得

$$N = \gamma_s A_s f_y + \gamma_c (1 - \phi) A_c f_{cy} \qquad (3.123)$$

当 $\phi = 0$ 时，式（3.123）即退化为实心钢管混凝土短柱的极限承载力计算公式：

$$N = \gamma_s A_s f_y + \gamma_c A_c f_{cy} \qquad (3.124)$$

当 $A_s = 0$ 即没有钢管时，$\sigma_r' = \sigma_r = 0$，且 $N_c = (1 - \phi) A_c f_{cy}$，则式（3.123）退化为混凝土短柱轴压承载力的解。当 $\phi = 1$ 即没有混凝土时，$\sigma_\theta = \sigma_r = 0$，则反映中间主剪应力以及相应面上的正应力对材料破坏影响程度的系数 $b=0$，且 $\sigma_z = f_y$，式（3.123）即可退化为钢管短柱轴压承载力的解。

可以看出，本节所得结果不仅形式简单、参数物理意义明确，同时考虑了混凝土材料双轴与单轴抗压强度不等的特点，还可自然退化为纯钢管或纯混凝土轴压短柱的极限承载力的解，体现了其研究理论的合理性。

均匀约束系数 m 和反映中间主剪应力以及相应面上的正应力对材料破坏影响程度的系数 b 是式（3.123）计算结果准确与否的关键，确定其取值具有重要的意义。均匀约束系数 m 反映了不同截面形状的钢管对混凝土的约束均匀程度。正多边形钢管约束混凝土时，随着边数 n_s 的增加，约束越来越均匀，逐渐接近于圆钢管混凝土的约束情况[67]；并且随着 n_s 增加，均匀约束系数 m 逐渐增大，对于圆钢管混凝土 $n_s \to \infty$ 时，取 $m=1$。通过对文献[68]中试验数据的计算对比后发现，对正方形、八边形和十六边形截面钢管混凝土的约束均匀系数 m 分别取 0.4、0.5 和 0.6 进行计算时，与试验结果吻合良好。通过回归分析，可得约束均匀系数 m 与边数 n_s 的关系为

$$m = 1 - 0.6851 \times 0.9667^{n_s}, \quad n_s \geqslant 4 \qquad (3.125)$$

2. 公式验证

为简化计算，对正方形、八边形和十六边形钢管混凝土的约束均匀系数 m 分别取 0.4、0.5 和 0.6，同时取 $b=0.5$；$\bar{k} = 1 - (1/\bar{\alpha})$，$\bar{\alpha}$ 可由试验测得，本节取

$\bar{k} = 0.13$。将文献[68]、[69]和[14]中的部分试验数据用式（3.123）或式（3.124）计算，并与试验结果进行比较，见表 3.25。

表 3.25 承载力计算结果与试验结果的比较

截面类型	L/mm	d_{ci}/mm	t/mm	f_y/MPa	f_c/MPa	N/kN	N_{exp}/kN	N/N_{exp}	数据来源
空心圆形	300.0	232.2	2.5	334.6	40.5	2235.9	2190.0	1.021	
	360.0	120.0	3.0	350.1	25.3	4254.2	4170.0	1.020	
	300.0	213.0	3.0	317.3	40.5	2700.7	2900.0	0.931	
空心正方形	238.0	186.0	2.5	334.6	40.5	1991.3	1900.0	1.048	
	237.4	162.7	3.0	317.3	40.5	2327.5	2400.0	0.970	
	237.8	158.3	4.8	315.8	46.0	2871.1	2990.0	0.960	文献[68]
空心八边形	118.9	223.0	2.5	334.6	40.5	2075.9	2100.0	0.989	
	118.1	198.3	3.8	315	40.5	2724.6	2770.0	0.984	
	117.6	198.0	4.8	315.8	46.0	3093.5	2900.0	1.067	
空心十六边形	59.3	230.0	2.5	334.6	40.5	2115.6	2130.0	0.993	
	58.9	206.7	4.8	315.8	46.0	3248.5	3350.0	0.970	
	59.0	206.3	4.8	315.8	28.4	2783.4	2740.0	1.016	
实心圆形	165.0	—	1.0	338.0	84.4	1784.0	1773.8	1.006	
	151.0	—	2.0	405.0	80.1	1897.5	1933.2	0.982	文献[69]
	149.0	—	3.0	438.0	80.1	2311.8	2337.1	0.989	
实心正方形	148.0	—	4.4	262.0	25.4	1078.8	1153.0	0.936	
	215.0	—	4.4	262.0	80.3	4008.2	3837.0	1.045	文献[14]
	211.0	—	4.5	277.0	91.1	4279.1	4371.0	0.979	

注：L 为正多边形钢管边长或圆钢管直径；N_{exp} 为相应文献中试验承载力。

从表 3.25 可以看出，式（3.123）的计算结果与文献中的试验结果吻合良好，且试验值与计算值比值的平均值为 0.995，标准差为 0.036，表明式（3.120）计算结果具有较高的精确度。

在计算过程中不难发现，空心钢管混凝土的强度提高系数 k_0 明显大于实心钢管混凝土，这是因为在核心混凝土受到相同侧压力的情况下，空心截面的环向压应力大于实心截面，对提高轴向抗压强度的贡献更大，且随着空心率 ϕ 的增大，这种现象会更加明显。

3. 参数分析

1）参数 b 的影响

当空心率 ϕ 一定时，随着 b 的增大，空心钢管混凝土强度提高系数 k_0 增大，钢管混凝土短柱的轴压极限承载力 N 随之增大，见图 3.61 和图 3.62。从图中可以看出，当 $\phi=0$ 时，无论 b 取何值，k_0 和 N 均为一定值，这是因为对于实心钢管混凝土，其核心混凝土的中间主应力等于最小主应力，所以三参数统一强度理论中

的所有 b 值的结果都相同。

　　2）空心率 ϕ 的影响

　　为研究空心率 ϕ 与空心钢管混凝土强度提高系数 k_0、轴压极限承载力 N 的关系，取 L=360mm、t=3mm 的空心圆钢管混凝土短柱在 f_y=317MPa、f_c=40.5MPa、$\bar{k}$=0.13 且不同 b 值的情况进行研究，结果如图 3.61 和图 3.62 所示。

　　对比分析图 3.61 和图 3.62 可知，当 b 一定时，随着 ϕ 的增加，k_0 逐渐增大，N 不断减小。这是因为核心混凝土在受到的侧压力不变的情况下，随着 ϕ 的增加，径向应力逐渐增大，对提高轴向抗压强度的贡献也越来越大，所以 k_0 逐渐增大；但核心混凝土的面积却越来越小，所以 N 逐渐减小。

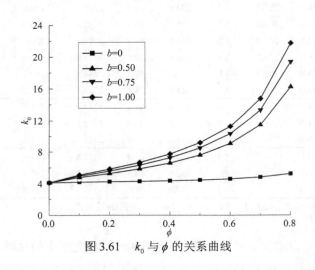

图 3.61　k_0 与 ϕ 的关系曲线

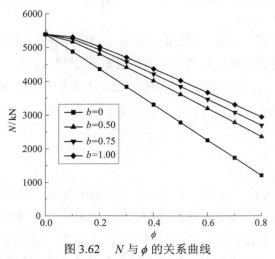

图 3.62　N 与 ϕ 的关系曲线

3）均匀约束系数 m 的影响

均匀约束系数 m 是反映截面形状影响钢管混凝土短柱轴压极限承载力的重要参数，取值范围为 0~1，它与截面形状的边数 n_s 有关，n_s 越大则 m 越大，为研究 m 与钢管混凝土短柱轴压极限承载力 N 的关系，取 $\psi = 0.1$、$b=0.5$、$A_s = 3365 \, \text{mm}^2$、$f_y = 317 \text{MPa}$、$A_c = 98423 \, \text{mm}^2$、$f_c = 40.5 \text{MPa}$、$\bar{k} = 0.13$ 的实心钢管混凝土短柱进行研究，结果如图 3.63 所示。

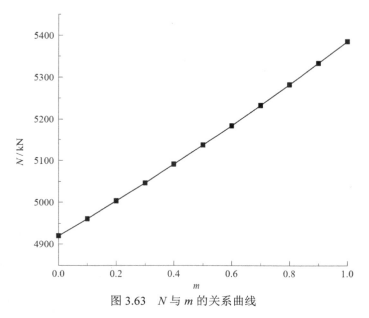

图 3.63　N 与 m 的关系曲线

从图 3.63 中不难看出，随着均匀约束系数 m 的增大，轴压极限承载力 N 逐渐增大，当 $m = 1$ 时 N 达到最大值，即在钢管面积和混凝土面积相同的情况下，随着边数 n_s 的增加，钢管对混凝土的约束越来越均匀，极限承载力越来越大，圆形截面的钢管对混凝土的约束最均匀，极限承载力也最大。

4）参数 $\bar{\alpha}$ 和广义宽厚比 ψ 的影响

为研究 $\bar{\alpha}$ 和 ψ 对钢管混凝土短柱轴压极限承载力 N 的影响，以 $b=0.5$、$t = 3\text{mm}$、$f_y = 317 \text{MPa}$、$f_c = 40.5 \text{MPa}$、$\phi = 0.6$ 的空心钢管混凝土短柱为对象，分别取 $\xi = 90$、100 和 110 进行分析，见图 3.64。从图中可以看出，当广义宽厚比 ψ 一定时，随着参数 $\bar{\alpha}$ 的增大，轴压极限承载力 N 逐渐增大，这是因为当 $\bar{\alpha}$ 增大时，$\bar{k}$ 随之增大，导致空心钢管混凝土强度提高系数 k_0 不断增大，进而轴压极限承载力 N 逐渐增大；图中 $\bar{\alpha} = 1$ 所对应的点即为基于两参数统一强度理论分析的解。当参数 $\bar{\alpha}$ 一定时，随着广义宽厚比 ψ 的增大，截面尺寸增大，轴压极限承载力 N 逐渐增大。

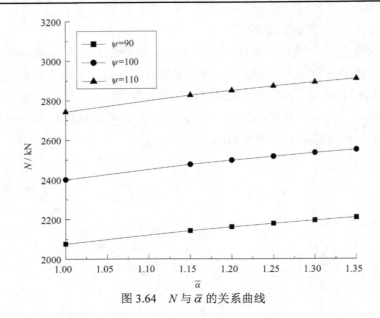

图 3.64　N 与 $\bar{\alpha}$ 的关系曲线

3.3.2　正多边形钢管混凝土柱

1. 承载力推导

1）考虑初应力的正八边形钢管混凝土柱轴压极限承载力

正八边形钢管混凝土柱截面如图 3.65 所示。图中，L_8 为正八边形钢管边长，t_8 为钢管厚度。

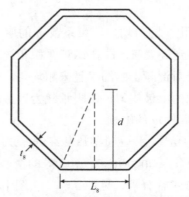

图 3.65　正八边形钢管混凝土柱截面示意图

设 A_{s8} 为钢管截面面积，A_{e8} 为核心混凝土有效约束区的面积，A_{18} 为非有效约束区的面积，A_{c8} 为总面积，则可得[60]

$$A_{s8} = 4t_8\left(L_8 - t_8\right) \tag{3.126}$$

$$A_{18} = 16(1 - m)t_8 f_y \quad (3.127)$$

$$A_{e8} = A_{c8} - A_{18} = \frac{2L_8^2}{\tan 22.5°} - A_{18} \quad (3.128)$$

式中，m 为均匀约束系数，取 0~1，本节研究正八边形钢管混凝土柱，取 $m=0.5$[60]，则式（3.127）简化为

$$A_{18} = 8t_8 f_{y8} \quad (3.129)$$

正八边形钢管受力简图如图 3.66 所示。

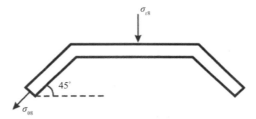

图 3.66　正八边形钢管受力简图

由力的平衡可知

$$\sigma_{r8} = \frac{2t_8 \sigma_{\theta 8} \sin 45°}{L_8} \quad (3.130)$$

将正八边形钢管混凝土柱等效为圆钢管混凝土柱后，对于等效圆钢管混凝土柱，其核心混凝土受力如图 3.67 所示。

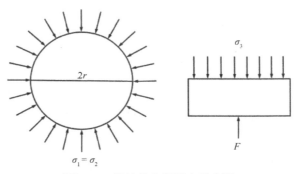

图 3.67　等效核心混凝土受力图

由图 3.67 可见，核心混凝土处于三向受压状态，且 $0 > \sigma_1 = \sigma_2 > \sigma_3$，由于 $\sigma_2 - \dfrac{\sigma_1 + \alpha \sigma_3}{1 + \alpha} = -\dfrac{\alpha(\sigma_3 - \sigma_1)}{1 + \alpha} > 0$，将 σ_1、σ_2、σ_3 代入式（2.5b），定义混凝土强度提高系数 k，取 σ_1 受压为正，可得

$$\sigma_3 = f_c + k\sigma_1 \tag{3.131}$$

式中，$k = \dfrac{1 + \sin\theta}{1 - \sin\theta}$，$\theta$ 为混凝土的内摩擦角。

　　钢管对于有效约束区混凝土的有效压力为 $k_{e8}\sigma_{r8}$，对于非有效约束区混凝土的非有效侧压力为 $(1 - k_{e8})\sigma_{r8}$[66]。则可得有效约束区混凝土轴压强度为

$$f_{ce} = f_c + k_8 k_{e8}\sigma_{r8} \tag{3.132}$$

非有效约束区混凝土轴压强度为

$$f_{cl} = f_c + k_8(1 - k_{e8})\sigma_{r8} \tag{3.133}$$

　　对于考虑初应力的正八边形钢管混凝土短柱，其轴压极限承载力 N_{I8} 为正八边形钢管和核心混凝土的承载力之和，即

$$N_{I8} = A_{s8}\sigma_{z8} + A_{e8}f_{ce} + A_{I8}f_{cl} \tag{3.134}$$

定义正八边形钢管混凝土柱长细比为

$$\lambda_8 = \frac{h_8}{L_8} \tag{3.135}$$

式中，h_8 为钢管混凝土柱高。

　　对于考虑初应力的正八边形钢管混凝土中长柱，引入考虑长细比影响的稳定系数 φ_8，且取[10]

$$\varphi_8 = 1 - 0.05\sqrt{\lambda_8 - 4} \tag{3.136}$$

则考虑初应力的正八边形钢管混凝土柱的轴压极限承载力为

$$N_{u8} = \varphi_8 N_{I8} \tag{3.137}$$

　　将式（3.126）、式（3.128）～式（3.134）和式（3.136）代入式（3.137），整理得考虑初应力的正八边形截面钢管混凝土柱轴压极限承载力的计算公式为

$$N_{u8} = \varphi_8 \left\{ \begin{array}{l} \left[8b_8 t_8^2 \left(1 - \dfrac{t_8}{L_8}\right)(f_y - \sigma_0)\sin 45° \right] + \dfrac{2L_8^2}{\tan 22.5°}(f_c + k_8 k_{e8}\sigma_{r8}) \\ + 8t_8 f_y \left[k_8(1 - 2k_{e8})\sigma_{r8} \right] \end{array} \right\} \tag{3.138}$$

　　2）考虑初应力的多边形钢管混凝土柱极限承载力统一解通式

　　假设钢管混凝土柱中的钢管均为薄壁钢管，则钢管截面面积为

$$A_s \approx n_s L t \tag{3.139}$$

引入变量 n_s 为多边形边数，在正多边形边长一定的情况下，考虑混凝土面积与边数 n_s 的关系，则混凝土截面面积为

$$A_c = \frac{n_s L^2}{4 \tan \dfrac{360°}{2n_s}} \tag{3.140}$$

考虑力的平衡与边数 n_s 的关系，则可得

$$\sigma_z = \frac{2bt}{L}\left(f_y - \sigma_0\right)\sin\frac{360°}{n_s} \tag{3.141}$$

对于考虑初应力的方钢管混凝土短柱，其轴压极限承载力 N_u 为方钢管和核心混凝土的承载力之和，即

$$N_u = A_s \sigma_z + A_e f_{ce} + A_l f_{cl} \tag{3.142}$$

将式（3.140）、式（3.141）代入式（3.142）中可得考虑初应力的正多边形钢管混凝土轴压极限承载力为

$$N_u = 2n_s bt^2\left(f_y - \sigma_0\right)\sin\frac{360°}{n_s} + \frac{nL^2}{4\tan\dfrac{360°}{2n_s}}\left(f_c + kk_e\sigma_r\right)$$
$$+ 16(1-m)tf_y k\left(1-2k_e\right)\sigma_r \tag{3.143}$$

2. 公式验证

当取混凝土强度提高系数 k=1.5[70]，b=0.5 时，将文献[71]中的部分数据代入式（3.138）中进行计算并对比，见表 3.26。

从表 3.26 可以看出，本节公式（3.138）的计算结果与文献[71]中数值模拟结果吻合良好。文献[71]中公式计算结果与式（3.138）计算结果比值的平均值为 1.0879，方差为 0.0075；文献[71]中数值模拟结果与式（3.138）计算结果比值的平均值为 1.0527，方差为 0.0106，说明本节公式（3.138）精确度较高。

表 3.26　式（3.138）计算结果与文献[71]结果比较

试件编号	h/mm	L/mm	t/mm	f_y/MPa	f_c/MPa	N_{u8}/kN	N_1/kN	N_2/kN	$\dfrac{N_1}{N_{u8}}$	$\dfrac{N_2}{N_{u8}}$
1	300	118.6	3	390	20.1	1957.65	2027.66	2029.79	1.04	1.04
2	300	118.6	3	335	32.6	2493.47	2532.71	2429.36	1.02	0.97

续表

试件编号	h/mm	L/mm	t/mm	f_y/MPa	f_c/MPa	N_{u8}/kN	N_1/kN	N_2/kN	$\dfrac{N_1}{N_{u8}}$	$\dfrac{N_2}{N_{u8}}$
3	300	118.6	3	235	44.5	2888.79	2892.32	2701.06	1.00	0.94
4	300	118.6	6	390	20.1	2525.90	3140.58	3142.82	1.24	1.24
5	300	118.6	6	335	32.6	3024.97	3503.12	3389.76	1.16	1.12
6	300	118.6	6	235	44.5	3349.31	3594.60	3367.31	1.07	1.01

注：N_1 为文献[71]中公式计算所得轴压极限承载力，N_2 为文献[71]中数值模拟所得轴压极限承载力，N_{u8} 为由本节公式（3.138）计算所得轴压极限承载力。

3. 参数分析

1）初应力和中间主应力

参数 b 为反映中间主剪应力以及相应面上的正应力对材料破坏影响程度的系数，b 的取值决定公式遵循的屈服准则。当 $b = 0$ 时，式（3.143）为 Tresca 屈服准则的轴压极限承载力计算公式；当 $b = 0.5$ 时，为 Mises 屈服准则的轴压极限承载力。采用式（3.143）对表 3.27 中的试件 E1~E10 进行计算，得到正八边形钢管混凝土柱的极限承载力 N_u 随着初应力 σ_0 与参数 b 的变化曲线如图 3.68（a）、（b）所示；采用式（3.143）对表 3.28 中的试件 H1~H10 进行计算，得到正六边形钢管混凝土柱的极限承载力 N_u 随着初应力 σ_0 与参数 b 的变化曲线如图 3.68（c）、（d）所示。

表 3.27　正八边形钢管混凝土柱模拟试件参数

试件编号	h/m	L/mm	t/mm	f_y/MPa	f_c/MPa	试件编号	h/m	L/mm	t/mm	f_y/MPa	f_c/MPa
E1	3	200	10	345	26.8	E9	3	400	10	345	26.8
E2	3	200	10	345	26.8	E10	3	400	10	345	26.8
E3	3	200	10	345	26.8	E11	3	200	6	345	26.8
E4	3	200	10	345	26.8	E12	3	200	6	345	26.8
E5	3	200	10	345	26.8	E13	3	200	6	345	26.8
E6	3	400	10	345	26.8	E14	3	200	6	345	26.8
E7	3	400	10	345	26.8	E15	3	200	6	345	26.8
E8	3	400	10	345	26.8						

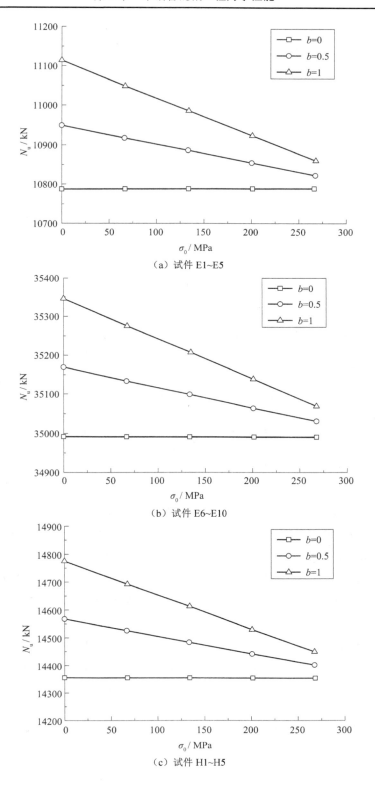

（a）试件 E1~E5

（b）试件 E6~E10

（c）试件 H1~H5

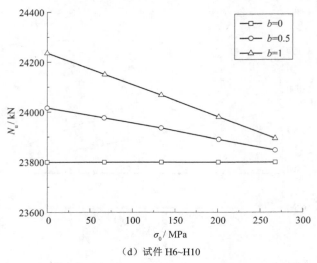

（d）试件 H6~H10

图 3.68 σ_0 和 b 对 N_u 的影响

表 3.28   正六边形钢管混凝土柱模拟试件参数

试件编号	h/m	L/mm	t/mm	f_y /MPa	f_c /MPa	试件编号	h/m	L/mm	t/mm	f_y /MPa	f_c /MPa
H1	3	300	10	345	26.8	H9	3	400	10	345	26.8
H2	3	300	10	345	26.8	H10	3	400	10	345	26.8
H3	3	300	10	345	26.8	H11	3	400	20	345	26.8
H4	3	300	10	345	26.8	H12	3	400	20	345	26.8
H5	3	300	10	345	26.8	H13	3	400	20	345	26.8
H6	3	400	10	345	26.8	H14	3	400	20	345	26.8
H7	3	400	10	345	26.8	H15	3	400	20	345	26.8
H8	3	400	10	345	26.8						

由图 3.68 可见，当 b=0 时，随着初应力的增加，钢管混凝土柱极限承载力没有改变。b=0.5 时，对于正八边形截面钢管混凝土柱，初应力由 0 增加至 268MPa，E1~E5 计算得到的极限承载力由 10950kN 降低至 10823kN，降低了 1.16%，E6~E10 计算得到的极限承载力由 35167kN 降低至 35030kN，降低了 0.39%；对于正六边形截面钢管混凝土柱，初应力由 0 增加到 238MPa，H1~H5 计算得到的极限承载力由 14565kN 降低至 14402kN，降低了 1.12%，H6~H10 计算得到的极限承载力由 24016kN 降低至 23848kN 降低了 0.70%。当 b=1 时，对于正八边形截面钢管混凝土柱，初应力由 0 增加至 268MPa，E1~E5 计算得到的极限承载力由 11113kN 降低至 10860kN，降低了 2.28%，E6~E10 计算得到的极限承载力由 35344kN 降低至 35069kN，降低了 0.78%；对于正六边形截面钢管混凝土柱，初应力由 0 增加到 238MPa，H1~H5 计算得到的极限承载力由 14774kN 降低

至 14448kN，降低了 2.21%，H6~H10 计算得到的极限承载力由 24233kN 降低至 23896kN，降低了 1.39%。b=0.5 时，初应力导致的极限承载力降低值与无初应力时钢管混凝土柱极限承载力的比值为 0.4%~1.7%；当 b=1 时，初应力导致的极限承载力降低值与无初应力时钢管混凝土柱极限承载力的比值为 0.8%~3.3%。

2）混凝土强度提高系数

混凝土强度提高系数 k 为反映钢管对核心混凝土约束情况的参数，$k = \dfrac{1 + \sin\theta}{1 - \sin\theta}$，$\theta$ 为混凝土的内摩擦角，三轴受压混凝土得出的内摩擦角变化范围为 30°~50°，侧压力小，内摩擦角大，侧压力大，内摩擦角小，相应的 k 值在 1.0~7.0 变化。钢管混凝土柱计算时一般取 k =1.5~3，具体值可由试验确定[10]。

为了验证混凝土强度提高系数对考虑初应力的钢管混凝土柱轴压极限承载力的影响，现取 k =1.5、2、2.5、3，采用式（3.143）对表 3.27 中的试件 E1~E10 进行计算，得到正八边形钢管混凝土柱的极限承载力 N_u 随初应力 σ_0 与混凝土强度提高系数 k 的变化曲线如图 3.69（a）、（b）所示。图 3.69（c）、（d）为正六边形钢管混凝土柱的极限承载力随初应力 σ_0 与混凝土强度提高系数 k 的变化曲线。

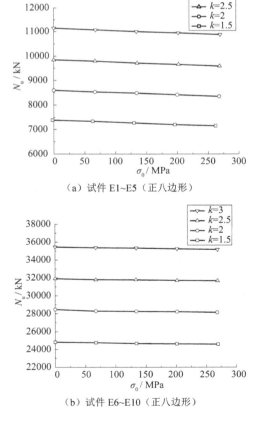

（a）试件 E1~E5（正八边形）

（b）试件 E6~E10（正八边形）

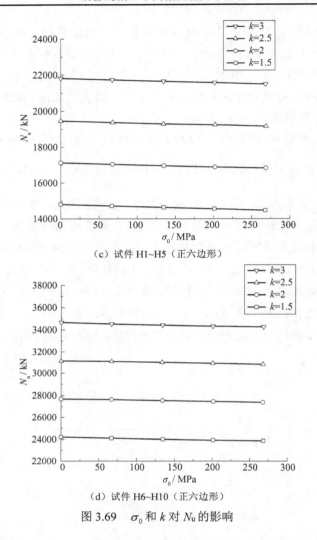

（c）试件 H1~H5（正六边形）

（d）试件 H6~H10（正六边形）

图 3.69 σ_0 和 k 对 N_u 的影响

由图 3.69 可知，若不考虑初应力，k 的取值由 1.5 增加到 3 时，对于试件 E1，计算得到的极限承载力由 7322kN 增长至 11113kN；对于试件 H1，计算得到的极限承载力由 14774kN 增长至 21798kN；计算得到的极限承载力增量可达 50%。由于 k 值的变化对钢管混凝土柱轴压极限承载力影响较大，在钢管混凝土构件的设计过程中，应进行必要的试验研究，再结合数值模拟，确定在不同情况下混凝土强度提高系数 k 的取值。

3）广义宽厚比

采用式（3.143）对表 3.27 中的试件 E1 进行计算，得到 b 取值不同的情况下，N_u 随着 ψ 变化曲线，如图 3.70（a）所示。对表 3.28 中的试件 H1 进行计算，得到正六边形钢管混凝土柱极限承载力随着广义宽厚比 ψ 的变化曲线，如图 3.70（b）所示。

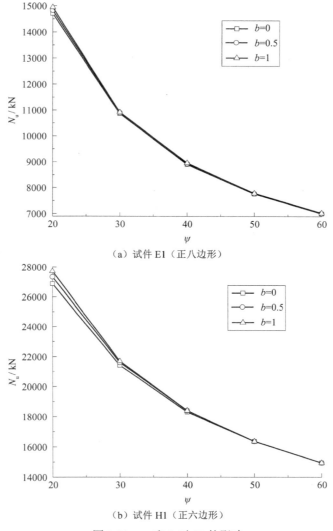

（a）试件 E1（正八边形）

（b）试件 H1（正六边形）

图 3.70　ψ 和 b 对 N_u 的影响

由图 3.70 可知，无论采用哪种强度理论进行计算，广义宽厚比 ψ 对 N_u 的影响均较大，ψ 越大，N_u 值越小。ψ 值大即钢管壁厚相对较小，表明钢管的承载力小。图中也可看出 b 的取值大，计算得出的极限承载力较高。

4）长细比

本节引入了考虑长细比影响的稳定系数 φ，采用式（3.143）分别对表 3.27 中的试件 E1~E5 及表 3.28 中试件 H1~H5 进行计算，得到 N_u 在长细比 λ 取值不同的情况下随初应力 σ_0 的变化曲线如图 3.71（a）、（b）所示。

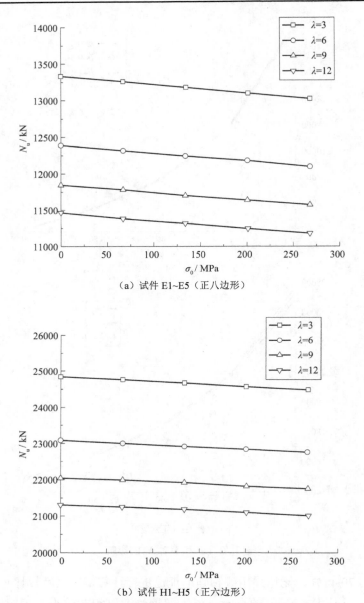

（a）试件 E1~E5（正八边形）

（b）试件 H1~H5（正六边形）

图 3.71　σ_0 和 λ 对 N_u 的影响

　　由图 3.71 可知，长细比对于钢管混凝土柱极限承载力的影响较大，在 σ_0 一定时，λ 越大，N_u 越小。因为长细比 λ 越大，φ 越小，所以 φ 越大，越趋向短柱，N_u 越大。由于 φ 是考虑长细比影响的稳定系数，随长细比 λ 的增大而减小，λ 越大说明稳定性越差，由式（3.143）可得，φ 直接影响 N_u，因此 N_u 随 φ 的增大而增大，即随 λ 的增大而减小。

在 σ_0 一定时，采用式（3.143）分别对表 3.27 中的试件 E1 和表 3.28 中的试件 H1 进行计算，得到 b 取值不同的情况下，N_u 随着长细比的变化曲线如图 3.72（a）、（b）所示。

由图 3.72 可得，随着 b 的增大，N_u 增大；随着长细比 λ 增大，N_u 减小，且减小幅度越来越小。由式 $\lambda = h/L$ 可得，随着 λ 的增加，φ 指数减小，所以 N_u 随 λ 增大而减小的幅度越来越小。图 3.72 中也可看出 b 的取值越大，计算得出的极限承载力越高。

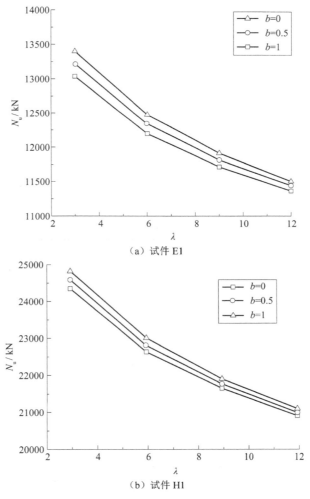

（a）试件 E1

（b）试件 H1

图 3.72　λ 和 b 对 N_u 的影响

4. 数值模拟

1）有限元模型的建立

钢管混凝土柱的外钢管和核心混凝土均采用 solid45 实体单元，设定混凝土等级为 C40，钢材等级为 Q345，对边长、高度、钢管厚度、初应力各异的八边形和六边形钢管混凝土柱进行模拟，进一步验证公式的可靠性。具体数据见表 3.27 和表 3.28。

钢材的应力-应变关系采用四折线本构模型，如图 3.73 所示。核心混凝土采用 Hognested 素混凝土模型，应力-应变曲线上升到峰值后为水平直线，如图 3.74 所示。本节选用的钢材和混凝土的本构关系模型均服从 ANSYS 提供的等向强化 Mises 屈服准则。

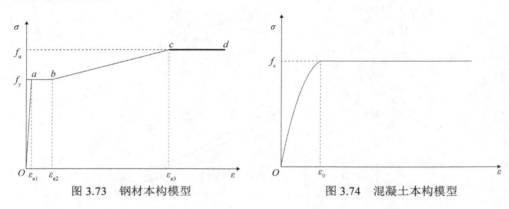

图 3.73　钢材本构模型　　　　　　　　图 3.74　混凝土本构模型

正八边形钢管混凝土柱沿柱高划分了 20 个单元,正八边形截面划分为形状不同但排布均匀的四边形单元，如图 3.75 所示。正六边形钢管混凝土柱沿柱高划分了 20 个单元，正六边形截面划分为形状不同但排布均匀的四边形单元，如图 3.76 所示。

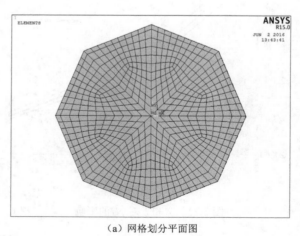

（a）网格划分平面图

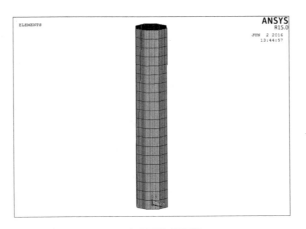

（b）钢管网格划分图

图 3.75　正八边形钢管混凝土柱网格划分

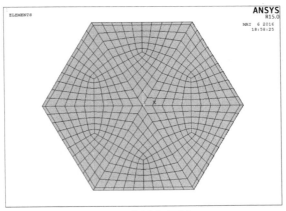

（a）网格划分平面图

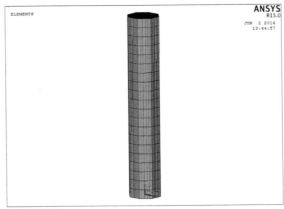

（b）钢管网格划分图

图 3.76　正六边形钢管混凝土柱网格划分

对柱有限元模型边界条件进行设定,底面约束 x、y、z 三个方向自由度,顶面约束 x、y 方向自由度。正八边形钢管混凝土柱顶面约束示意图见图 3.77。在不考虑初应力时,正多边形钢管混凝土柱有限元模型的加载方式采用位移加载控制;在考虑初应力时,采用位移和力共同加载的方式。

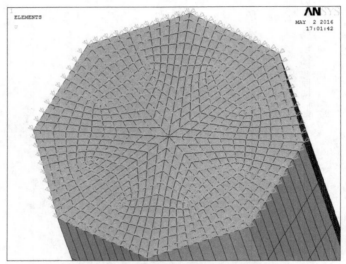

图 3.77　正八边形钢管混凝土柱顶面约束示意图

2)有限元模型的验证

将本节正八边形钢管混凝土柱极限承载力数值模拟计算结果与表 3.27 中数据通过式(3.143)的计算结果进行比较,对比结果如表 3.29 所示。

表 3.29　正八边形钢管混凝土柱极限承载力数值模拟结果与公式计算结果比较

试件编号	h/mm	L/mm	t/mm	f_y/MPa	f_c/MPa	σ_0/MPa	N_u/kN	N'/kN	N'/N
E1	3000	200	10	345	26.8	0	10868.93	11722.50	1.08
E2	3000	200	10	345	26.8	67	10853.12	11487.40	1.06
E3	3000	200	10	345	26.8	134	10837.32	11309.80	1.04
E4	3000	200	10	345	26.8	201	10821.51	11120.00	1.03
E5	3000	200	10	345	26.8	268	10805.70	10917.90	1.01
E6	3000	400	10	345	26.8	0	35079.20	35270.90	1.01
E7	3000	400	10	345	26.8	67	35062.03	34567.50	0.99
E8	3000	400	10	345	26.8	134	35044.85	34216.30	0.98
E9	3000	400	10	345	26.8	201	35027.67	33841.50	0.97
E10	3000	400	10	345	26.8	268	35010.49	33442.30	0.96
E11	3000	200	6	345	26.8	0	8409.65	9234.34	1.10
E12	3000	200	6	345	26.8	67	8403.96	9059.25	1.08
E13	3000	200	6	345	26.8	134	8398.27	8935.10	1.06

试件编号	h/mm	L/mm	t/mm	f_y/MPa	f_c/MPa	σ_0/MPa	N_u/kN	N'/kN	N'/N
E14	3000	200	6	345	26.8	201	8392.58	8802.36	1.05
E15	3000	200	6	345	26.8	268	8386.88	8660.45	1.03

注：N_u 为式（3.143）计算极限承载力，N' 为本节数值模拟极限承载力。

　　由表 3.29 可知，在针对考虑初应力的正八边形钢管混凝土柱轴压极限承载力的研究中，本节数值模拟结果与公式计算结果吻合良好，数值模拟值与公式计算值的比值平均值为 1.0286，方差为 0.0018，验证了本节数值分析方法的正确性。

　　将本节正六边形钢管混凝土柱极限承载力数值模拟计算结果与表 3.28 中数据通过式（3.134）的计算结果进行比较，对比结果如表 3.30 所示。

表 3.30　正六边形钢管混凝土柱极限承载力数值模拟结果与公式计算结果比较

试件编号	h/mm	L/mm	t/mm	f_y/MPa	f_c/MPa	σ_0/MPa	N_u/kN	N'/kN	N'/N
H1	3000	300	10	345	26.8	0	14460.20	15436.12	1.07
H2	3000	300	10	345	26.8	67	14439.83	15353.71	1.06
H3	3000	300	10	345	26.8	134	14419.47	15206.24	1.05
H4	3000	300	10	345	26.8	201	14399.10	15083.86	1.05
H5	3000	300	10	345	26.8	268	14378.73	14892.60	1.04
H6	3000	400	10	345	26.8	0	23908.34	24103.62	1.01
H7	3000	400	10	345	26.8	67	23887.30	23815.67	1.00
H8	3000	400	10	345	26.8	134	23866.26	23605.97	0.99
H9	3000	400	10	345	26.8	201	23845.23	23412.15	0.98
H10	3000	400	10	345	26.8	268	23824.19	23158.97	0.97
H11	3000	400	20	345	26.8	0	32883.38	34365.69	1.05
H12	3000	400	20	345	26.8	67	32799.23	34053.69	1.04
H13	3000	400	20	345	26.8	134	32715.08	33795.48	1.03
H14	3000	400	20	345	26.8	201	32630.92	33428.96	1.02
H15	3000	400	20	345	26.8	268	32546.77	33186.39	1.02

　　由表 3.30 可知，在针对考虑初应力的正六边形钢管混凝土柱轴压极限承载力的研究中，本节数值模拟结果与公式计算结果吻合良好，数值模拟值与公式计算值的比值平均值为 1.0251，方差为 0.000831，验证了本节数值分析方法的正确性，同时也说明本节公式（3.143）在其他正多边形钢管混凝土柱的研究中适用性良好。

　　当不考虑初应力时，钢管混凝土柱中的外钢管达到屈服的应力云图如图 3.78所示，核心混凝土的应力达到屈服时的应力云图如图 3.79 所示。

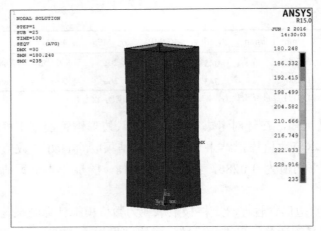

（a）方钢管

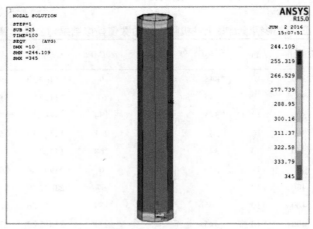

（b）正八边形

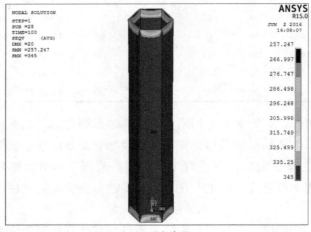

（c）正六边形

图 3.78　不考虑初应力时钢管混凝土柱外钢管屈服应力云图

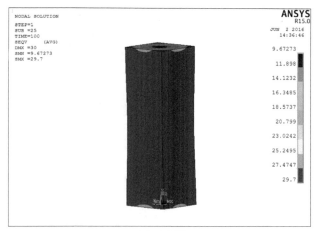

（a）方钢管

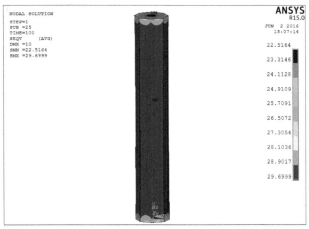

（b）正八边形

（c）正六边形

图 3.79　不考虑初应力时钢管混凝土柱核心混凝土屈服应力云图

　　当考虑初应力时，设定初应力度为 0.8，钢管混凝土柱中的外钢管达到屈服的应力云图如图 3.80 所示，核心混凝土的应力达到屈服时的应力云图如图 3.81 所示。

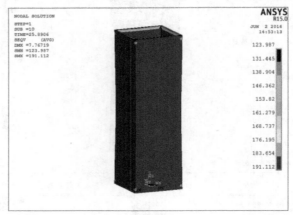
（a）方钢管

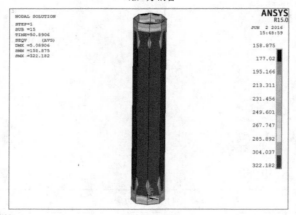
（b）正八边形

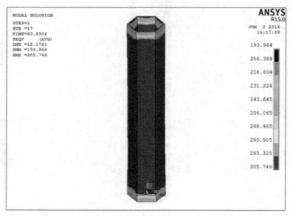
（c）正六边形

图 3.80　考虑初应力时钢管混凝土柱外钢管屈服应力云图

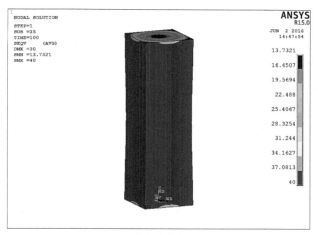

（a）方钢管

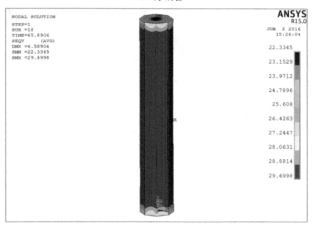

（b）正八边形

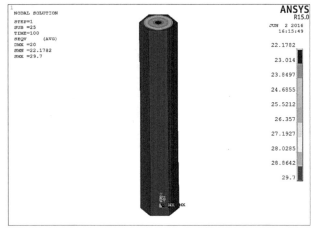

（c）正六边形

图 3.81　考虑初应力时钢管混凝土柱核心混凝土屈服应力云图

　　由应力云图可见，有无钢管初应力的钢管混凝土柱应力无明显差异，说明钢管初应力只改变了钢管混凝土柱的轴压极限承载力，并没有改变钢管混凝土柱的破坏形态。

　　3）初应力的影响

　　为了研究钢管初应力对钢管混凝土柱外钢管应力的影响，本节只考虑钢管初应力，并对竖向位移加载的钢管混凝土柱进行有限元模拟，模拟结果如图 3.82 所示。

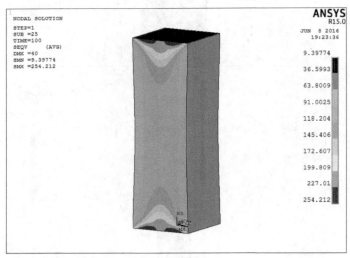

（a）方钢管

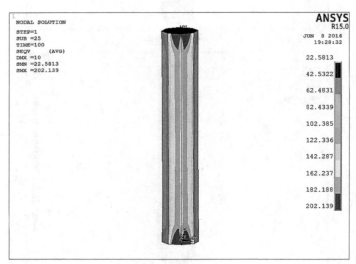

（b）正八边形

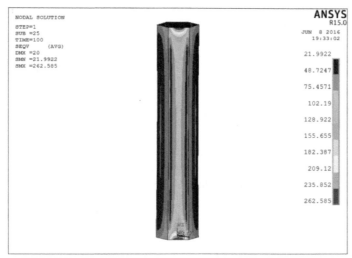

（c）正六边形

图 3.82　初应力作用下钢管混凝土柱外钢管应力云图

图 3.82 表明，钢管初应力对钢管混凝土结构的外钢管承载力具有一定影响，在没有其他荷载的情况下，钢管初应力对钢管角部的影响较大。

3.4　本 章 小 结

本章针对不同截面的单钢管混凝土柱力学性能进行了试验研究、理论分析和有限元数值模拟，主要研究工作和所得结论简要归纳如下：

（1）圆钢管再生混凝土柱与方钢管再生混凝土柱在轴压荷载作用下呈剪切型破坏，钢纤维的掺量对其破坏形态无明显影响，但对其轴压承载力和延性有一定提高。本书建议钢纤维的体积掺量取值为1.0%~1.5%。

（2）考虑中间主应力及材料的拉压异性对构件承载力的影响，基于统一强度理论推导出适用于圆形截面、方形截面和多边形截面的钢管普通混凝土柱、钢管再生混凝土柱、钢管轻骨料混凝土柱以及钢管 RPC（活性粉末混凝土）柱的承载力理论解。

（3）依据统一强度理论所建立的钢管混凝土柱轴压承载力理论解与本书中的试验数据、有限元分析以及相关文献结果，均吻合良好，验证了将统一强度理论应用于钢管混凝土柱的承载力计算是可行的，且具有较高精度，该系列公式均具有广泛的适用性。

（4）通过参数分析，探讨了拉压强度比、强度理论参数、混凝土强度、截面含钢率、宽厚比、长细比、套箍系数、初应力等因素对钢管混凝土柱轴压承载力的影响规律，便于指导工程设计。

参 考 文 献

[1] 赵均海, 顾强, 马淑芳. 基于双剪统一强度理论的轴心受压钢管混凝土承载力的研究[J]. 工程力学, 2002, 19(2): 34-37.

[2] 赵均海, 顾强, 马淑芳. 钢管混凝土偏心受压承载力的试验及理论研究[J]. 工程力学, 2001, 18(S2): 273-276.

[3] 张兆强, 赵均海, 徐羊. 圆钢管钢纤维再生混凝土短柱轴压性能试验研究[J]. 混凝土, 2016, (1): 5-8.

[4] 肖海兵, 赵均海, 孙楚平, 等. 薄壁钢管轻骨料混凝土轴压短柱承载力分析[J]. 建筑结构, 2012, 42(11): 101-106.

[5] 朱倩. 钢管 RPC 短柱静力及抗冲击性能研究[D]. 西安: 长安大学, 2014.

[6] 蔡绍怀, 焦占拴. 钢管混凝土短柱的基本性能和强度计算[J]. 建筑结构学报, 1984, 5(6): 13-29.

[7] 俞茂宏. 双剪理论及其应用[M]. 北京: 科学出版社, 1998.

[8] 周起敬, 姜维山, 潘泰华. 钢管混凝土组合结构设计施工手册[M]. 北京: 中国建筑工业出版社, 1991.

[9] 韩林海, 杨有福. 矩形钢管混凝土轴心受压构件强度承载力的试验研究[J]. 土木工程学报, 2001, 34(4): 22-31.

[10] 赵均海. 强度理论及其工程应用[M]. 北京: 科学出版社, 2003.

[11] 哈尔滨工业大学, 中国建筑科学研究院.钢管混凝土结构技术规程: CECS 28:2012 [S]. 北京: 中国计划出版社, 2012.

[12] 华北电力设计院.钢-混凝土组合结构设计规程: DL/T 5085-1999 [S]. 北京: 中国电力出版社, 1999.

[13] 福州大学, 福建省建筑科学研究院.钢管混凝土结构技术规程: DBJ/T 13-51—2010 [S]. 福州: 福建省住房和城乡建设厅, 2010.

[14] Sakino K, Nakahara H, Morino S, et al. Behavior of centrally loaded concrete-filled steel-tube short columns[J]. Journal of Structural Engineering, ASCE, 2004, 130(2): 180-188.

[15] 王秋萍. 薄壁钢管混凝土轴压柱力学性能的试验研究[D]. 哈尔滨: 哈尔滨工业大学, 2002.

[16] 蔡绍怀. 现代钢管混凝土结构[M]. 北京: 人民交通出版社, 2003

[17] 杨明. 钢管约束下核心轻集料混凝土基本力学性能研究[D]. 南京: 河海大学, 2006.

[18] 王晓亮. 钢管高强轻集料混凝土短柱轴压力学性能试验研究[D]. 南京: 河海大学, 2006.

[19] 陶忠, 于清. 新型组合结构柱——试验、理论与方法[M]. 北京: 科学出版社, 2006.

[20] 王仁, 熊祝华, 黄文彬. 塑性力学基础[M]. 北京: 科学出版社, 1982.

[21] 王卓. 厚、薄壁钢管混凝土轴压短柱承载力的统一解[J]. 广东建材, 2009, 25(6): 16-19.

[22] Yu M H. Unified strength theory and its applications[M]. Berlin: Springer Press, 2004.

[23] Elkhabeey O H, Safar S S, Mourad S A. Analysis and design of axially loaded short concrete filled steel tubes[J]. Journal of Engineering and Applied Science, 2012, 59(2): 149-167.

[24] 吴寒亮, 王元丰. 钢管混凝土柱的尺寸效应研究[C]. 中国钢结构协会钢-混凝土组合结构分会第十一次学术会议, 长沙, 2008, 22-25.

[25] Muhlhaus H B, Aifantis E C. A variational principle for gradient plasticity[J]. International Journal of Solids and Structures, 1991, 28(7): 845-857.

[26] Gao X L. Strain gradient plasticity solution for an internally pressurized thick-walled cylinder of an elastic linear-hardening material[J]. Zeitschrift for Angewandte Mathematik and Physik, 2007, 58(1):161-173.

[27] 余同希. 塑性力学[M]. 北京: 高等教育出版社, 1989.

[28] 徐秉业, 刘信声. 应用弹塑性力学[M]. 北京: 清华大学出版社, 1995.

[29] 王钟羡. 用双剪强度理论对厚壁圆筒的极限分析[J]. 江苏理工大学学报, 1997, 18(2): 81-84.

[30] 薛立红, 蔡绍怀. 钢管混凝土柱组合界面的粘结强度(下) [J]. 建筑科学, 1996, (4): 19-23.

[31] 康希良. 钢管混凝土组合力学性能及粘结滑移性能研究[D]. 西安: 西安建筑科技大学, 2008.

[32] 肖海兵. 薄壁钢管轻骨料混凝土轴压短柱承载力研究[D]. 西安: 长安大学, 2009.

[33] Han L H, Yao G H, Tao Z. Performance of concrete-filled thin-walled steel tubes under pure torsion[J]. Thin-Walled Structures, 2007, 45(1): 24-36.

[34] 聂志峰, 周慎杰, 韩汝军, 等. 应变梯度弹性理论下微构件尺寸效应的数值研究[J]. 工程力学, 2012, 29(6):

38-46.

[35] 吴炎海, 林震宇. 钢管活性粉末混凝土轴压短柱受力性能试验研究[J]. 中国公路学报, 2005, 18(1): 57-62.

[36] 田志敏, 张想柏, 冯建文, 等. 钢管超高性能RPC短柱的轴压特性研究[J]. 地震工程与工程振动, 2008, 28(1): 99-107.

[37] 杨吴生. 钢管活性粉末混凝土力学性能及其极限承载力研究[D]. 长沙: 湖南大学, 2003.

[38] 戎芹, 曾宇声, 侯晓萌, 等. 圆钢管RPC轴压短柱有限元分析与承载力计算[J]. 哈尔滨工业大学学报, 2018, 50(12): 61-66.

[39] 林震宇, 吴炎海, 沈祖炎. 圆钢管活性粉末混凝土轴压力学性能研究[J]. 建筑结构学报, 2005, 26(4): 52-57.

[40] 李小伟, 赵均海, 朱铁栋, 等. 方钢管混凝土轴压短柱的力学性能[J]. 中国公路学报, 2006, 19(4): 77-81.

[41] 张兆强. 钢管钢纤维再生混凝土短柱轴压性能及其框架节点抗震性能研究[D]. 西安: 长安大学, 2018.

[42] 赵均海, 张永强, 廖红建, 等. 用统一强度理论求厚壁圆筒和厚壁球壳的极限解[J]. 应用力学学报, 2000, 17(1): 157-161.

[43] Kenji S, Hiroyuki N, Shosuke M, et al. Behaviour of centrally loaded concrete-filled steel-tube short columns[J]. Journal of Structural Engineering, 2004, 130(2): 180-188.

[44] 韩林海, 陶忠. 方钢管混凝土轴压力学性能的理论分析与试验研究[J]. 土木工程学报, 2001, 34(2): 17-25.

[45] 同济大学, 浙江杭萧钢构股份有限公司. 矩形钢管混凝土结构技术规程: CECS 159: 2004 [S]. 北京: 中国计划出版社, 2004.

[46] 海军后勤部. 战时军港抢修早强型组合结构技术规程: GJB 4142—2000 [S]. 北京: 中国人民解放军总后勤部, 2000.

[47] 钟善桐. 钢管混凝土结构[M]. 北京: 清华大学出版社, 2003.

[48] 李军涛, 徐金俊, 陈宗平, 等. 方钢管约束再生混凝土中长柱轴压性能退化研究[J]. 混凝土, 2014, (8): 17-20.

[49] 李军涛, 徐金俊, 陈宗平, 等. 圆钢管再生混凝土中长柱轴压性能退化研究[J]. 混凝土, 2015, (4): 57-59, 64.

[50] The European Committee for Standardization members. Design of steel structures-Part 1-8: Design of joints: EN 1993-1-8:2005 [S]. London: British Standards Institution, 2005.

[51] 中南建筑设计院. 冷弯薄壁型钢结构技术规范: GB 50018—2002 [S]. 北京: 中国计划出版社, 2002.

[52] 翟越, 赵均海, 计琳等. 钢管混凝土轴向受压短柱承载力的统一解[J]. 长安大学学报(自然科学版), 2006, 26(3): 55-58.

[53] 何明胜, 刘新义. 方形薄壁钢管轻骨料混凝土短柱轴压性能的试验研究[J]. 四川建筑科学研究, 2008, 34(2): 18-21.

[54] 周绪红, 甘丹, 刘界鹏, 等. 方钢管约束钢筋混凝土轴压短柱试验研究与分析[J]. 建筑结构学报, 2011, 32(2): 68-74.

[55] Luo X Y, Liu W P. Mechanics behavior of concrete-filled square steel tube columns[J]. Applied Mechanics and Materials, 2013, 2156(515): 662-665.

[56] Uy B, Tao Z, Han L H. Behaviour of short and slender concrete-filled stainless steel tubular columns[J]. Journal of Constructional Steel Research, 2011, 67(3): 360-378.

[57] Gan D, Zhou Z, Zhou X H, et al. Seismic behavior tests of square reinforced concrete-filled steel tube columns connected to RC beam joints [J]. Journal of Structural Engineering, 2019, 145(3）: 04018267.

[58] 吴捧捧. 自密实钢管RPC柱基本力学性能研究[D]. 北京: 北京交通大学, 2010.

[59] 封文字. 考虑初应力的正多边形截面钢管混凝土柱轴压极限承载力统一解[D]. 西安: 长安大学, 2016.

[60] 赵均海, 吴鹏, 张常光. 多边形空心钢管混凝土柱轴压极限承载力统一解[J]. 混凝土, 2013, (10): 38-43.

[61] Varma A H, Sause R, Ricles J M, et al. Development and validation of fiber model for high strength square concrete filled steel tube beam-columns[J]. American Concrete Institute Structural Journal, 2005, 102(1): 73-84.

[62] 钟善桐. 钢管混凝土统一理论: 研究与应用[M]. 北京: 清华大学出版社, 2006.

[63] 俞茂宏. 强度理论新体系: 理论、发展和应用[M]. 西安: 西安交通大学出版社, 2011.

[64] 过镇海, 时旭东. 钢筋混凝土原理和分析[M]. 北京: 清华大学出版社, 2003.

[65] Vermeer P A, de Borst, R. Non-associated plasticity for soils, concrete and rock[J]. Physics of Dry Granular Media, 1998, 29: 163-196.

[66] 曹双寅. 短期和长期负载下FRP约束混凝土应力-应变模型的理论分析与试验研究[D]. 南京: 东南大学,

2008.

[67] 查晓雄, 余敏, 黎玉婷, 等. 实空心钢管混凝土轴压承载力的统一理论和公式[J]. 建筑钢结构进展, 2011, 13(1): 2-7, 42.

[68] 王宏伟, 徐国林, 钟善桐, 等. 空心率对空心钢管混凝土轴压短柱工作性能及承载力影响的研究[J]. 工程力学, 2007, 24(10): 112-118.

[69] 余志武, 丁发兴, 林松, 等. 钢管高性能混凝土短柱受力性能研究[J]. 建筑结构学报, 2002, 23(2): 41-47.

[70] Wang Y C. Some considerations in the design of unprotected concrete-filled steel tubular columns under fire conditions[J]. Journal of Constructional Steel Research, 1997, 44(3): 203-223.

[71] 佘春燕. 多边形空心钢管混凝土强度及稳定承载力研究[D]. 哈尔滨: 哈尔滨工业大学, 2008.

第4章　复式钢管混凝土柱力学性能

本章首先介绍复式钢管混凝土柱轴压性能、偏压性能与抗震性能等方面的研究成果，包括试验研究、理论分析和数值模拟。在此基础上，运用统一强度理论分析实复式与中空夹层钢管混凝土柱的极限承载力公式，对比文献的试验数据，验证统一解的正确性，为复式钢管混凝土的设计提供简单可行的计算方法。

4.1　复式钢管混凝土柱轴压性能

本节内容主要涉及复式钢管混凝土柱轴压性能方面的研究工作，长安大学赵均海团队[1, 2]开展了试验研究、数值模拟和承载力计算，并进行了可比性分析及验证，探讨了参数影响特性。

4.1.1　复式钢管混凝土柱轴压试验研究

1. 短柱试验研究

1）试件制作

本组试验所需钢管按照表 4.1 中数据加工，钢管的端部在车床上刨平，并严格控制方钢管长度。为了避免加工而使内部圆管凸出，制作时将圆管的尺寸减小 0.5mm。试件的下端用 200mm×200mm×10mm 的钢板焊接封闭。由于内、外管均要设置应变片，为了操作简便，内管的应变片在焊接定位之前进行布置。为了避免内层钢管上的应变片因与混凝土接触而失效，在应变片上用蘸有环氧的纱布包裹，并养护 24h 以上。安装时，先在钢板上确定两根钢管的相对位置。由于管壁较薄，在焊接时避免满焊而采用点焊的焊接方式。安装内层钢管并焊接定位，焊接过程中要保证钢管竖直。若没有竖直，则应校正钢管上端，并采取措施确保管的下端不要移位。外管在焊接之前，在钢管外壁底端加工一个 10mm×10mm 的凹槽，以便内层钢管上的应变片导线能够引出。为保证试件在浇筑过程中内、外钢管的相对位置保持不变，焊点不能过少，以保证稳定性。外层钢管的应变片在浇筑混凝土并成型之后进行布置，加工成型的试件如图 4.1 所示。混凝土设计等级为 C30，由于在冬季浇筑混凝土，采用早强型硅酸盐水泥 32.5。考虑到尺寸所限（部分试件内、外管之间的最小间距只有 15mm 左右），粗骨料（卵石）最大粒径不超过 16mm，砂为中砂，外加剂为 SNF 减水剂。配合

比为 $m_{水泥}$：$m_{砂}$：$m_{粗骨料}$：$m_{水}$：$m_{外加剂}=1$：1.73：3.16：0.44：0.008，水灰比为 0.44，砂率为 0.35。采用立式分层灌注方法，每次灌注 10cm 左右并在振动台上振捣密实，养护 28d 以上。试件浇注时制作 10cm×10cm×10cm 混凝土试块，并同条件养护、振实。本组试件所用混凝土的极限抗压强度 $f_{cu}=35.2$MPa。

表 4.1　轴压短柱试件的编号和尺寸

试件编号	方管尺寸/ （mm×mm×mm）	圆管尺寸/ （mm×mm）	试件长度/mm	圆管套箍系数
G1-1	120×120×2.6	—	360	—
G1-2	120×120×2.6	Φ58.5×1.4	360	1.83
G1-3	120×120×2.6	Φ74×0.9	360	1.58
G1-4	120×120×2.6	Φ83×0.9	360	1.23

（a）浇注前　　　　　　　　　　　　　　（b）浇注后

图 4.1　复式钢管混凝土短柱试件

2）加载装置及应变片布置

试验在长安大学抗震与结构实验室 2000kN 压力试验机上进行，试件下端采用球铰，上端为全截面受压。为了测定钢管在横向及纵向的应变，在方钢管四个面中截面上各贴一片横向应变片和一片纵向应变片；在圆钢管中截面上间隔 90°贴一片横向应变片和一片纵向应变片。同时为了测定试件的横向变形和纵向变形，在试件的四周布置一只横向位移计，在试件间隔 90°的两个面外布置纵向位移计。加载装置及位移计布置示意图见图 4.2，荷载-位移试验原理图如图 4.3 所示，应变片布置示意图如图 4.4 所示。应变记录原理图如图 4.5 所示。

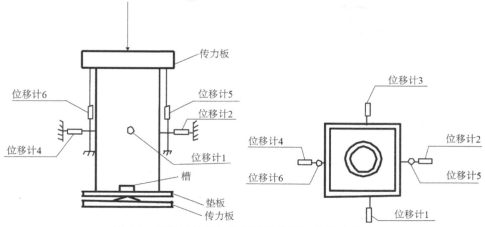

图 4.2　短柱试件的加载装置及位移计布置示意图

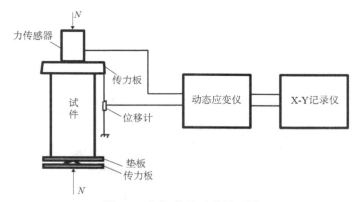

图 4.3　荷载-位移试验原理图

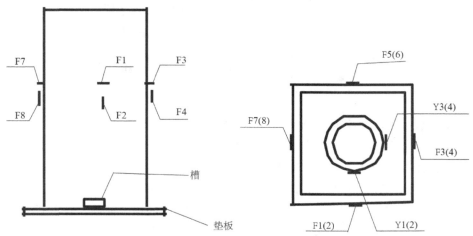

图 4.4　应变片布置示意图（括号内数字表示纵向应变片）

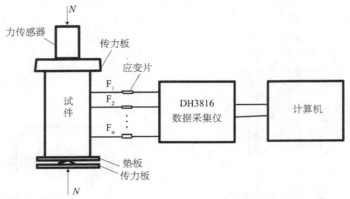

图 4.5　应变记录原理图

3）试验现象

加载前，先利用直角尺对试件进行几何对中，然后进行物理对中，待预加载检验仪表工作正常后进行正式加载。试验采用分级连续加载制度，在加载初期，每级荷载取为 60kN，在达到预估极限荷载的 50%以后施加的每级荷载为 30kN，所有试件均采用一次性加载至破坏。图 4.6 为试件 G1-4 的加载装置图。

图 4.6　试件 G1-4 的加载装置图

在加载初期，纵横向位移计度数均有变化，试件变化不明显。随着荷载的增加，偶尔有混凝土压碎的声音，混凝土横向位移计指针转速减慢，或有停止。纵向位移计读数继续变化，试件表面仍无明显变化。荷载继续增加，在试件的上端或者中部，局部开始出现凸起，此时继续缓慢加载，这些凸起缓慢发展，变形稍快，当荷载达到某一值时不再增加。此荷载即为试件的极限荷载。在此后，试件缓慢卸载，但是变形发展迅速，同时发出混凝土连续响亮的爆裂声。除试件 G1-2 在方钢管的裂缝处撕裂外，其余试件均在中部或上端凸起处形成连续的环形凸起。图 4.7 为试件 G1-4 加载后期破坏情况。

图 4.7　试件 G1-4 的破坏情况

4）轴压短柱结果分析比较

图 4.8 为试件 G1-4 的荷载-位移曲线，可以看出，当荷载很小时，曲线几乎为一条直线，继续加载，当曲线超过某一点后，曲线斜率开始变大。这说明，在该点以前钢管的泊松比大于混凝土的泊松比，两者之间几乎无约束，类似于两者处于单独受力状态，并且由于荷载较小，试件具有弹性性质。当曲线上荷载超过该点后，混凝土的横向变形将超过钢管的横向变形，两者之间产生了约束力，使试件的承载能力有所提高。但由于荷载较小，试件仍然具有弹性材料的性质。这体现在试件的荷载-位移曲线上，在曲线的斜率开始变大后，仍有一部分曲线接近直线。随着荷载的进一步增大，两者之间的约束力也不断发生变化。当钢管开始屈服后曲线也渐渐偏离直线，试件进入弹塑性阶段。此时继续加大荷载，试件进入塑性阶段。之后荷载不再增加，而变形却没有停止。

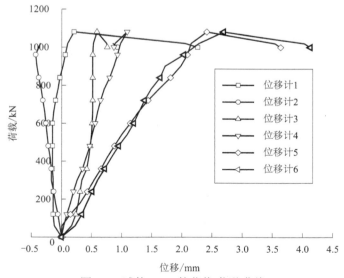

图 4.8　试件 G1-4 的荷载-位移曲线

为了分析圆钢管各参数对复式钢管混凝土柱承载力的影响，考虑到复式钢管混凝土各试件在同一面横向位移的离散性，本节选用不同试件在第五测点的荷载-位移曲线进行分析，如图4.9所示。

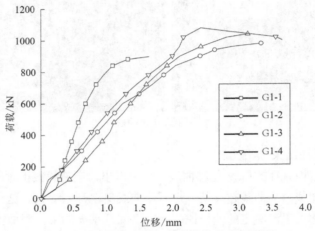

图4.9　不同试件在第五测点的荷载-位移曲线

对于单方钢管混凝土试件 G1-1，在荷载很小时，荷载与位移关系曲线呈直线变化；当荷载达到 60kN 时，曲线斜率突然变大而偏离原来的方向，但随后仍然保持直线关系；当荷载达到400kN时，曲线开始偏离直线关系，进入弹塑性阶段，此后曲线斜率不断降低；但荷载达到896kN时，荷载不再增加，此时对应的极限位移为 1.56mm。其他三根试件的荷载-位移曲线在荷载较小时也呈直线变化；当荷载达到120kN时，曲线的斜率发生改变而进入另一种直线状态；当荷载达到 800kN 时，斜率开始不断降低；当荷载达到 980kN 时，试件 G1-2 荷载不再增加，此时试件 G1-2 对应的位移为 2.66mm。其他两根试件继续加载，当达到1040kN 时，试件 G1-3 荷载不再增加，此时 G1-3 对应的位移为3.12mm。随后，当荷载达到 1080kN 时，试件 G1-4 最后达到极限荷载值，对应的位移为2.42mm，试件 G1-4 此后继续变形，荷载开始下降，最后位移为3.65mm。

复式钢管混凝土轴压短柱的试验结果见表4.2。由表4.2可以看出，复式钢管混凝土柱的承载力和延性均要优于相应的单方钢管混凝土柱。

表 4.2　复式钢管混凝土轴压短柱的试验结果

试件编号	方管屈服强度/MPa	圆管屈服强度/MPa	混凝土强度/MPa	极限承载力/kN	极限位移/mm
G1-1	407.5	—	35.2	896	1.56
G1-2	407.5	352.5	35.2	980	2.66
G1-3	407.5	680	35.2	1040	3.12
G1-4	407.5	597	35.2	1080	2.44

在本试验中，为了降低试验的复杂程度，复式钢管混凝土轴压短柱及相应的方钢管混凝土轴压短柱均采用相同规格（120mm×120mm×2.6mm）的钢管。因此在考虑复式钢管混凝土短柱承载力的提高时，必须考虑圆钢管的作用。本节定义名义承载力 N_2：$N_2 = N_1 + N_k$。式中，N_1 为与复式钢管混凝土短柱对应的单方钢管混凝土短柱的极限承载力，此处取值为 896kN；N_k 为空钢管按照强度条件确定的极限承载力。各试件圆管的参数及对承载力的影响见表 4.3。

表 4.3　圆管的参数及对承载力的影响

试件编号	厚度/mm	半径/mm	面积/mm²	套箍系数	屈服强度/MPa	N_k/kN	N_{exp}/kN	N_2/kN	$(N_{exp}-N_2)$/kN
G1-2	1.4	58.5	251	1.83	352.5	88.5	980	984.5	−4.5
G1-3	0.9	74	207	1.58	680	140.5	1040	1036.5	3.5
G1-4	0.9	83	232	1.23	597	138.5	1080	1034.5	45.5

由表 4.3 中数据可见，当采用不同的圆管时，复式钢管混凝土轴压短柱所反映的承载力特点也有所不同。图 4.10 为试件 G1-4 各测点的荷载-应变曲线。由图可以看出，该试件上除圆钢管上的 Y143 和 Y144 应变片的读数有些异常外，其他各点应变片的走向基本一致，经历了由弹性到弹塑性再到塑性的一个过程，通过与试件 G1-4 的荷载-位移曲线比较可以发现，当荷载达到极限值时，由应变片所量测各点均达到屈服。因此，组成试件 G1-4 的各部分均能很好的将其优势发挥出来。故试件 G1-4 具有良好的性能优势，能够较大幅度地提高方钢管混凝土柱的承载能力。

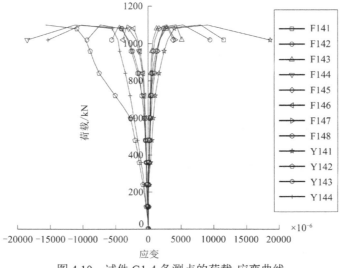

图 4.10　试件 G1-4 各测点的荷载-应变曲线

　　图 4.11 为试件 G1-2 各测点的荷载-应变曲线。由图 4.11 可以看出，横向应变与纵向应变的变化规律基本相同。当荷载较小时，试件 G1-2 各应变片读数基本呈直线变化。当荷载接近 200kN 时，方钢管上应变片读数仍按直线变化，处于弹性状态，而圆钢管上的应变片则开始偏离直线而进入弹塑性状态。此后，随着荷载的增加，这种偏离现象愈加明显。并且圆钢管所能承受的荷载将越来越小，有一部分荷载由方钢管和核心混凝土承担。此时，由于圆钢管内外均有混凝土的约束作用，试件的横向变形不明显。随着纵向变形越来越大，方钢管仍然处于弹性状态，圆管进入屈服状态。此时，大部分荷载将施加在方钢管及核心混凝土内，圆钢管不起作用。而方钢管荷载突然增加，迅速达到屈服，整个试件破坏。在整个过程中，圆钢管基本没发挥作用，其对方钢管承载力的提高作用不明显。

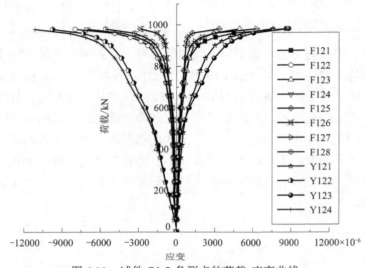

图 4.11　试件 G1-2 各测点的荷载-应变曲线

　　图 4.12 为试件 G1-3 各测点的荷载-应变曲线。各点应变片的变化基本相同，呈发散状，无明显的塑性应变，在破坏前仍然处于弹塑性阶段。因此，其承载力的提高不如试件 G1-4 明显。

　　5）影响因素分析

　　由以上分析可知，影响圆钢管轴压短柱承载力的因素主要有：

　　（1）圆钢管的强度。试件 G1-2 中的承载力小于对应的方钢管混凝土短柱与圆钢管短柱的承载力之和，说明试件 G1-2 内的圆钢管因为强度低而先于方钢管屈服，故其起不到增强约束的作用；试件 G1-3、G1-4 中的圆钢管由于强度高而不会提前屈服，故即使方钢管屈服后，仍能由圆钢管及内层混凝土继续承担荷载，因此承载力得到了提高。

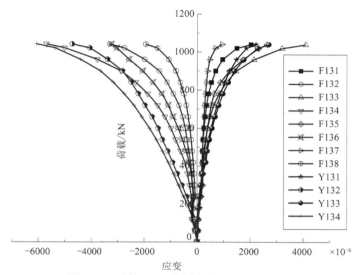

图 4.12　试件 G1-3 各测点的荷载-应变曲线

（2）圆钢管自身的承载力。试件 G1-4 中圆管（不含混凝土）由强度控制的承载力低于试件 G1-3 中圆管（不含混凝土）由强度控制的承载力，而试件 G1-4 的承载力大于试件 G1-3 的承载力。这说明，复式钢管混凝土柱承载力较对应的方钢管承载力提高的主要原因是内层混凝土因受到约束而提高了强度，而非圆钢管本身承载力的大小。

（3）圆管的管径。由于圆管对内层混凝土的约束是复式钢管混凝土柱承载力提高的主要原因，而圆钢管在提高内层混凝土约束的同时，将减弱对外层混凝土的约束，因此必须考虑内层混凝土的承载力。文献[3]中圆钢管核心混凝土的承载力表达式为

$$N_c = A_c \sigma_c \tag{4.1}$$

$$\sigma_c = f_c \left(1 + k \frac{p}{f_c} \right) \tag{4.2}$$

式中，k 为混凝土强度提高系数；f_c 为混凝土轴心抗压强度。

极限侧向荷载为

$$p = f_c \cdot \theta \frac{k-1}{\sqrt{3\left[3 + (k-1)^2 \right]}} \tag{4.3}$$

套箍系数为

$$\zeta = \frac{f_y A_s}{f_c A_c} \tag{4.4}$$

将式（4.2）～式（4.4）代入式（4.1）得

$$N_{c} = A_{c}f_{c} + k\frac{k-1}{\sqrt{4\left[3+\left(k-1\right)^{2}\right]}}A_{s}f_{y} \tag{4.5}$$

由式（4.5）可知，圆钢管核心混凝土承载力随着混凝土面积的增加而增大，而混凝土的面积又反映了圆管管径的大小。

2. 长柱试验研究

1）试件制作

制作试件所需的材料尺寸按照表 4.4 取值，试件的制作过程与轴压短柱试件相同。不过，由于此组试件的长细比较大，在空钢管的焊接安装过程中，需反复调直和校中，以免钢管倾斜并保证两根钢管的同心位置。混凝土的配合比、浇注和振捣方法同轴压短柱试件。本组试件所用混凝土的极限抗压强度 $f_{cu}=35.8MPa$。

表 4.4   轴压长柱试件的编号和尺寸

试件编号	方管尺寸/（mm×mm×mm）	圆管尺寸/(mm×mm)	试件长度/mm	长细比
G4-1	120×120×2.6	—	1500mm	12.5
G4-2	120×120×2.6	Φ58.5×1.4	1500mm	12.5
G4-3	120×120×2.6	Φ74×0.9	1500mm	12.5
G4-4	120×120×2.6	Φ83×0.9	1500mm	12.5

2）加载装置

试件的下端为球铰，上端为全截面受压。长柱在轴向压力下发生挠度变化，而挠度的方向是未知的。因此，为了测得试件在整个受压过程中的挠度变化，在试件的四个面上均布置一个横向位移计，同时分别在试件相邻的两个面上布置一个纵向位移计，以测得试件的纵向位移。长柱试件的加载装置和位移计的布置如图 4.13 所示。试件的应变片布置同短柱试件的应变片布置。图 4.14 为长柱试件的试验装置图。

3）加载方案及试验现象

采用单调加载的方案，在初始阶段，每级荷载为 60kN，当试件开始出现挠度时每级荷载减为 30kN，一次加载至试件破坏。当荷载很小时，试件无明显变化，随着荷载的增加，在钢管的中部沿截面四周开始均匀向外膨胀，此后荷载继续增加，在试件膨胀的地方，有一面较其他面更为凸出。于是试件开始弯曲，出现了挠度，在出现挠度之后的一段时间内，挠度缓慢发展，变化幅度不大。当达到某一荷载后，挠度变化很快，最后以试件的失稳而破坏。所有试件均表现为柱子发生侧向挠曲，最后丧失稳定而破坏。图 4.15 为试件 G4-2 破坏后的变形情况。

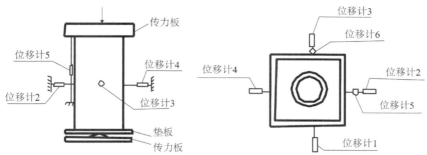

图 4.13 长柱试件的加载装置和位移计布置示意图

图 4.14 长柱试件的试验装置图   图 4.15 试件 G4-2 破坏后的变形情况

4）轴压长柱试验结果分析

图 4.16 为试件 G4-2 的荷载-位移曲线。由图 4.16 可以看出，当荷载较小时，变形与荷载基本呈线性关系。当荷载达到极限荷载的 60%~70%时，挠度（即横向变形）发展速度较快，故曲线的斜率降低，开始偏离原来直线的方向。纵向位移具有相同的规律。

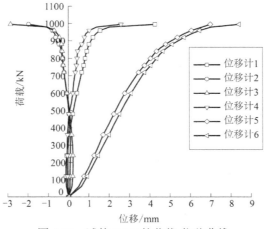

图 4.16 试件 G4-2 的荷载-位移曲线

图 4.17 为试件 G4-2 的荷载-应变曲线。从图中可以看出，试件 G4-2 中各点的应变曲线基本重合，这说明，两根钢管在加载过程中基本处于相同的应力状态，在极限载荷的 60%~70%以前，曲线近似为直线关系，在这之后，曲线开始偏离直线，材料进入弹塑性状态，最后同时屈服。

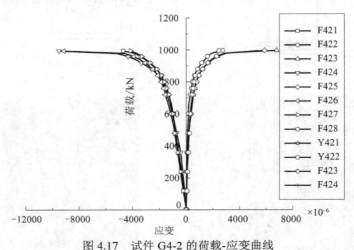

图 4.17　试件 G4-2 的荷载-应变曲线

图 4.18 为各长柱试件的荷载-纵向位移曲线。通过对图 4.18 中各曲线的比较，发现复式钢管混凝土长柱的延性和承载力要优于与之相对应的方钢管混凝土长柱。因此，复式钢管混凝土长柱较方钢管混凝土长柱具有良好的稳定性。复式钢管混凝土轴压长柱试验结果见表 4.5。

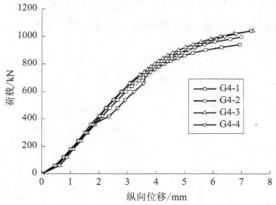

图 4.18　长柱试件的荷载-纵向位移曲线

表 4.5　复式钢管混凝土轴压长柱的试验结果

试件编号	方管屈服强度 /MPa	圆管屈服强度 /MPa	混凝土强度 /MPa	极限承载力/kN	极限位移/mm
G4-1	407.5	—	35.8	940	6.97

试件编号	方管屈服强度 /MPa	圆管屈服强度 /MPa	混凝土强度 /MPa	极限承载力/kN	极限位移/mm
G4-2	407.5	352.5	35.8	996	6.99
G4-3	407.5	680	35.8	1040	7.39
G4-4	407.5	597	35.8	1060	7.42

4.1.2　中空夹层复式钢管混凝土柱轴压数值模拟

1. 有限元模型的建立

在复式钢管混凝土柱的试验中，利用应变片和位移计来测量构件的变形情况。但是受现实条件的限制，只能选取部分测点来分析试件的力学性能。并且由于操作问题或实验设备的问题，在实验数据当中往往存在着不可预期的误差。然而使用有限元方法，将结构离散成单元，通过这些单元的力学特点，可以得到准确的实验信息。因此，本节将利用 ANSYS 软件，以试件 G1-3 为例，对轴心受压短柱进行有限元分析，以便对试验作进一步的补充。

1）单元的选取

钢管单元类型选用六面体八节点 solid45 单元。混凝土单元选取八节点六面体单元 solid65，可以考虑混凝土的压碎和开裂。此单元模型在一般范围内可以较好地进行钢筋混凝土的非线性分析。

2）实常数定义

用来模拟钢管的 solid45 单元不需指定实常数，而与 solid45 单元类似的 solid65 单元则可以定义实常数。通过这些实常数给定 solid65 单元在三维空间各个方向的钢筋材料编号、位置、角度和配筋率。对于墙、板等钢筋分布比较密集而又均匀的构件形式，一般使用这种整体式混凝土模型。但在钢管混凝土结构中，因为核心混凝土内不设置钢筋，故可不用指定实常数。

3）本构关系

（1）圆钢管中核心混凝土的本构关系。圆钢管中核心混凝土的本构关系采用文献[4]中用数学函数表达的本构关系：

$$\sigma_c = \sigma_n \left[A \frac{\varepsilon}{\varepsilon_0} - B \left(\frac{\varepsilon}{\varepsilon_0} \right)^2 \right], \quad \varepsilon \leqslant \varepsilon_0 \qquad (4.6)$$

$$\sigma_c = \sigma_n (1-q) + \sigma_n q \left(\frac{\varepsilon}{\varepsilon_0} \right)^{(0.2+a_c)}, \quad \varepsilon > \varepsilon_0 \qquad (4.7)$$

其中

$$\sigma_{\mathrm{n}} = f_{\mathrm{ck}}\left[1 + \left(\frac{30}{f_{\mathrm{cu}}}\right)^{0.4}\left(-0.0626\zeta^2 + 0.4848\zeta\right)\right] \tag{4.8}$$

$$\varepsilon_0 = \varepsilon_{\mathrm{c}} + 3600\sqrt{a_{\mathrm{c}}}\,(\mu\varepsilon) \tag{4.9}$$

$$\varepsilon_{\mathrm{c}} = 1300 + 10 f_{\mathrm{cu}}\,(\mu\varepsilon) \tag{4.10}$$

$$A = 2 - K, B = 1 - K \tag{4.11}$$

$$K = \left(-5a_{\mathrm{c}}^{2} + 3a_{\mathrm{c}}\right)\left(\frac{50 - f_{\mathrm{cu}}}{50}\right) + \left(-2a_{\mathrm{c}}^{2} + 2.15a_{\mathrm{c}}\right)\left(\frac{f_{\mathrm{cu}} - 30}{50}\right) \tag{4.12}$$

$$q = \frac{K}{0.2 + a_{\mathrm{c}}},\ f_{\mathrm{ck}} = 0.8 f_{\mathrm{cu}},\ \zeta = a_{\mathrm{c}} f_{\mathrm{y}}/f_{\mathrm{ck}},\ a_{\mathrm{c}} = A_{\mathrm{s}}/A_{\mathrm{c}} \tag{4.13}$$

式中，f_{cu} 是混凝土的极限抗压强度（MPa）。在复式钢管混凝土柱中，圆钢管内核心混凝土即采用此本构关系。

（2）方钢管中核心混凝土的本构关系。由于受到钢管的约束程度不一样，方钢管内核心混凝土具有与圆形钢管内核心混凝土不同的本构关系。在本节中，方钢管中核心混凝土的本构关系采用文献[5]中的本构关系：

$$\sigma_{\mathrm{c}} = \begin{cases} \sigma_0\left[A\dfrac{\varepsilon_c}{\varepsilon_0} - B\left(\dfrac{\varepsilon_c}{\varepsilon_0}\right)^2\right], & \varepsilon_c \leqslant \varepsilon_0 \\[4mm] \sigma_0\left(\dfrac{\varepsilon_c}{\varepsilon_0}\right)\dfrac{1}{\beta\left(\dfrac{\varepsilon_c}{\varepsilon_0} - 1\right)^{\eta} + \varepsilon_c/\varepsilon_0}, & \varepsilon_c > \varepsilon_0 \end{cases} \tag{4.14}$$

其中

$$\sigma_0 = f_{\mathrm{ck}}\left[1.19 + 0.25\left(\frac{13}{f_{\mathrm{ck}}}\right)^{0.45}\left(-0.07845\zeta^2 + 0.05789\zeta\right)\right]$$

$$\varepsilon_0 = \varepsilon_{\mathrm{cc}} + 0.95\left[1400 + 800\left(\frac{f_{\mathrm{ck}} - 20}{20}\right)\right]\zeta^{0.2}\,(\mu\varepsilon)$$

$$\varepsilon_{\mathrm{cc}} = 1300 + 14.93 f_{\mathrm{ck}}\,(\mu\varepsilon)$$

$$A = 2.0 - k,\quad B = 1.0 - k,\quad k = 0.1\zeta^{0.745}$$

$$\eta = 1.60 + 1.5\,\varepsilon_0/\varepsilon_c$$

$$\beta = \begin{cases} 0.75\dfrac{1}{\sqrt{1+\zeta}}f_{ck}^{0.1}, & \zeta \leqslant 3.0 \\[4mm] 0.75\dfrac{1}{\sqrt{1+\zeta(\zeta-2)^2}}f_{ck}^{0.1}, & \zeta > 3.0 \end{cases} \tag{4.15}$$

在本试验中，单方钢管内混凝土及复式钢管混凝土柱内外钢管之间的混凝土采用此本构关系。

（3）钢材本构关系。为简化计算，所有钢材均按理想弹塑性考虑，物理参数见表 4.6。

表 4.6　钢材物理参数

规格/（mm×mm）		泊松比	屈服强度/MPa	弹性模量/MPa
圆钢管	Φ58.5×1.4	0.26	352.5	2.05×10^5
	Φ74×0.9	0.27	680	1.94×10^5
	Φ83×1.4	0.27	597	2.1×10^5
方钢管	120×2.6	0.27	597	2.07×10^5

基于以上分析，在所建立的有限元模型中，钢管材料采用双线性等向强化材料模型，需要输入的参数是屈服应力 σ_y、泊松比 Y 和切向斜率 E_T；混凝土材料选用多线性等向强化材料模型，需要输入的参数是初始泊松比和弹性模量及确定本构关系的应力应变值。

4）几何模型

在试验中，为了固定两根钢管的相对位置，不至于在浇筑混凝土时两者出现错位的现象，在钢管的底端用一块钢板固定。因此，为了能真实反映试件的实际加载情况，在建立试件的几何模型时，也将垫板考虑在内。同时为了避免有限元模型加载时产生应力集中，在试件的另一端也设置了一块相同规模的垫板。根据圣维南原理，试件两端的垫板对试件中部影响不大。因为加载方式为全截面加载，所以荷载将均匀分布在试件的表面，即荷载为对称荷载，并且考虑到试件本身的对称性，试件只建立了四分之一模型。

5）网格划分

建立有限元模型的过程就是给实体模型划分网格的过程。在定义了单元类型、材料属性和实常数之后，可以设定网格划分所需要的参数，包括单元的形状、大小和数目，然后开始划分网格。划分网格的方法有自由网格划分和映射网格划分，在本节中所有模型先采用映射网格划分的方法对下垫板与柱之间的接触面进行网格划分，然后利用扫掠的方法对体划分网格。

2. 数值分析及验证

1）试件 G1-1 计算结果分析

试件 G1-1 为单方钢管混凝土柱，单元总数为 1088 个，其中钢管共有单元240 个，混凝土共有单元 720 个，垫板共有单元 128 个。本构关系由式（4.14）确定的点连接成线并拟合得到。确定试件 G1-1 混凝土本构关系的应力-应变值见表 4.7。弹性模量取曲线上的初始弹性模量，泊松比取为 0.2[6]。

表 4.7　确定试件 G1-1 混凝土本构关系的应力-应变值

测点	1	2	3	4	5	6	7	8
应变	0.000095	0.00019	0.00029	0.00038	0.00048	0.00057	0.00076	0.00095
应力/MPa	1.76	3.47	5.13	6.73	8.28	9.77	12.6	15.22
测点	9	10	11	12	13	14	15	16
应变	0.00114	0.00152	0.0019	0.00203	0.00266	0.00304	0.0091	0.0152
应力/MPa	17.62	21.79	25.09	26.005	29.138	29.88	14.22	9.5

钢材本构关系按照表4.6确定。经过反复式算可知，当施加在有限元模型上的均布荷载超过62N/mm²时，计算将不再收敛，无论是增加单元数还是改变子步数或者减少步长，均不容易收敛。此时折算成集中力为892.8kN。与试验值896kN较为接近，故对此荷载下的钢管和混凝土的内力进行分析。图4.19为钢管节点纵向应力云图。

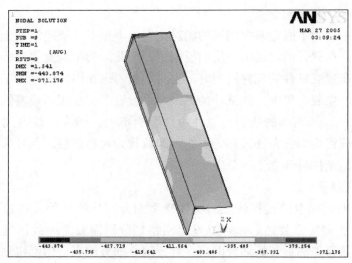

图 4.19　钢管节点纵向应力云图

由图中数据可知，应力从两端向中间逐渐递减，并且呈对称分布，这主要是因为在试件的两端设置了两个同样的垫板，在对模型求解时，在试件与垫板的连接处产生了应力集中的现象，根据圣维南原理，这种应力集中对远离垫板的试件中部影响不大，根据图中数据可知，在试件中部，其应力值为407.486。可见，在此荷载下，钢管全部发生了屈服。

混凝土的节点纵向应力云图如图4.20所示。混凝土的节点应力介于22~31。同钢管一样，由于垫板在混凝土的两端产生了应力集中，最大应力值出现在混凝土的两端，在混凝土的中部，应力达到了混凝土本构关系中的应力最大值。因此，在钢管和混凝土都发生屈服的情况下，即可认为由计算得到的试件G1-1的极限承载力为892.8kN。由ANSYS的时间历程后处理器得出的混凝土上表面的荷载-位移曲线如图4.21所示。可见，该曲线与试验曲线较为一致。

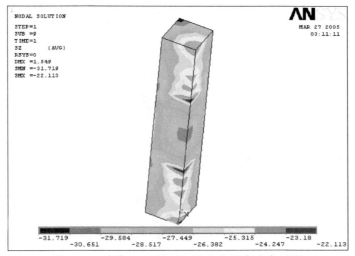

图 4.20　试件 G1-1 混凝土的节点纵向应力云图

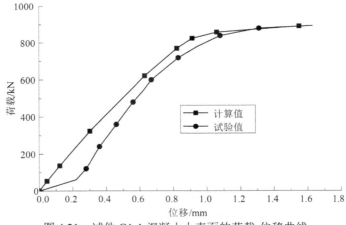

图 4.21　试件 G1-1 混凝土上表面的荷载-位移曲线

图4.22为混凝土的节点横向应力云图。混凝土的横向应力反映了钢管对混凝

土的约束。由图中数据可知，混凝土的最大横向应力对称地出现在混凝土的两个表面上，这是因为在荷载的作用下，垫板和混凝土的泊松比不同，两者的横向变形不一致，在两者的共用节点处产生了横向力。在混凝土的侧表面上，横向应力从两端向中间依次递减，在试件的中部，混凝土的横向应力很小，约为1MPa。这显然不是钢管对混凝土的约束。在混凝土的横向应力云图中还出现了拉应力。这主要是输入的钢材与混凝土的泊松比不恰当造成的。在实际中，钢管混凝土柱中核心混凝土的泊松比是变化的，随着荷载的增加，混凝土的泊松比将超过钢管的泊松比，从而在两者之间产生横向约束。但是在有限元计算中，两者的泊松比是确定的，并且钢管的泊松比要大于混凝土的泊松比。因此，在两者之间不会产生约束，混凝土承载力的提高只能通过选用一定的本构关系来实现，这也反映了有限元方法的局限性。

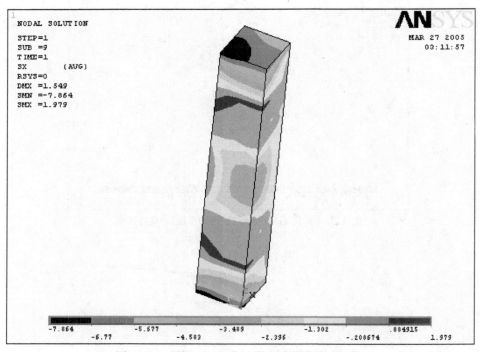

图 4.22　试件 G1-1 混凝土的节点横向应力云图

2）试件G1-2计算结果分析

复式钢管混凝土轴压短柱试件G1-2、G1-3、G1-4具有相同的形式，因此具有相同的有限元模型：共有单元2736个，其中内层混凝土共有单元720个，圆管共有单元240个，外层混凝土共有单元960个，方钢管共有单元240个，垫板共有单元576个。其计算结果见表4.8。

表 4.8　ANSYS 计算结果与试验结果对比

试件编号	计算荷载/kN	试验荷载/kN	荷载误差/%	计算位移/mm	试验位移/mm	位移误差/%
G1-1	893	896	0.33	1.55	1.56	0.64
G1-2	1008	980	2.86	2.47	2.66	7.14
G1-3	1073	1040	3.17	2.98	3.12	4.48
G1-4	1109	1080	2.68	2.28	2.44	6.56

由表4.8中数据可见，计算荷载与试验荷载吻合较好，除一组计算值略低于试验值外，其余结果均大于试验值；但计算位移均比试验位移要小。选择混凝土上表面一点，得到试件G1-2~G1-4的荷载-位移曲线见图4.23~图4.25。

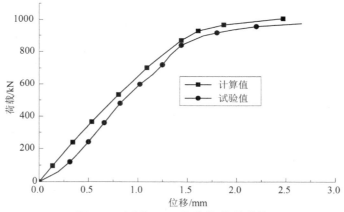

图 4.23　试件 G1-2 的荷载-位移曲线

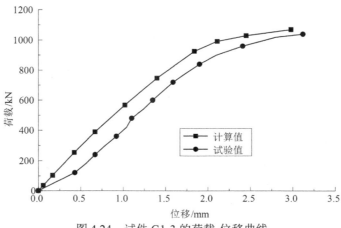

图 4.24　试件 G1-3 的荷载-位移曲线

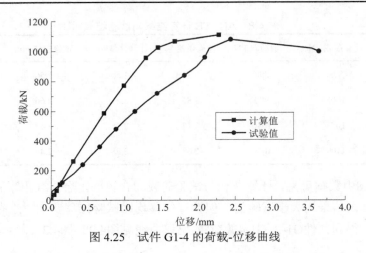

图 4.25　试件 G1-4 的荷载-位移曲线

下面以试件G1-2为例，分析试件模型的有限元计算结果。

试件G1-2中外层混凝土的本构关系仍由表4.8中的数据确定。方钢管和圆钢管的本构关系按照表4.6确定。内层混凝土的本构关系按照式（4.6）和式（4.7）确定，具体数值见表4.9。

表 4.9　试件 G1-2 内层混凝土本构关系的应力-应变值

测点	1	2	3	4	5	6	7	8
应变	0.00035	0.0007	0.00105	0.0014	0.00175	0.0021	0.00246	0.0028
应力/MPa	9.38	17.58	24.6	30.43	35.08	38.55	40.83	41.93
测点	9	10	11	12	13	14	15	16
应变	0.00351	0.00421	0.00491	0.00562	0.00632	0.00702	0.0077	0.014
应力/MPa	42.87	43.68	44.4	45.055	45.65	46.21	46.73	50

图4.26为试件G1-2外层混凝土的节点纵向应力云图。其与试件G1-1混凝土采用相同的本构关系，故两者具有相同的应力峰值。不过，与试件G1-1混凝土应力分布不同的是，试件G1-2外层混凝土的应力峰值分布较为均匀，在整个混凝土范围内多段出现。而试件G1-1混凝土的峰值应力则主要出现在混凝土的中部。这也反映了复式钢管混凝土柱中圆钢管对混凝土强度的影响。

图4.27为试件G1-2方钢管的节点纵向应力云图。其应力值对称分布，由两端向中间递减，在方钢管的中部，应力还没达到其屈服强度，材料处于弹性阶段。作为比较，图4.28为试件G1-2圆钢管的节点纵向应力云图。与方钢管的节点纵向应力云图不同的是，圆钢管的节点纵向应力在两端较小，在中间部分应力达到了其屈服强度，材料处于塑性状态。这也反映了在破坏时，试件G1-2的圆钢管已经发生屈服，而方钢管仍然处于弹性状态，即未充分发挥方钢管的承载能力。故试件G1-2的轴压承载力较单方钢管轴压承载力的提高不明显。这与试验结果基本是

一致的。

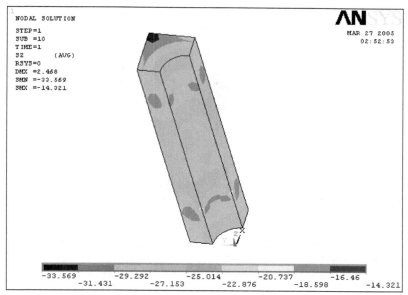

图 4.26　试件 G1-2 外层混凝土节点纵向应力云图

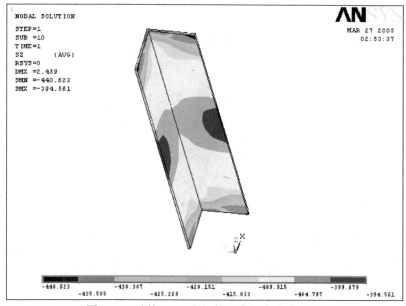

图 4.27　试件 G1-2 方钢管节点纵向应力云图

　　图 4.29 为试件 G1-2 内层混凝土的节点纵向应力云图。其应力分布趋势与圆钢管的节点纵向应力分布趋势大致相同。其应力值两端对称分布，由两端向中间逐渐增大。在混凝土的中间较长一段范围内，混凝土达到其应力峰值。

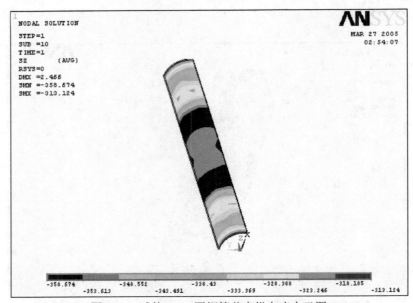

图 4.28　试件 G1-2 圆钢管节点纵向应力云图

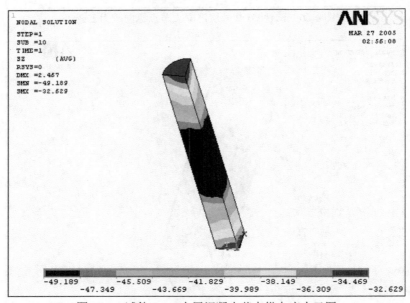

图 4.29　试件 G1-2 内层混凝土节点纵向应力云图

　　由以上分析可知，圆钢管及内层混凝土与方钢管及外层混凝土具有不同的应力分布特点。在有限元模型中不能很好地考虑钢管与混凝土的约束，因此，可将复式钢管混凝土柱极限承载力分解成两部分：一部分为圆钢管及内层混凝土，另一部分为方钢管及外层混凝土。

4.1.3　中空夹层复式钢管混凝土柱轴压承载力分析

1. 内圆外圆中空夹层复式钢管混凝土柱理论计算

1）基本假定

内外钢管取作薄壁钢管，采用统一强度理论中的薄壁圆筒来分析，本节参考文献[7]、[8]和[9]，在内圆外圆复式钢管混凝土柱轴压承载力分析计算时，作如下假定：①平截面假定；②钢管和混凝土之间没有滑移，两者间变形协调；③构件屈服后截面形状不变，钢管没有发生局部屈曲；④构件的屈服主要由核心混凝土和钢管的纵向应力引起；⑤仅考虑变形协调和纵向平衡。

内外力平衡条件：

$$N = N_s + N_s' + N_c \qquad (4.16)$$

变形协调条件：

$$\varepsilon_{cl} = \varepsilon_{sl} \qquad (4.17)$$

式中，N 为内圆外圆中空夹层复式钢管混凝土轴压柱的极限承载力；N_s、N_s'、N_c 分别为外钢管、内钢管和夹层混凝土的承载力；ε_{cl}、ε_{sl} 分别为混凝土和钢管的纵向应变；下标 s、c 分别代表钢管和混凝土；上标 ′ 代表内层钢管；下标 l 代表纵向。

2）钢管承载力

（1）薄壁钢管轴向抗压强度的统一解。大多数工程实际和试验研究中所采用的普通钢管混凝土柱、实复式钢管混凝土柱和中空夹层复式钢管混凝土柱中钢管均满足径厚比 $D/t \geqslant 20$ 或边厚比 $B/t \geqslant 20$，因此其可视为薄壁钢管。由前面所述的受力情况和破坏机理，可将其看作薄壁圆筒来分析。

首先计算圆筒横截面的正应力，即轴向应力 σ_z（为拉应力），有

$$\sigma_z = p_b R / (2t) \qquad (4.18)$$

式中，p_b 为薄壁圆筒的均匀压力。圆筒径向纵截面上的正应力，即环向应力 σ_θ（为拉应力），由力平衡方程有 $2\left[\sigma_\theta (1 \times t)\right] - p_b \times 2R \times 1 = 0$，化简可得

$$\sigma_\theta = p_b R / t \qquad (4.19)$$

由于压力 p_b 与壁筒垂直，在圆筒壁内产生径向压力 σ_r（为压应力），径向应力在内壁处值最大为 $|\sigma_r|_{max} = p_b$。

另外由于管壁很薄，可取

$$\sigma_r = -p_b \tag{4.20}$$

从上面分析可知，薄壁材料处在两拉一压的三向受力状态。它们之间存在着一定的关系，如 $\sigma_z = \dfrac{\sigma_\theta}{2}$ 。

假定 $\sigma_1 \geqslant \sigma_2 \geqslant \sigma_3$ ，其主应力为

$$\sigma_1 = \sigma_\theta, \quad \sigma_2 = \sigma_z, \quad \sigma_3 = \sigma_r \tag{4.21}$$

对于承受内压的薄壁圆筒而言，通常 $\alpha \leqslant 1$ ，即有 $\sigma_2 = \dfrac{\sigma_1 + \alpha\sigma_3}{1+\alpha}$ ，用俞茂宏双剪统一强度理论进行计算，将式（4.21）代入式（2.5），化简得到：

$\dfrac{p_b R}{t} - \dfrac{\alpha b}{1+b} \cdot \dfrac{p_b R}{2t} + \dfrac{\alpha}{1+b} \cdot p_b = \sigma_t$ 。

整理可得薄壁圆筒的均匀压力为

$$p_b = \frac{4t(1+b)}{4(1+b)R - 2\alpha bR + 4t\alpha} \sigma_t \tag{4.22}$$

（2）内外钢管的承载力。假设外钢管外半径为 R_1 ，外钢管内半径为 R_2 ，外钢管厚度为 t_1 ；内钢管外半径为 r_1 ，内钢管内半径为 r_2 ，内钢管厚度为 t_2 ；轴力 N 作用下，根据内外钢管的受力情况，内管看作承受外压的薄壁圆筒、外管看作受内压的薄壁圆筒来分析计算，材料视为理想塑性不可压缩；内钢管外表面和外钢管内表面分别受均匀压力 p_1、p_2 作用，受力简图如图 4.30 所示。

鉴于薄壁钢管在屈曲后其性能对管壁缺陷的影响十分明显，因此在对钢管进行分析计算时，内外钢管的屈曲问题应予以考虑。但是经过许多国内外学者对薄壁钢管混凝土柱的轴压试验研究，均证明核心混凝土的存在使钢管的局部屈曲性得到很好的改善，同时其屈曲后的性能对管壁缺陷的影响已十分有限。大量试验结果表明：受压时，钢管混凝土柱的内外钢管没有过早发生局部屈曲；当达极限承载力时，管壁才全截面处于屈服状态。因此，内圆外圆中空夹层复式钢管混凝土轴压柱的极限承载力 N_u 可看作由核心混凝土与内外钢管两部分来承担，即

$$N_u = f_c' A_c + \sigma_{se} A_s + \sigma_{st} A_s' \tag{4.23}$$

式中，f_c' 为核心混凝土的抗压强度；σ_{se}、σ_{st} 分别为外钢管、内钢管的屈服强度；A_c、A_s、A_s' 分别为混凝土、外钢管、内钢管截面面积。

当在极限承载力时，内、外钢管管壁均全截面处于屈服状态。故外钢管承载力 N_s 为

$$N_s = \sigma_{se} A_s = \sigma_{se} \pi \left(R_1^2 - R_2^2 \right) \tag{4.24}$$

内钢管承载力 N'_s 为

$$N'_s = \sigma_{st} A'_s = \sigma_{st} \pi \left(r_1^2 - r_2^2 \right) \tag{4.25}$$

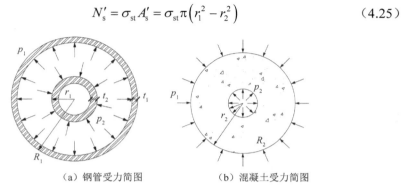

（a）钢管受力简图　　　　　　　　　　（b）混凝土受力简图

图 4.30　内圆外圆中空夹层复式钢管混凝土柱受力简图

3）混凝土的承载力

因内圆外圆中空夹层复式钢管混凝土柱的核心混凝土在轴向压力作用下，钢管对其横向变形产生约束，从而使其处于轴向压缩和侧向均匀围压的三向受压状态，有 $0 > \sigma_1 = \sigma_2 > \sigma_3$，对核心区混凝土取其屈服条件的非线性方程[7]：

$$f'_c = f_c \left(1 + 1.5\sqrt{\sigma_a/f_c} + 2\sigma_a/f_c \right) \tag{4.26}$$

式中，f_c 为混凝土轴心抗压强度；σ_a 为核心混凝土所受的侧向约束应力。为统一，式（4.26）改写为

$$f'_c = f_c \left(1 + 1.5\sqrt{\sigma_{r1}/f_c} + 2\sigma_{r1}/f_c \right) \tag{4.27}$$

式中，f'_c 为核心混凝土的抗压强度；σ_{r1} 为钢管的径向压应力，即为 σ_a。

由材料力学可知

$$\sigma_{r1} = \frac{2t_1 p_1}{R_1 + R_2} + \frac{2t_2 p_2}{r_1 + r_2} \tag{4.28}$$

式中，p_1、p_2 为基于统一强度对薄壁圆筒分析，得到的内外钢管在受压情况下的统一极限荷载。依式（4.22）得到外钢管的内压力统一极限荷载为

$$p_1 = \frac{2t_1(1+b)}{(2+2b-\alpha b)R_2 + 2t_1\alpha} \sigma_{se} \tag{4.29}$$

内钢管的外压力统一极限荷载为

$$p_2 = \frac{2t_2(1+b)}{(1+b+2\alpha)r_1 + 2t_2\alpha b} \sigma_{st} \tag{4.30}$$

因为混凝土截面面积为

$$A_{\mathrm{c}} = \pi\left(R_2^2 - r_1^2\right) \tag{4.31}$$

故核心混凝土的承载力可表示为

$$N_{\mathrm{c}} = f_{\mathrm{c}}' A_{\mathrm{c}} \tag{4.32}$$

将式（4.27）~式（4.31）代入式（4.32）得核心混凝土的承载力计算公式为

$$
\begin{aligned}
N_{\mathrm{c}} = &\left\{ f_{\mathrm{c}} + 1.5\left[\left(\sqrt{\frac{2t_1}{R_1+R_2}} \sqrt{\frac{2t_1(1+b)\sigma_{\mathrm{se}}}{(2+2b-\alpha b)R_2 + 2t_1\alpha}} + \sqrt{\frac{2t_2}{r_1+r_2}} \sqrt{\frac{2t_2(1+b)\sigma_{\mathrm{st}}}{(1+b+2\alpha)r_1 + 2t_2\alpha b}} \right)\sqrt{f_{\mathrm{c}}} \right] \right. \\
&\left. + 2\left[\frac{2t_1}{R_1+R_2}\frac{2t_1(1+b)\sigma_{\mathrm{se}}}{(2+2b-\alpha b)R_2 + 2t_1\alpha} + \frac{2t_2}{r_1+r_2}\frac{2t_2(1+b)\sigma_{\mathrm{st}}}{(1+b+2\alpha)r_1 + 2t_2\alpha b} \right] \right\} \pi\left(R_2^2 - r_1^2\right)
\end{aligned} \tag{4.33}
$$

4）承载力统一解

将式（4.24）、式（4.25）、式（4.32）代入式（4.23）中，即得内圆外圆中空夹层复式钢管混凝土轴压柱的极限承载力统一解为

$$
\begin{aligned}
N = &\left\{ f_{\mathrm{c}} + 1.5\left[\left(\sqrt{\frac{2t_1}{R_1+R_2}} \sqrt{\frac{2t_1(1+b)\sigma_{\mathrm{se}}}{(2+2b-\alpha b)R_2 + 2t_1\alpha}} + \sqrt{\frac{2t_2}{r_1+r_2}} \sqrt{\frac{2t_2(1+b)\sigma_{\mathrm{st}}}{(1+b+2\alpha)r_1 + 2t_2\alpha b}} \right)\sqrt{f_{\mathrm{c}}} \right] \right. \\
&\left. + 2\left[\frac{2t_1}{R_1+R_2}\frac{2t_1(1+b)\sigma_{\mathrm{se}}}{(2+2b-\alpha b)R_2 + 2t_1\alpha} + \frac{2t_2}{r_1+r_2}\frac{2t_2(1+b)\sigma_{\mathrm{st}}}{(1+b+2\alpha)r_1 + 2t_2\alpha b} \right] \right\} \pi\left(R_2^2 - r_1^2\right) \\
&+ \sigma_{\mathrm{se}}\pi\left(R_1^2 - R_2^2\right) + \sigma_{\mathrm{st}}\pi\left(r_1^2 - r_2^2\right) + \sigma_{\mathrm{se}}\pi\left(R_1^2 - R_2^2\right) + \sigma_{\mathrm{st}}\pi\left(r_1^2 - r_2^2\right)
\end{aligned} \tag{4.34}
$$

5）公式对比验证

本节取文献[10]中的试验数据对计算公式进行验证，将文献的试验数据列入表 4.10，本节公式计算极限承载力和文献[11]计算极限承载力及文献[10]给出的试验极限承载力列入表 4.11。

表 4.10　文献[10]中圆中空夹层钢管混凝土柱轴心受压试验数据

试件编号	外钢管尺寸			内钢管尺寸			L/mm	f_{c}/MPa	σ_{se}/MPa	σ_{st}/MPa
	R_1/mm	R_2/mm	t_1/mm	r_1/mm	r_2/mm	t_2/mm				
1		44	1.0	10	9.0	1.0				
2	45	43.8	1.2	10	8.8	1.2	300	28.8	328.95	328.95
3		43.5	1.5	10	8.5	1.5				

注：σ_{se} 和 σ_{st} 分别为外、内钢管的屈服强度。

表 4.11　本节计算结果与文献[11]、文献[10]结果对比

试件编号	参数取值	本节计算承载力/kN	文献[11]计算承载力/kN	文献[10]试验承载力/kN	E_1/%	E_2/%
1	$\alpha=0.5$, $b=0$	337.18	311.58		—	—
	$\alpha=0.5$, $b=0.8$	339.76	315.94	345.7	—	—
	$\alpha=0.8$, $b=1.0$	342.77	319.51		0.8	7.6
2	$\alpha=0.5$, $b=0$	342.48	339.28		—	—
	$\alpha=0.5$, $b=0.8$	345.09	344.63	356.6	—	—
	$\alpha=0.8$, $b=1.0$	351.43	348.81		1.4	2.2
3	$\alpha=0.5$, $b=0$	379.87	381.02		—	—
	$\alpha=0.5$, $b=0.8$	386.62	387.94	387.6	—	—
	$\alpha=0.8$, $b=1.0$	389.86	392.97		0.5	1.4

由表 4.11 的分析可知，本节推得的理论公式计算结果与试验数据符合较好，同时可看出本节计算结果比文献[11]同样利用统一强度理论而钢管看作厚壁圆筒导出公式的计算结果更接近试验值，符合更好。

本节取文献[12]中的 26 组试验数据对计算公式进行验证，并将本节公式计算值和文献[12]给出的试验值列入表 4.12 中进行比较。表 4.11 及表 4.12 计算结果都显示出，在 α 一定的情况下，随着 b 增大，内圆外方中空夹层复式钢管混凝土柱的承载力也随之变大。

表 4.12　本节计算结果与文献[12]试验结果对比

试件编号	本节计算承载力/kN（$\alpha=0.8$）						文献[12]试验承载力/kN	误差/%（$b=1.0$）
	$b=0$	$b=0.2$	$b=0.4$	$b=0.6$	$b=0.8$	$b=1.0$		
A1-1	285.77	286.44	286.99	287.44	287.63	287.83	283	1.71
A1-2	272.92	273.54	274.05	274.48	274.64	274.84	285	3.56
A2-1	336.47	337.29	337.96	338.52	338.80	339.00	348	2.59
A2-2	323.04	323.84	324.49	325.04	325.21	325.51	348	6.46
A3-1	379.08	380.03	380.79	381.43	381.96	381.96	395	3.30
A3-2	435.27	436.73	437.90	438.88	439.13	439.70	395	11.32
B1-1	341.08	342.14	343.00	343.73	344.04	344.34	330	4.35
B1-2	330.91	331.90	332.71	333.39	333.57	333.97	335	0.31
B2-1	381.55	382.76	383.75	384.58	384.89	385.23	386	0.20
B2-2	389.76	390.52	392.95	395.15	449.17	449.17	395	13.71
C1-1	375.32	376.60	377.65	378.12	378.87	379.26	378	0.33
C1-2	370.63	371.91	372.96	373.84	374.12	374.59	385	2.70
C2-1	416.22	417.70	418.90	419.90	420.05	421.77	432	2.37

续表

| 试件编号 | 本节计算承载力/kN（α=0.8） | | | | | | 文献[12]试验承载力/kN | 误差/%（b=1.0） |
	b=0	b=0.2	b=0.4	b=0.6	b=0.8	b=1.0		
C2-2	401.90	403.14	405.96	406.48	406.77	407.17	408	0.20
D1-1	262.50	263.05	263.49	264.86	265.16	267.12	283	5.61
D2-1	268.87	269.25	269.55	269.81	270.02	270.62	299	9.49
D3-1	331.87	332.54	333.08	333.53	333.91	334.08	357	6.42
D4-1	374.72	375.62	376.36	376.97	377.50	378.54	380	0.38
D5-1	426.69	427.91	428.92	429.75	430.46	432.11	443	2.46
D6-1	562.81	564.09	564.33	565.12	566.69	567.03	644	11.95
E1-1	334.12	334.53	334.87	335.16	335.41	335.94	357	5.90
E2-1	436.32	436.70	437.02	437.29	437.52	438.19	477	8.14
E3-1	402.73	403.11	403.42	404.69	404.93	405.06	417	2.86
E4-1	586.78	587.29	587.73	588.09	588.41	589.01	598	1.50
E5-1	519.85	520.20	520.50	520.75	520.87	521.47	551	5.36
E6-1	496.00	497.05	498.04	498.99	499.90	501.48	524	4.30

6）影响因素分析

取试件 A1-1，当 α=0.8 时，承载力 N 随中间主应力影响系数 b 的变化情况见图 4.31。由图 4.31 可知，承载力 N 随 b 的增大而增大，这也说明不同强度准则对承载力的影响不容轻视。

取试件 A1-1，当 b=1.0 时，承载力 N 随材料拉压强度比 $α$ 的变化情况见图 4.32。从图 4.32 可知，承载力 N 随 $α$ 的增大而略有减小，这说明拉压强度不同的材料对构件的承载力影响有限。

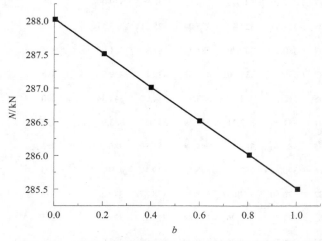

图 4.31　试件 A1-1 的承载力 N 与 b 的关系曲线（α=0.8）

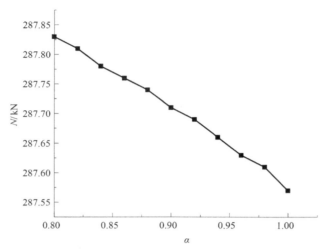

图 4.32　试件 A1-1 的承载力 N 与 α 的关系曲线（b=1.0）

2. 内圆外方中空夹层复式钢管混凝土柱理论计算

1）混凝土强度折减系数 γ_u 和等效约束折减系数 ξ

研究表明，圆钢管对核心混凝土的约束优于方钢管对核心混凝土的约束。在高应力状态下，当混凝土的泊松比大于钢管，钢管对混凝土形成围压约束，圆钢管混凝土柱的核心混凝土受均匀压力；而方钢管对核心混凝土的约束很不均匀，四角处混凝土受的约束强，每边中间处混凝土受约束较弱。当达到极限强度时，方钢管的角部发生塑性变形，每边中间处管壁发生局部失稳，核心混凝土被压碎。方钢管对核心混凝土的约束分为有效约束区和非有效约束区，两区以抛物线作为分界线。非有效约束区混凝土的极限抗压强度没有有效约束区混凝土的高，且该区混凝土受的侧向约束也不均匀。但计算方钢管混凝土构件的承载力时，须考虑钢管对混凝土的约束效应，然而约束效应的定量考虑比较困难，大多数文献中基于试验结果来考虑，也可以利用切线模量理论来分析。本节在计算时，不对混凝土划分有效和非有效约束区，而是把非有效约束区侧向约束减弱的影响通过引入混凝土强度折减系数 γ_u（尺寸效应的影响同时被考虑在内）予以考虑。混凝土强度折减系数 γ_u 的计算公式为

$$\gamma_u = 1.67 D_c^{-0.112} \tag{4.35}$$

式中，D_c 为圆钢管混凝土柱中钢管的内直径。

在方钢管混凝土柱向圆钢管混凝土柱等效转换中，由于方钢管对核心混凝土的不均匀约束，使这种等效转换产生了困难。本节参照文献[13]，引入考虑厚边比影响的等效约束折减系数 ξ，将方钢管对核心混凝土的约束等效转换为圆钢管对核心混凝土的约束。ξ 指的是方钢管一条边上受约束的计算比例长度，

其计算公式为

$$\xi = 66.474\omega^2 - 0.9919\omega + 0.41618 \tag{4.36}$$

式中，方钢管的厚边比 $\omega = t/B$，t 指方钢管壁厚，B 指方钢管外边长。

经过分析，等效转换成的圆钢管混凝土柱内压力 p' 可以表示为

$$p' = p_e/\xi \tag{4.37}$$

式中，p_e 指方钢管混凝土柱角部所受均匀内压力，它说明方钢管混凝土发生的破坏实质是方钢管角部钢管发生塑性屈服和钢管四周边的中间管壁局部失稳引起的。

2）钢管的承载力

假设方钢管外边长为 B，方钢管壁厚为 t，等效后外钢管外半径为 R_1，外钢管内半径为 R_2；内钢管外半径为 r_1，内钢管壁厚为 t_2。在轴力 N 作用下，根据内钢管外部的受力情况，内管可看作承受压缩外压的薄壁圆筒、外管看作受压缩内压的薄壁圆筒来分析计算，同时材料视为理想塑性不可压缩。如前所述，受压时，钢管混凝土柱的内外钢管没有过早发生局部屈曲；当达到极限承载力时，管壁全截面处于屈服状态。故内圆外方中空夹层复式钢管混凝土轴压柱的极限承载力 N' 可看作由核心混凝土与内外钢管共同承担，即

$$N' = N_s + N_s' + N_c \tag{4.38}$$

当内圆外方中空夹层复式钢管混凝土柱的外钢管和混凝土按等面积的原则分别转换为内圆外圆中空夹层复式钢管混凝土柱相应的外钢管和混凝土，有

$$B^2 = \pi R_1^2, \quad (B-2t)^2 = \pi R_2^2 \tag{4.39}$$

可得

$$R_1 = \frac{B}{\sqrt{\pi}}, \quad R_2 = \frac{(B-2t)}{\sqrt{\pi}} \tag{4.40}$$

可知达到极限承载力时，内、外钢管管壁均全截面处于屈服状态。故外钢管所承受的承载力 N_s 为

$$N_s = \sigma_{se} A_s = \sigma_{se} \pi (R_1^2 - R_2^2) \tag{4.41}$$

式中，σ_{se} 为外钢管的屈服强度。

内钢管承载力 N_s' 为

$$N_s' = \sigma_{st} A_s' = \sigma_{st} \pi \left[r_1^2 - \left(r_1 - t_2 \right)^2 \right] \tag{4.42}$$

式中，σ_{st} 为内钢管的屈服强度。

3）混凝土的承载力

因内圆外方中空夹层复式钢管混凝土柱的核心混凝土在轴向压力作用下，钢管对其横向变形产生约束，从而使其处于轴向压缩和侧向均匀围压的三向受压状态，有 $0 > \sigma_1 = \sigma_2 > \sigma_3$，对核心区混凝土取其屈服条件的非线性方程[7]：

$$f_c' = f_c \left(1 + 1.5 \sqrt{\sigma_{r2} / f_c} + 2\sigma_{r2} / f_c \right) \tag{4.43}$$

式中，f_c' 为核心混凝土的轴心抗压强度；σ_{r2} 为核心混凝土受钢管的侧压力。

由材料力学可知

$$\sigma_{r2} = \frac{2t_1 p_1 \xi}{R_1 + R_2} + \frac{2t_2 p_2}{r_1 + r_2} \tag{4.44}$$

式中，p_1、p_2 为基于统一强度对薄壁圆筒分析，得到的外、内钢管在受压情况下的统一极限荷载。

因为混凝土截面面积为

$$A_c = \left(B - 2t \right)^2 - \pi r_1^2 \tag{4.45}$$

故考虑混凝土强度折减系数后，核心混凝土的承载力可表示为

$$N_c = \gamma_u f_c' A_c \tag{4.46}$$

将式（4.29）、式（4.30）、式（4.43）～式（4.45）代入式（4.46）得核心混凝土的承载力计算公式为

$$
\begin{aligned}
N_c = \gamma_u \Bigg\{ f_c + 1.5 \Bigg[& \sqrt{\frac{2\left(\dfrac{B}{\sqrt{\pi}} - \dfrac{B-2t}{\sqrt{\pi}}\right)}{\dfrac{B}{\sqrt{\pi}} - \dfrac{B-2t}{\sqrt{\pi}}}} \sqrt{\frac{2\left(\dfrac{B}{\sqrt{\pi}} - \dfrac{B-2t}{\sqrt{\pi}}\right)(1+b)\sigma_{se}}{(2+2b-\alpha b)\left(\dfrac{B-2t}{\sqrt{\pi}}\right) + 2\left(\dfrac{B}{\sqrt{\pi}} - \dfrac{B-2t}{\sqrt{\pi}}\right)\alpha}} \xi \\
+ 2\Bigg(& \frac{2\left(\dfrac{B}{\sqrt{\pi}} - \dfrac{B-2t}{\sqrt{\pi}}\right)}{\dfrac{B}{\sqrt{\pi}} - \dfrac{B-2t}{\sqrt{\pi}}} \frac{2\left(\dfrac{B}{\sqrt{\pi}} - \dfrac{B-2t}{\sqrt{\pi}}\right)(1+b)\sigma_{se}}{(2+2b-\alpha b)\left(\dfrac{B-2t}{\sqrt{\pi}}\right) + 2\left(\dfrac{B}{\sqrt{\pi}} - \dfrac{B-2t}{\sqrt{\pi}}\right)\alpha} \xi \\
+ & \frac{2t_2}{r_1 + (r_1 - r_2)} \frac{2t_2(1+b)\sigma_{st}}{(1+b+2\alpha)r_1 + 2t_2 \alpha b} \Bigg) \Bigg] \left[(B-2t)^2 - \pi r_1^2 \right] \Bigg\}
\end{aligned} \tag{4.47}
$$

4）承载力统一解

将式（4.41）、式（4.42）、式（4.47）代入式（4.38）中，即得内圆外方中空夹层复式钢管混凝土轴压柱的极限承载力统一解为

$$
\begin{aligned}
N' = \gamma_{u} & \left\{ f_{c} + 1.5 \left[\left(\sqrt{ \dfrac{2\left(\dfrac{B}{\sqrt{\pi}} - \dfrac{B-2t}{\sqrt{\pi}}\right)}{\dfrac{B}{\sqrt{\pi}} - \dfrac{B-2t}{\sqrt{\pi}}} } \sqrt{ \dfrac{2\left(\dfrac{B}{\sqrt{\pi}} - \dfrac{B-2t}{\sqrt{\pi}}\right)(1+b)\sigma_{se}}{(2+2b-\alpha b)\left(\dfrac{B-2t}{\sqrt{\pi}}\right) + 2\left(\dfrac{B}{\sqrt{\pi}} - \dfrac{B-2t}{\sqrt{\pi}}\right)\alpha} \xi } \right. \right. \\
& + \sqrt{ \dfrac{2t_{2}}{r_{1}+(r_{1}-r_{2})} } \sqrt{ \dfrac{2t_{2}(1+b)\sigma_{st}}{(1+b+2a)r_{1}+2t_{2}\alpha b} } \Bigg) \sqrt{f_{c}} \\
& + 2\left(\dfrac{2\left(\dfrac{B}{\sqrt{\pi}} - \dfrac{B-2t}{\sqrt{\pi}}\right)}{\dfrac{B}{\sqrt{\pi}} - \dfrac{B-2t}{\sqrt{\pi}}} \dfrac{2\left(\dfrac{B}{\sqrt{\pi}} - \dfrac{B-2t}{\sqrt{\pi}}\right)(1+b)\sigma_{se}}{(2+2b-\alpha b)\left(\dfrac{B-2t}{\sqrt{\pi}}\right) + 2\left(\dfrac{B}{\sqrt{\pi}} - \dfrac{B-2t}{\sqrt{\pi}}\right)\alpha} \xi \right. \\
& \left. + \dfrac{2t_{2}}{r_{1}+(r_{1}-r_{2})} \dfrac{2t_{2}(1+b)\sigma_{st}}{(1+b+2a)r_{1}+2t_{2}ab} \Bigg) \right] \left[(B-2t)^{2} - \pi r_{1}^{2} \right] \Bigg\} + \sigma_{se}\pi\left[\left(\dfrac{B}{\sqrt{\pi}}\right)^{2} - \left(\dfrac{B-2t}{\sqrt{\pi}}\right)^{2} \right] \\
& + \sigma_{st}\pi\left[r_{1}^{2} - (r_{1}-t_{2})^{2} \right]
\end{aligned}
$$

（4.48）

5）公式对比验证

本节取文献[14]中的试验数据对计算公式进行验证，将本节公式计算极限承载力和文献[11]计算极限承载力与已有的试验极限承载力对比结果列入表 4.13。

表 4.13 文献[11]计算结果、文献[14]试验结果与本节计算结果的比较

试件编号	N' 与 N_{2}'/kN（α=0.8）						N_{1}'/kN	E_{1}/%（α=0.8, b=0.6）	E_{2}/%（α=0.8, b=0.6）
	b=0	b=0.2	b=0.4	b=0.6	b=0.8	b=1.0			
Scc2-1	1088.98	1116.34	1121.41	1133.27	1144.98	1151.95	1054	6.9	7.3
	1096.868	1113.404	1126.774	1137.808	1147.070	1154.954			
Scc2-2	1088.98	1116.34	1121.41	1133.27	1144.98	1151.95	1060	6.4	6.8
	1096.868	1113.404	1126.774	1137.808	1147.070	1154.954			
Scc3-1	957.10	964.48	969.22	973.98	977.18	981.15	990	1.6	3.7
	945.374	949.112	952.130	954.618	956.704	958.479			
Scc3-2	957.10	964.48	969.22	973.98	977.18	981.15	1000	2.6	4.7
	945.374	949.112	952.130	954.618	956.704	958.479			
Scc4-1	898.38	907.23	910.09	912.19	913.71	914.76	870	4.6	4.6
	909.146	910.353	911.328	912.131	912.805	913.377			

续表

试件编号	N' 与 N_2'/kN（α=0.8）						N_1'/kN	E_1/%（α=0.8, b=0.6）	E_2/%（α=0.8, b=0.6）
	b=0	b=0.2	b=0.4	b=0.6	b=0.8	b=1.0			
Scc4-2	898.38	907.23	910.09	912.19	913.71	914.76	996	9.1	9.1
	909.146	910.353	911.328	912.131	912.805	913.377			
Scc5-1	1642.98	1644.34	1647.42	1653.01	1657.66	1664.76	1725	4.3	5.5
	1626.065	1629.509	1632.288	1634.579	1636.499	1638.132			
Scc5-2	1642.98	1644.34	1647.42	1653.01	1657.66	1664.76	1710	3.4	4.6
	1626.065	1629.509	1632.288	1634.579	1636.499	1638.132			
Scc6-1	2397.45	2399.79	2405.48	2409.42	2411.22	2417.32	2580	7.0	8.4
	2372.533	2375.458	2377.818	2379.764	2381.394	2392.780			
Scc6-2	2397.45	2399.79	2405.48	2409.42	2411.22	2417.32	2460	2.0	3.3
	2372.533	2375.458	2377.818	2379.764	2381.394	2392.780			
Scc7-1	3249.76	3254.20	3257.40	3259.47	3264.74	3266.38	3240	0.5	0.9
	3267.022	3269.222	3270.998	3272.461	3273.687	3274.729			
Scc7-2	3249.76	3254.20	3257.40	3259.47	3264.74	3266.38	3430	5.2	4.8
	3267.022	3269.222	3270.998	3272.461	3273.687	3274.729			

注：本节计算极限承载力 N' 位于上方，文献[11]中计算极限承载力 N_2' 位于下方，文献[14]试验极限承载力为 N_1'，E_1、E_2 为取 α=0.8，b=0.6 时，本节公式计算极限承载力与试验极限承载力的误差及文献[11]导出公式的对应计算极限承载力与试验极限承载力的误差。

通过对表 4.13 的分析可知，本节推得的公式计算极限承载力与试验数据符合较好，同时可看出本节计算极限承载力比文献[11]中同样利用统一强度理论但把钢管看作厚壁圆筒导出公式的计算极限承载力更接近试验极限承载力，符合性更好。

6）影响因素分析

在材料选定的情况下，影响方中空夹层钢管混凝土柱轴心受压承载力的因素主要包括：内、外钢管的管径，中间主应力影响系数 b，材料拉压强度比 α。由表 4.14 可看出，在外管管径不变的情况下，方中空夹层钢管混凝土柱轴心受压承载力，随内管管径的增大其轴压承载力减小；在内管管径不变时，随外管管径的增加其轴压承载力增大。

表 4.14　不同管径对方中空夹层钢管混凝土柱轴心受压承载力的影响

试件编号	B/mm	r_1/mm	本节的计算承载力/kN（α=0.8）					
			b=0	b=0.2	b=0.4	b=0.6	b=0.8	b=1.0
Scc2	120	16	1088.98	1116.34	1121.41	1133.27	1144.98	1151.95
Scc3	120	29	957.10	964.48	969.22	973.98	977.18	981.15
Scc4	120	44	898.38	907.23	910.09	912.19	913.71	914.76
Scc4	180	44	1642.98	1644.34	1647.42	1653.01	1657.66	1664.76

　　取试件 Scc3，在 $b=0$ 时，承载力 N' 随材料拉压强度比 α 的变化情况见图 4.33。从图 4.33 可得到，构件承载力 N' 随 α 的增大而减小，说明拉压强度不同的材料对构件的承载力有影响。

　　取试件 Scc3，在 $\alpha=0.8$ 时，承载力 N' 随中间主应力影响系数 b 的变化情况见图 4.34。由图 4.34 可知，承载力 N' 随 b 的增大而增大，说明不同强度准则对承载力的影响不容忽视。

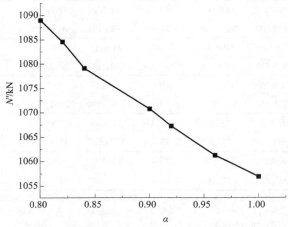

图 4.33　试件 Scc3 N' 与 α 的关系曲线（$b=0$）

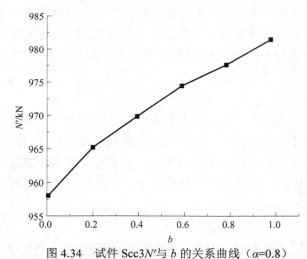

图 4.34　试件 Scc3 N' 与 b 的关系曲线（$\alpha=0.8$）

4.2　复式钢管混凝土柱偏压性能

　　长安大学赵均海团队[1, 2]对复式钢管混凝土柱的偏压性能开展了一系列研究工作，主要内容包括：复式钢管混凝土柱的偏压试验研究、数值模拟和承载力计

算，对比研究了不同计算结果的差异，并针对相关变量的影响敏感性开展参数化
分析。

4.2.1　复式钢管混凝土柱偏压试验研究

1. 小偏压短柱的试验研究

众多的研究结果表明，钢管混凝土柱承载力提高的原因之一是钢管对混凝土的
约束。在压力作用下，混凝土的横向变形受到了制约，从而提高了承载力。但是，
当钢管混凝土柱受到偏压作用时，混凝土受到的压力不均匀，甚至受拉。这样势必
影响钢管与混凝土之间的约束，降低了钢管混凝土的承载力。为了克服钢管混凝土
柱不宜作为偏压构件这一缺点，尝试用复式钢管混凝土柱代替偏压作用下的方钢管
混凝土柱，即在方钢管混凝土柱中配置圆钢管，以增强方钢管对核心混凝土的约束。
为了研究复式钢管混凝土柱在偏压下的力学性能，本节以圆钢管的管径壁厚和屈服
强度为参数，设计了三根复式钢管混凝土偏压短柱。作为比较，试验同时制作了一
根单纯方钢管混凝土偏压短柱。各试件的具体尺寸和编号见表 4.15。

表 4.15　复式钢管混凝土小偏压短柱的尺寸和编号

偏心距 /mm	试件编号	方管尺寸/ (mm×mm×mm)	圆管尺寸/ (mm×mm)	试件长度/mm	圆管套箍系数
20	G2-1	120×120×2.6	—	360	—
	G2-2	120×120×2.6	Φ58.5×1.4	360	1.83
	G2-3	120×120×2.6	Φ74×0.9	360	1.58
	G2-4	120×120×2.6	Φ83×0.9	360	1.23

1）试件的制作

试件的制作方法同 4.1.1 小节。为了研究圆钢管弯矩作用面内受压一侧的横向
应变和纵向应变，在试件制作时，必须确保圆钢管和方钢管同心定位。

2）加载装置及应变片和位移计的布置

为了模拟铰接，试件的上下两端均采用刀绞。加载装置示意图如图 4.35 所示。

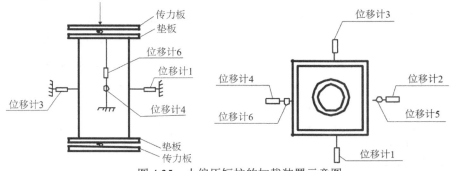

图 4.35　小偏压短柱的加载装置示意图

　　为了测定钢管在横向及纵向的应变，在方钢管四个面中截面上各贴一片（共四片）横向应变片和一片（共四片）纵向应变片；在圆钢管中截面上间隔 90º 各贴一片（共二片）横向应变片和一片（共二片）纵向应变片。同时为了测定试件的横向变形和纵向变形，在试件的四周各布置一只横向位移计，在试件的一组对面外布置纵向位移计。位移计和应变片的布置与轴压短柱试件的应变片和位移计的布置相同。图 4.36 为试验装置图。

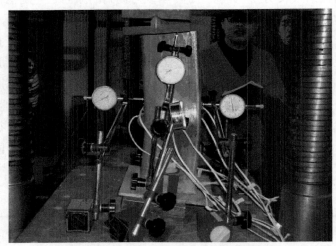

图 4.36　小偏压短柱的试验装置图

3）加载方案及试验现象

　　本组试验设计偏心距 e_0=20mm。在试验前，先在试件的上下两端确定偏心距的位置，然后将下加载板的 V 形凹槽的中心线对准试件下端的偏心线。调整下加载板的位置，使试件位于试验机传力板的中心。固定试件和下加载板，调整上加载板的位置，使试件满足设计的偏心要求。对试件进行物理对中后，施加一微小荷载，用来固定试件。试件采用分级连续加载制度，在加载初期，每级荷载取为60kN，在荷载-位移曲线开始偏离直线后，每级荷载为 30kN。试件为连续加载，每级荷载间不停顿。

　　在加荷初期，试件无明显变化，在试件的弯矩作用平面内跨中无明显挠度出现，由 X-Y 记录仪得到的荷载-位移曲线可以看出，此时的位移与荷载基本成正比。随着荷载的增加，在弯矩作用平面内开始出现微小的挠度，在加载的过程中，跨中挠度开始缓慢发展，当荷载达到某一值（对于不同的试件，此值也不相同）后，跨中挠度已经较为明显，此时继续加载，试件荷载仍能增加。此后跨中挠度开始明显增加，同时能听见混凝土压碎的声音。随着荷载的进一步增加，在试件的受压面跨中开始向外凸起，一旦出现这些凸起，试件很快进入塑性阶段，荷载不能继续增加，且无论是挠度还是纵向变形都迅速发展，说明试件已经破坏。此时记录的试件纵向位移和跨中挠度已不能反映试件的真实位移变化。图 4.37 为试件 G2-3 和试件 G2-4 的受压破坏形态。由图 4.37（a）可以看出，在受拉区，方钢管和圆钢管与混凝土分离。

　　　　（a）试件 G2-3　　　　　　　　　　　　　　（b）试件 G2-4

图 4.37　试件 G2-3 和试件 G2-4 的受压破坏形态

图 4.38 和图 4.39 分别为试验过程中记录的试件 G2-3、G2-4 各点的荷载-位移曲线。

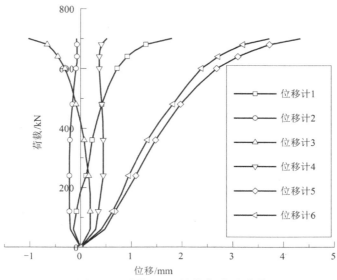

图 4.38　试件 G2-3 的荷载-位移曲线

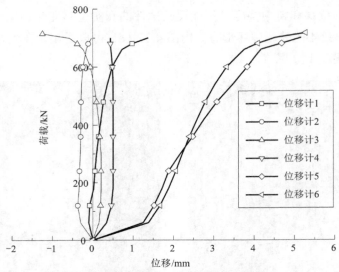

图 4.39　试件 G2-4 的荷载-位移曲线

由图 4.38 和图 4.39 可以看出，在荷载很小时，试件两对面的横向位移曲线基本与荷载轴成对称变化，即两个对面的横向位移方向相同、大小近似。出现这种情况的原因可能有两种：①试件发生初弯曲；②试件在荷载作用下发生了滑移。随着荷载的增加，与弯矩作用平面垂直的两个面的横向位移基本保持恒定；而弯矩作用平面内的两个面的横向位移曲线则互相靠拢，达到某一荷载值时交于一点，当荷载超过这一点后，两者重新分离，并逐渐偏离原来的曲线，说明试件的跨中挠度出现并不断发展。

两个试件的纵向位移曲线变化趋势基本相同。在初始阶段，纵向位移曲线为一直线。当位移达到某一值时，纵向位移的斜率突然增大，进入另一种直线状态。随后纵向位移继续增大，并随着荷载的增加，逐渐偏离原来的直线方向。最后与挠度曲线同时进入水平段。

4）试验结果分析

试验结果见表 4.16。由表中数据可以看出，试件 G2-4 具有最大的承载力和变形。

表 4.16　复式钢管混凝土小偏压短柱的试验结果

试件编号	方管屈服强度/MPa	圆管屈服强度/MPa	混凝土强度/MPa	极限承载力/kN	极限位移/mm
G2-1	407.5	—	32.4	620	3.44
G2-2	407.5	352.5	32.4	680	3.91
G2-3	407.5	680	32.4	700	4.03
G2-4	407.5	597	32.4	716	5.23

图 4.40 为小偏压短柱试件的荷载-纵向位移曲线。从图中曲线走势可以看出，所有试件都有一个共同点，即在加载过程中，当荷载较小时，曲线为一条近似直线，然后存在一点，曲线的斜率突然变大。这是因为在荷载较小时，荷载基本是由钢管和混凝土单独承担，钢管混凝土处于弹性阶段，故试件的荷载-位移曲线为一直线。当荷载稍有增加，由于弯矩很小，混凝土还未受到拉应力，以承受压力为主，混凝土的泊松比将变大，当钢管的横向变形小于混凝土的横向变形后，钢管为混凝土提供了约束，于是由初始阶段的单独受力转变为两者共同受力。因此，试件的荷载-位移曲线的斜率有一个提高的过程。但是，由于试件 G2-1 只有方钢管的约束而没有内置圆钢管的增强作用，故试件 G2-1 荷载-位移曲线斜率的提高不如复式钢管混凝土柱的明显。

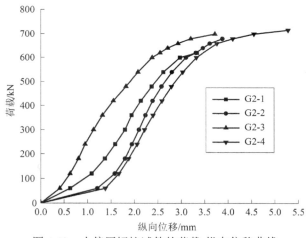

图 4.40　小偏压短柱试件的荷载-纵向位移曲线

2. 大偏压短柱的试验研究

为了研究复式钢管混凝土柱在大偏压荷载下的力学性能及圆钢管对方钢管混凝土短柱承载力的影响，本节以圆管的管径、壁厚和屈服强度为参数，设计三根承受较大偏心荷载的复式钢管混凝土短柱试件。作为比较，试验同时制作一根方钢管短柱试件。各试件的具体尺寸和编号见表 4.17。

表 4.17　复式钢管混凝土大偏压短柱的尺寸和编号

偏心距/mm	试件编号	方管尺寸/（mm×mm×mm）	圆管尺寸/（mm×mm）	试件长度/mm	圆管套箍系数
30	G3-1	120×120×2.6	—	360	—
	G3-2	120×120×2.6	Φ58.5×1.4	360	1.83
	G3-3	120×120×2.6	Φ74×0.9	360	1.58
	G3-4	120×120×2.6	Φ83×0.9	360	1.23

　　除偏心距不同外，复式钢管混凝土短柱的大偏压试验的试件制作、加载装置、方案及应变片、位移计的布置均与复式钢管混凝土短柱的小偏压试验相同。

　　在试件的加载过程中，由于偏心距过大，所有试件均表现为局部破坏。各试件的试验结果见表4.18。由表中数据可以看出，复式钢管混凝土短柱试件 G3-3、G3-4 在大偏压荷载作用下，承载力仍高于对应的方钢管混凝土短柱试件 G3-1 的承载力。在复式钢管混凝土轴压试验的基础上，仍然可以认为圆钢管的管径对承载力的影响较为明显。另外，圆钢管管径不同时，加荷点与圆钢管的关系不同，圆钢管对内层混凝土的影响也不同。

表 4.18　　复式钢管混凝土大偏压短柱的试验结果

试件编号	方管屈服强度/MPa	圆管屈服强度/MPa	混凝土强度/MPa	极限承载力/kN	极限位移/mm
G3-1	407.5	—	32.4	440	3.22
G3-2	407.5	352.5	32.4	420	3.08
G3-3	407.5	680	32.4	460	3.7
G3-4	407.5	597	32.4	500	3.29

　　图 4.41 为试件 G3-2 破坏后的形态。试件 G3-2 的管径较小，加荷点完全位于圆钢外加荷点将完全落在圆钢管的外面，圆钢管及内层混凝土不能发挥作用，全部荷载由外层混凝土及方钢管承担，于是发生局部破坏，并且由于在钢管与混凝土的接触面上发生了分离，其承载力低于对应的方钢管混凝土短柱的承载力。

图 4.41　　试件 G3-2 破坏后的形态

　　对于试件 G3-3 和试件 G3-4，由于其圆管管径较大，有部分圆钢管及内层混凝土承担荷载，故其承载力高于对应的方钢管混凝土短柱。另外由于试件只发生了局部破坏，此时得到的荷载-位移曲线并不能真实的反映试件的变形性能。

4.2.2　复式钢管混凝土柱偏压数值模拟

1. 材料本构模型

1）内圆外圆中空夹层复式钢管混凝土柱

（1）核心混凝土的本构模型。本节研究内圆外圆中空夹层复式钢管混凝土柱的受力特点，当柱轴向受压时受荷初期核心混凝土受到被动的侧压力，核心混凝土总体处于单向受压状态。随着混凝土纵向变形的增加，其横向变形系数不断增大，当超过钢材的横向变形系数时，在钢管和核心混凝土之间产生相互作用力，这时混凝土处于三向受压的应力状态。故本节采用韩林海等[15]提出的应力-应变关系的简单表达式。内圆外圆中空夹层复式钢管混凝土柱中核心混凝土的本构关系式如下。

当 $\varepsilon_c \leqslant \varepsilon_0$ 时，

$$\sigma_c = \sigma_0\left[A\frac{\varepsilon_c}{\varepsilon_0} - B'\left(\frac{\varepsilon_c}{\varepsilon_0}\right)^2\right] \tag{4.49}$$

当 $\varepsilon_c > \varepsilon_0$ 时，

$$\begin{cases} \sigma_c = \sigma_0(1-q) + \sigma_0 q\left(\dfrac{\varepsilon_c}{\varepsilon_0}\right)0.1\zeta, & \zeta \geqslant 1.12 \\ \sigma_c = \sigma_0\left(\dfrac{\varepsilon_c}{\varepsilon_0}\right)\Big/\left[\beta\left(\dfrac{\varepsilon_c}{\varepsilon_0}-1\right)^2 + \left(\dfrac{\varepsilon_c}{\varepsilon_0}\right)\right], & \zeta < 1.12 \end{cases} \tag{4.50}$$

式（4.49）和式（4.50）中，$\sigma_0 = f_{ck}\left[1.194 + \left(\dfrac{13}{f_{ck}}\right)^{0.45}\left(-0.07485\zeta^2 + 0.5789\zeta\right)\right]$；

$\zeta = \dfrac{A_s f_y}{A_c f_{ck}}$；$\varepsilon_0 = \varepsilon_{cc} + \left[1400 + 800(f_{ck}-20)/20\right]\zeta^2\,(\mu\varepsilon)$，$\varepsilon_{cc} = 1300 + 14.93 f_{ck}\,(\mu\varepsilon)$；

$A = 2 - K$；$B' = 1 - K$；$\beta = \left(2.36\times10^{-0.5}\right)^{\left[0.25+(\zeta-0.5)^7\right]} f_{ck}^2 \times 5\times10^{-4}$；$q = \dfrac{K}{0.2 + 0.1\zeta}$。

$K = 0.1\zeta^{0.745}$；f_{ck} 为混凝土轴心抗压强度标准值（MPa）；ζ 为套箍系数。

核心混凝土泊松比的计算公式为

$$\upsilon_c = \begin{cases} 0.173, & \sigma_0 \leqslant 0.55 + 0.25\left(\dfrac{f_{ck}-33.5}{33.5}\right) \\ 0.173 + \left[0.7036\left(\dfrac{\sigma_c}{\sigma_0}-0.4\right)^{0.15}\left(\dfrac{20}{f_{ck}}\right)\right], & \sigma_0 > 0.55 + 0.25\left(\dfrac{f_{ck}-33.5}{33.5}\right) \end{cases} \quad (4.51)$$

式中，σ_c，σ_0 分别为混凝土的纵向应力、钢管屈服时的应力。

由式（4.49）和式（4.50）得到内圆外圆中空夹层复式钢管混凝土柱核心混凝土的应力-应变关系曲线，如图 4.42 所示。

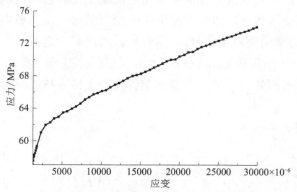

图 4.42　内圆外圆中空夹层复式钢管混凝土柱核心混凝土的应力-应变曲线

（2）钢材的本构模型。弹塑性理论对建筑所用钢材是比较合理的[7]，通常采用 Mises 屈服条件和相关联流动法则能较精确地给出其弹塑性本构关系。常用的强化本构模型包括 3 种：各向同性强化模型、运动强化模型及混合型强化模型，这些模型从不同角度使钢材的特性得以反应。Bauschinger 效应不能用各向同性强化模型来反应，它适用于单调加载情况，对于循环加载，一般采用运动强化模型和混合型强化模型，而本节采用 Mises 屈服条件及各向同性强化本构模型。

2）内圆外方中空夹层复式钢管混凝土柱

（1）核心混凝土的本构模型。鉴于方钢管核心混凝土本构模型和圆钢管核心混凝土本构模型的不同，根据文献[15]，对方钢管核心混凝土采用以下本构关系：

$$\sigma_c = \begin{cases} \sigma_0\left[A\dfrac{\varepsilon_c}{\varepsilon_0} - B'\left(\dfrac{\varepsilon_c}{\varepsilon_0}\right)^2\right], & \varepsilon_c \leqslant \varepsilon_0 \\ \sigma_0\left(\dfrac{\varepsilon_c}{\varepsilon_0}\right)\dfrac{1}{\beta\left(\dfrac{\varepsilon_c}{\varepsilon_0}-1\right)^\eta + \dfrac{\varepsilon_c}{\varepsilon_0}}, & \varepsilon_c > \varepsilon_0 \end{cases} \quad (4.52)$$

式中，

$$\sigma_0 = f_{ck}\left[1.194 + \left(\frac{13}{f_{ck}}\right)^{0.45}\left(-0.07485\zeta^2 + 0.5789\zeta\right)\right]$$

$$\varepsilon_0 = \varepsilon_{cc} + 0.95\left[1400 + 800\left(f_{ck} - 20\right)/20\right]\zeta^2\left(\mu\varepsilon\right), \quad \varepsilon_{cc} = 1300 + 14.93 f_{ck}\left(\mu\varepsilon\right)$$

$$A = 2 - K, \quad B' = 1 - K, \quad K = 0.1\zeta^{0.745}, \quad \eta = 1.60 + 1.5\frac{\varepsilon_0}{\varepsilon_c}$$

$$\beta = \begin{cases} 0.75\dfrac{1}{\sqrt{1+\zeta}}f_{ck}^{0.1}, & \zeta \leqslant 3.0 \\[4mm] 0.75\dfrac{1}{\sqrt{1+\zeta}(\zeta-2)^2}f_{ck}^{0.1}, & \zeta > 3.0 \end{cases}$$

方钢管核心混凝土的泊松比计算公式采用式（4.51）。由式（4.52）得本节所选内圆外方中空夹层复式钢管混凝土柱核心混凝土的应力-应变关系曲线，如图 4.43 所示。

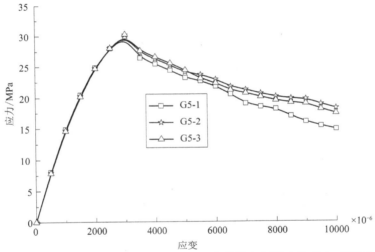

图 4.43　内圆外方中空夹层复式钢管混凝土柱核心混凝土的应力-应变关系曲线

（2）钢材的本构模型。内圆外方中空夹层复式钢管混凝土柱钢材的本构关系和强化准则采用与内圆外圆中空夹层复式钢管混凝土柱中钢材相同，为 Mises 屈服条件及各向同性强化准则。

3）钢管和混凝土之间的黏结

钢管混凝土柱的研究中，钢管与混凝土之间的黏结一直是一个引人关注且复杂的问题，通常采用两种做法：一是两者之间的相互作用用黏结单元加以考虑，ANSYS 中通过加入弹簧等接触单元来模拟钢管与混凝土之间的黏结作用；二是假设钢管和混凝土之间完全黏结，两者间不产生滑移。大多研究者在处理钢管与混凝土的黏结时采用此方法。考虑到前一种做法不是很成熟，故本节在进行分析时假设钢管与混凝土之间是完全黏结的。

2. 单元类型和材料模型的选择

ANSYS 单元库中存在近 200 种单元类型，可用于模拟实际工程中不同结构和材料。单元的类型决定单元的自由度和单元所处空间。每种模型都具有其特点和适用的范围。本节全部采用实体建模单元类型建模，钢管单元为 solid45，混凝土单元为 solid65。

1）钢管单元

solid45 单元用于三维实体结构模型，是六面体八节点单元，且每个节点处只有 X、Y、Z 位移方向的三个自由度：UX、UY、UZ。该单元具有塑性、膨胀、蠕变、应力强化、大变形、大应变等特质。该钢管单元中材料属性选用正交各向异性材料模型。solid45 单元的几何形状如图 4.44 所示。

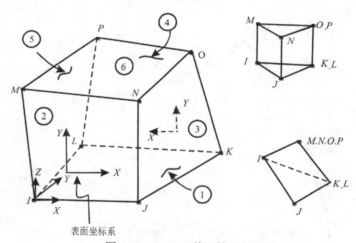

图 4.44　solid45 单元的几何形状

2）核心混凝土单元

本节对混凝土采用 solid65 单元（八节点 3D 单元）。此单元在多轴应力状态下材料模型选用 William-Warnke 五参数模型破坏准则。由 William-Warnke 五参数强度理论可知，静水压力高低状态不同，混凝土的性能也不同。在高静水压力状态时，需输入前 8 个参数值；低静水压力状态下，失效面可以仅由 f_t 和 f_c 两个参数来确定，其他三参数采用 William-Warnke 模型的默认值。

设定单轴抗压强度为 "−1"，后面 4 个静水压力参数可不用设定，此时成为带有 "拉力截断" 的 Mises 模型，虽然和标准的混凝土本构关系模型存在一定差异，但当在低静水压力不是很大时仍然可以取得较好的结果。

由文献[11]知，多轴应力状态下，William-Warnke 五参数模型破坏准则简要表达为式（4.53）[16]，破坏面见图 4.45，子午线如图 4.46 所示。

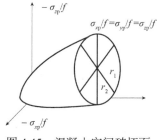

图 4.45　混凝土空间破坏面

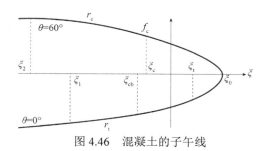

图 4.46　混凝土的子午线

$$\frac{F}{f_c} - S \geqslant 0 \tag{4.53}$$

式中，f_c 为混凝土轴心抗压强度；F 是和主应力 σ_{xp}、σ_{yp}、σ_{zp} 相关的函数；S 是由 f_c、f_t、f_{bc}、f_1、f_2 五个参数表示的破坏曲面函数。五参数中 f_c、f_t 由试验可以确定，其他三个参数 f_{bc}、f_1、f_2 可根据 William-Warnke 五参数模型破坏准则的参数设置，通常取为

$$f_{bc} = 1.2f_c \tag{4.54}$$
$$f_1 = 1.45f_c \tag{4.55}$$
$$f_2 = 1.725f_c \tag{4.56}$$

式（4.54）~式（4.56）应满足下列条件：

$$\sigma = \frac{1}{3}(\sigma_1 + \sigma_2 + \sigma_3) < \sqrt{3}f_c \tag{4.57}$$

处于三向受压（$0 \geqslant \sigma_1 \geqslant \sigma_2 \geqslant \sigma_3$）状态时，$F$ 表达式为

$$F = \frac{1}{\sqrt{15}}\left[(\sigma_1 - \sigma_2)^2 + (\sigma_2 - \sigma_3)^2 + (\sigma_3 - \sigma_1)^2\right]^{\frac{1}{2}} \tag{4.58}$$

式中，$\sigma_1 = \max(\sigma_{xp}, \sigma_{yp}, \sigma_{zp})$，$\sigma_3 = \min(\sigma_{xp}, \sigma_{yp}, \sigma_{zp})$。

$$S(\theta) = \frac{2r_2(r_2^2 - r_1^2)\cos\theta + r_2(2r_1 - r_2)\left[4(r_2^2 - r_1^2)\cos^2\theta + 5r_1^2 - 4r_1r_2\right]^{\frac{1}{2}}}{4(r_2^2 - r_1^2)\cos^2\theta + (r_2 - 2r_1)^2} \tag{4.59}$$

$$\cos\theta = \frac{2\sigma_1 - \sigma_2 - \sigma_3}{\sqrt{2}\left[\left(\sigma_1 - \sigma_2\right)^2 + \left(\sigma_2 - \sigma_3\right)^2 + \left(\sigma_3 - \sigma_1\right)^2\right]^{\frac{1}{2}}} \tag{4.60}$$

假设 $r_1 = a_0 + a_1\delta + a_2\delta^2$，$r_2 = b_0 + b_1\delta + b_2\delta^2$，$\delta = \dfrac{\sigma_h}{f_c}$，其中 α_0、α_1、α_2 可由下列方程确定：

$$\left\{\begin{array}{l} \dfrac{F_1}{f_c}\left(\sigma_1 = f_t, \sigma_2 = \sigma_3 = 0\right) \\[2mm] \dfrac{F_1}{f_c}\left(\sigma_1 = 0, \sigma_2 = \sigma_3 = -f_{cb}\right) \\[2mm] \dfrac{F_1}{f_c}\left(\sigma_1 = -\sigma_h^a, \sigma_2 = \sigma_3 = -\sigma_h^a - f_1\right) \end{array}\right\} = \left\{\begin{array}{ccc} 1 & \delta_t & \delta_t^2 \\ 1 & \delta_{cb} & \delta_2^2 \\ 1 & \delta_1 & \delta_1^2 \end{array}\right\}\left\{\begin{array}{c} a_0 \\ a_1 \\ a_2 \end{array}\right\} \tag{4.61}$$

式中，$\delta_t = \dfrac{f_t}{3f_c}$；$\delta_{cb} = \dfrac{f_{cb}}{3f_c}$；$\delta_1 = \dfrac{2f_1}{3f_c}$。

$$\left\{\begin{array}{l} \dfrac{F_1}{f_c}\left(\sigma_1 = \sigma_2 = 0, \quad \sigma_3 = -f_c\right) \\[2mm] \dfrac{F_1}{f_c}\left(\sigma_1 = \sigma_2 = -\sigma_h^a, \quad \sigma_3 = -\sigma_h^a - f\right)_2 \\[2mm] \dfrac{F_1}{f_c}\left(\sigma_1 = \sigma_2 = \sigma_3 = 0\right) \end{array}\right\} = \left\{\begin{array}{ccc} 1 & -\dfrac{1}{3} & \dfrac{1}{9} \\[2mm] 1 & \delta_2 & \delta_2^2 \\[2mm] \dfrac{1}{3} & \delta_0 & \delta_0^2 \end{array}\right\}\left\{\begin{array}{c} b_0 \\ b_1 \\ b_2 \end{array}\right\} \tag{4.62}$$

式中，$\delta_2 = -\dfrac{\sigma_h^a}{f_c} - \dfrac{f_2}{3f_c}$；$\delta_0$ 为方程 $a_0 + a_1\delta_0 + a_2\delta_0^2 = 0$ 的正根。

3. 内圆外圆中空夹层复式钢管混凝土柱数值模拟

1）模型建立

利用 ANSYS 分析软件创建几何模型。建立模型时忽略钢管和混凝土间的滑移，为与试验情况一样，在柱两端各加一块钢板。以 Pcc1-2a 为例，图 4.47 给出了 Pcc1-2a 试件的几何实体模型。钢材选用 solid45 单元，钢材的弹性模量依照文献[17]取为 200GPa，钢材的屈服强度见表 4.5；核心混凝土的弹性模量取 17.7GPa，破坏准则选用 William-Warnke 五参数模型破坏准则。在定义参数时，张开裂缝的剪切传递系数：梁一般取 0.5，深梁通常取 0.25，剪力墙取 0.125，本节中混凝土取为 0.3，闭合裂缝的剪切传递系数取为 0.9，按照混凝土规范，抗拉强度取 2.39MPa，ANSYS 程序中计算极限荷载时，建议关闭混凝土压碎功能[18]，按单轴抗压强度取 "−1"。

2）网格划分

建立几何模型，确定不同材料属性后即可进行单元划分。由于材料类型不同，为控制好单元的形状、大小，选择由线分段控制的体扫掠划分。如此划分单元需注意，两个不同属性实体的黏结，在黏结面上的单元其各个节点必须对齐，也就是说黏结面应是共用节点。假如节点没有对应，在 ANSYS 计算时，位移和力的传递会发生错误，从而导致 ANSYS 无法求解或是求解错误。合适的单元大小不仅能使求解精确而且能节省时间，根据本节实体模型的特点，在确保单元形状要求的基础上，采用人为控制进行网格划分。几何实体模型的单元总数为 2168，其中混凝土单元有 1654 个单元，钢管及传力板有 514 个单元。有限元模型网格划分如图 4.48 所示。

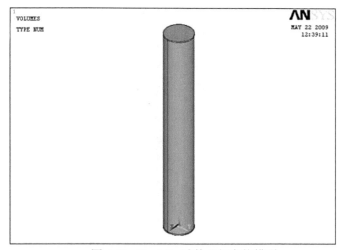

图 4.47　Pcc1-2a 试件几何实体模型

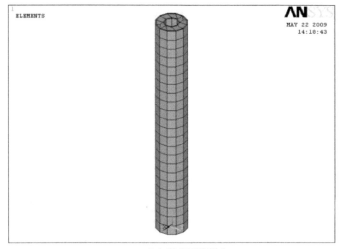

（a）整体网格划分

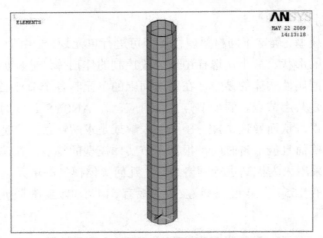

（b）外钢管网格划分

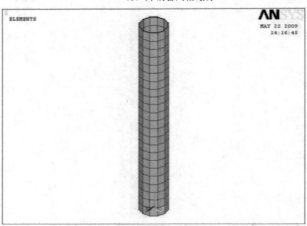

（c）内钢管网格划分

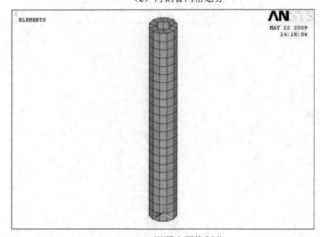

（d）混凝土网格划分

图 4.48　Pcc1-2a 试件有限元模型网格划分图

3）边界约束和加载方式

分析试件的极限荷载，采用位移加载。根据文献[17]，构件的支撑情况相当于固结，因此在试件的有限元模型中，对试件底部施加了全部约束。在施加顶端偏心荷载时，把顶端面上所有偏心距为 14mm 的节点耦合在一个关键点上，如图 4.49 所示。施加的荷载只需加在此耦合点的 Z 向即可。图 4.50 为约束和加载的单元模型。

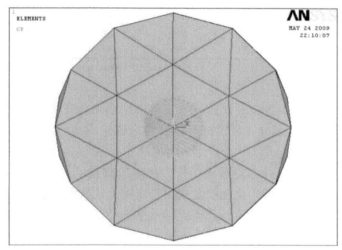

图 4.49　Pcc1-2a 试件节点耦合图

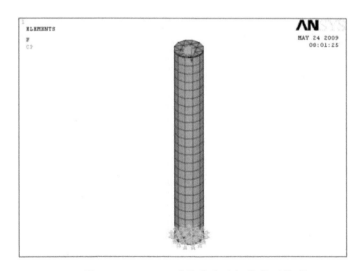

图 4.50　Pcc1-2a 试件约束及加载单元模型

4）结果对比分析

依照上述建模和求解过程，本节运用 POST26 的功能，对文献[17]中的几个试件进行有限元分析，来考察其内力分布情况和破坏机理，并与已有试验结果进行对比，具体数据见表 4.19。

表 4.19　内圆外圆中空夹层复式钢管混凝土柱的偏压极限承载力比较

项目	试件编号				
	Pcc1-1a	Pcc1-2a	Pcc1-3a	Pcc2-2a	Pcc2-3a
N_A/kN	678.86	560.45	330.02	431.23	248.76
N_1/kN	664	536	312	400	228
N_A/N_1	1.022	1.046	1.058	1.078	1.091
N_A/N_p	1.055	1.039	1.034	0.973	0.945

注：N_A 为 ANSYS 计算偏压极限承载力，N_1 为文献[17]试验所得偏压极限承载力，N_p 为理论计算偏压极限承载力。

由表 4.19 可知，ANSYS 计算值与试验值结果吻合较好。同时发现 ANSYS 计算值较试验值高，这可能是模拟时没有考虑钢管和核心混凝土之间的滑移造成的。

此外，运用 POST26 功能得出了模型柱顶的荷载-位移曲线，见图 4.51。从图 4.51 可看出，内圆外圆中空夹层复式钢管混凝土柱有很好的变形能力。从有限元分析看出，端部附近的混凝土已经断裂和压碎，而试件中部的混凝土仍完好，同时发现外钢管外部凸起不明显而内部钢管严重屈曲。

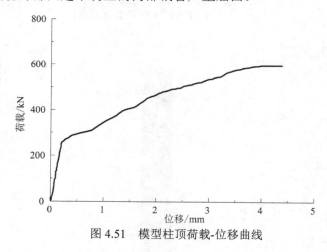

图 4.51　模型柱顶荷载-位移曲线

图 4.52~图 4.54 分别为外钢管、内钢管、夹层混凝土在极限荷载时的 Z 向应力云图。从图 4.52 可看出，外钢管的应力从端部向中部逐渐变小，在受压区外钢管完全屈服。从图 4.53 和图 4.54 可看出，核心混凝土和内钢管的应力分布大致相同，应力从端部向中部逐渐增加。压区混凝土接近外钢管周围比内钢管周围的混凝土先破坏，故压区混凝土较拉区混凝土破坏早。同时可知内外钢管都达到了

屈服，但外钢管产生局部屈服而内钢管几乎全部屈服。此时核心混凝土已被压碎，与试验结果吻合。

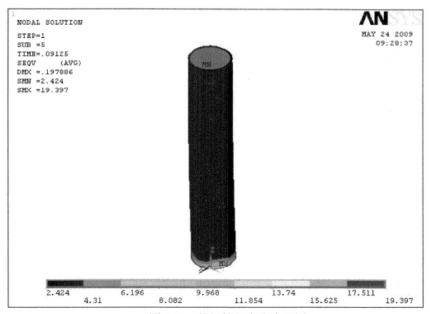

图 4.52　外钢管 Z 向应力云图

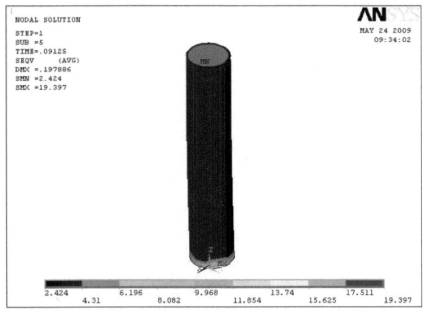

图 4.53　内钢管 Z 向应力云图

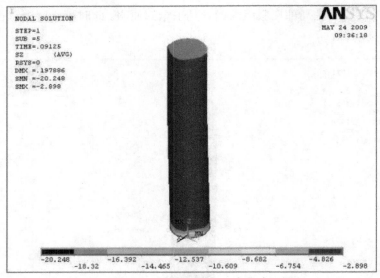

图 4.54　夹层混凝土 Z 向应力云图

4. 内圆外方中空夹层复式钢管混凝土柱数值模拟

1）模型建立

建立实体模型来进行有限元分析，以 G5-1 为例，图 4.55 给出了试件 G5-1 的几何实体模型。有关材料参数取值[1]：钢材的弹性模量外方钢管为 $2.07\times10^5\mathrm{MPa}$；内圆钢管 G5-1 弹性模量为 $2.05\times10^5\mathrm{MPa}$，G5-2 弹性模量为 $1.94\times10^5\mathrm{MPa}$，G5-3 弹性模量为 $2.10\times10^5\mathrm{MPa}$，钢材的屈服强度参考文献[17]，混凝土的本构关系见图 4.43。单元材性的定义和内圆外圆中空夹层钢管混凝土柱中核心混凝土的定义相同。

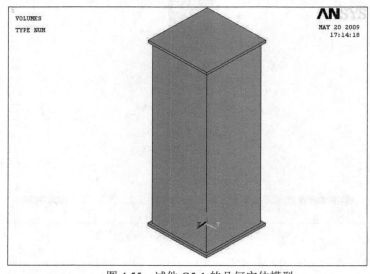

图 4.55　试件 G5-1 的几何实体模型

2）网格划分

同圆钢管相比方钢管的网格划分较复杂，因为外钢管是不规则的模型，同时核心混凝土也是不规则的。本节通过建立面将外钢管与核心混凝土按布尔运算中分割运算，先进行分割再黏结，之后选择由线分段控制的体扫掠划分。几何实体模型单元总数为 2116，混凝土单元有 1000 个，钢管单元 516 个。有限元模型的网格划分如图 4.56 所示。

3）边界的约束和加载方式

内圆外方复式钢管混凝土柱的边界约束和加载方式与内圆外圆中空夹层复式钢管混凝土柱相同。图 4.57 给出了试件节点耦合后的放大图，图 4.58 是约束及加载的单元实体模型。

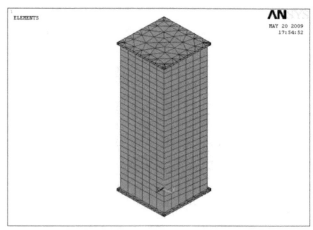

（a）整体模型网格划分

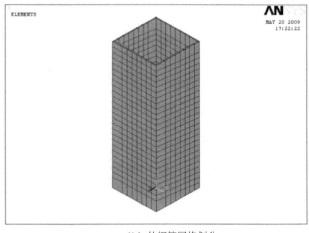

（b）外钢管网格划分

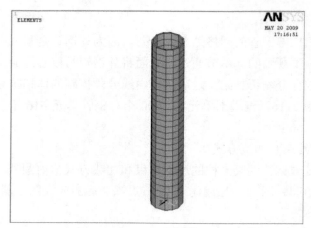

（c）内钢管网格划分

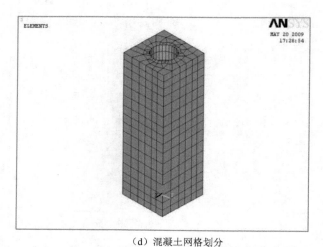

（d）混凝土网格划分

图 4.56　试件 G5-1 有限元模型网格划分图

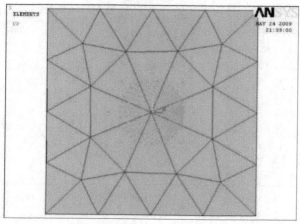

图 4.57　试件 G5-1 节点耦合放大图

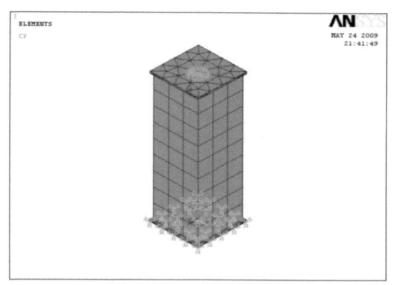

图 4.58　试件 G5-1 约束及加载的单元模型

4）计算结果的分析

依照上述建模和求解过程，本节运用 Post26 的功能，对文献[1]中的 3 个试件进行有限元分析，考察其内力分布情况和破坏机理，并与试验结果进行对比，具体数据见表 4.20。

表 4.20　内圆外方中空夹层复式钢管混凝土柱的偏压极限承载力比较

项目	试件编号		
	G5-1	G5-2	G5-3
N_A/kN	585.21	571.06	545.23
N_1/kN	600	540	500
N_A/N_1	0.9753	1.0575	1.0905
N_A/N_p	1.0138	1.0189	1.0217

由表 4.20 中的数据可知，ANSYS 计算值与本节计算结果吻合较好。同时发现 ANSYS 计算值较试验值高，这可能是因为模拟时没有考虑钢管和核心混凝土之间的滑移。图 4.59 给出了试件的荷载-位移曲线，可以看出，内圆外方中空夹层复式钢管混凝土柱有很好的变形能力。同时，在外管尺寸不变时，极限承载力随内管尺寸的增加呈减小趋势，与试验结果吻合。

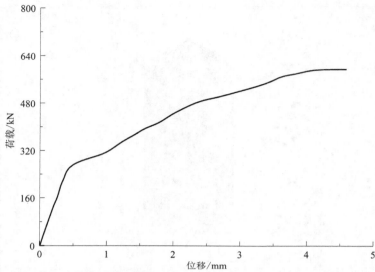

图 4.59　内圆外方中空夹层复式钢管混凝土柱 ANSYS 计算结果

　　图 4.60 和图 4.61 分别为内圆外方中空夹层复式钢管混凝土柱的外钢管和内钢管在极限荷载下的 Z 向应力云图。从图可见外钢管四个面的应力分布基本相同且对称，钢管端部应力较中部应力较大。

　　极限荷载下夹层混凝土的 Z 向应力云图如图 4.62 所示，可以看出，外钢管周围的混凝土相对内层混凝土所受应力较大，说明方钢管的约束作用较圆钢管的小，也体现了内钢管的增强作用。同时可知在极限荷载作用下，混凝土已被完全压碎。

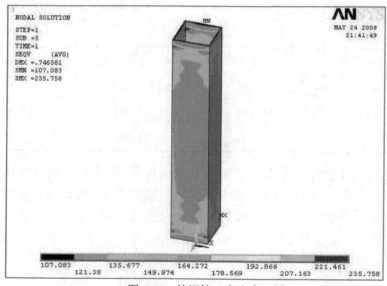

图 4.60　外钢管 Z 向应力云图

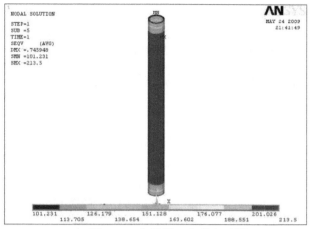

图 4.61　内钢管 Z 向应力云图

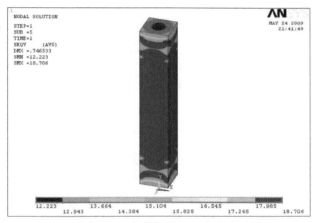

图 4.62　夹层混凝土 Z 向应力云图

4.2.3　中空夹层复式钢管混凝土柱偏压承载力分析

1. 内圆外圆中空夹层钢管混凝土柱的偏压承载力

经过对钢管混凝土偏心受压构件力学性能[19, 20]已有研究的分析可知,影响偏心受压钢管混凝土构件承载力的主要因素为构件的长细比和偏心率等,故本节在计算内圆外圆中空夹层偏心受压钢管混凝土柱的承载力时,在轴压承载力基础上考虑构件长细比和偏心率等因素对构件承载力的影响;其轴心受压承载力计算公式为式（4.38）,假设偏心率对偏心受压构件承载力的影响系数记为 φ_e,长细比对偏心受压构件承载力的影响降低系数为 φ_l。可知内圆外圆中空夹层钢管混凝土柱偏压承载力 N_{p1} 计算公式为

$$N_{p1} = \varphi_e \varphi_l N \tag{4.63}$$

式中，φ_e，φ_l 参考文献[21]取为

$$\varphi_e = 1/(1+1.85e_0/r_c), \quad \varphi_l = 1-0.05\sqrt{l_0/D-4} \tag{4.64}$$

其中，e_0 为偏心距；r_c 为试件核心混凝土半径，方钢管取边长的一半；l_0 指柱的计算长度；D 为钢管外直径。

1）偏压承载力统一解

将式（4.38）、式（4.64）代入式（4.63）可得内圆外圆中空夹层钢管混凝土柱偏压承载力统一解为

$$
\begin{aligned}
N_{p1} = \varphi_e\varphi_l\Bigg\{ f_c + 1.5\Bigg[&\Bigg(\sqrt{\frac{2t_1}{R_1+R_2}}\sqrt{\frac{2t_1(1+b)\sigma_{se}}{(2+2b-ab)R_2+2t_1a}} \\
&+ \sqrt{\frac{2t_2}{r_1+r_2}}\sqrt{\frac{2t_2(1+b)\sigma_{st}}{(1+b+2a)r_1+2t_2ab}} \Bigg)\sqrt{f_c} + 2\Bigg(\frac{2t_1}{R_1+R_2}\frac{2t_1(1+b)\sigma_{se}}{(2+2b-ab)R_2+2t_1a} \\
&+ \frac{2t_1}{r_1+r_2}\frac{2t_2(1+b)\sigma_{st}}{(1+b+2a)r_1+2t_1ab} \Bigg)\Bigg]\pi\left(R_2^2-r_1^2\right) + \sigma_{se}\pi\left(R_1^2-R_2^2\right) + \sigma_{st}\pi\left(r_1^2-r_2^2\right) \Bigg\}
\end{aligned}
\tag{4.65}
$$

2）计算公式对比验证

本节取文献[17]中的试验数据对计算公式进行验证，将本节公式计算值 N_{p1} 及文献[17]试验值 N_{p1}' 列入表 4.21。

表 4.21　本节计算结果与文献[17]试验值的比较

试件编号	N_{p1}/kN（$\alpha=0.8$）						N_{p1}' /kN	N_{p1} 和 N_{p1}' 误差/%（$b=0$）
	$b=0$	$b=0.2$	$b=0.4$	$b=0.6$	$b=0.8$	$b=1.0$		
Pcc1-1a	643.74	648.98	652.78	655.50	659.38	661.6	664	3.05
Pcc1-1b	643.74	648.98	652.78	655.50	659.38	661.6	638	0.89
Pcc1-2a	539.31	545.72	551.01	555.45	559.25	562.53	536	0.62
Pcc1-2b	539.31	545.72	551.01	555.45	559.25	562.53	549	1.77
Pcc1-3a	319.04	322.83	325.96	328.59	330.83	332.77	312	2.26
Pcc1-3b	319.04	322.83	325.96	328.59	330.83	332.77	312	2.26
Pcc2-1a	672.52	675.08	678.14	681.08	683.15	685.53	620	8.47
Pcc2-1b	672.52	675.08	678.14	681.08	683.15	685.53	595	13.03
Pcc2-2a	443.14	444.83	447.53	451.48	453.85	455.76	400	10.79
Pcc2-2b	443.14	444.83	447.53	451.48	453.85	455.76	394	12.47
Pcc2-3a	263.25	264.73	266.61	269.02	271.31	273.87	228	15.46
Pcc2-3b	263.25	264.73	266.61	269.02	271.31	273.87	227	15.97

从表 4.21 可知，本节公式计算结果与文献试验结果误差在允许范围内，说明本节得到的计算公式有实用价值。

3）影响因素分析

从表 4.21 可看出，在材料选定的情况下，影响方中空夹层钢管混凝土柱偏心受压承载力的因素主要包括长细比、偏心距、材料拉压强度比 α 及中间主应力影响系数 b。具体分析如下。

以表 4.21 的试件 Pcc1-1a、Pcc1-2a、Pcc1-3a 为例，取 $b=0$，分析偏心距对承载力的影响，数据如表 4.22 所示。图 4.63 给出了偏心距与承载力的关系曲线，曲线显示，在内、外钢管尺寸不变，长细比相等的情况下，构件的承载力随偏心距的增大而减小，且偏心距增长越快，承载力降低越快。

表 4.22　偏心距对圆中空夹层钢管混凝土柱偏心受压承载力的影响

试件编号	外钢管尺寸			内钢管尺寸			L/D	e_0/mm	N'_{p1} /kN	N_{p1} /kN ($b=0$)
	R_1/mm	R_2/mm	t/mm	r_1/mm	r_2/mm	t_2/mm				
Pcc1-1a								4	664	643.74
Pcc1-2a	57	54	3	29	26	3	28	14	536	539.31
Pcc1-3a								45	312	319.04

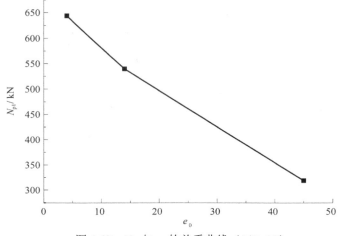

图 4.63　N_{p1} 与 e_0 的关系曲线（$L/D=28$）

以文献[17]的试件 Pcc1-3a、Pcc2-3a 为例，取 $b=0$，分析长细比对承载力的影响，数据如表 4.23 所示。图 4.64 给出了长细比与承载力的关系曲线，可以看出，在内、外钢管尺寸不变，偏心距相等的情况下，构件的承载力随长细比的增大而减小，且长细比越大，承载力降低较快。

表 4.23　　长细比对圆中空夹层钢管混凝土柱偏心受压承载力的影响

试件编号	外钢管尺寸			内钢管尺寸			L/D	e_0/mm	N'_{p1}/kN	N_{p1}/kN (b=0)
	R_1/mm	R_2/mm	t/mm	r_1/mm	r_2/mm	t_2/mm				
Pcc1-3a							28		312	319.04
	57	54	3	29	26	3		45		
Pcc2-3a							56		228	263.25

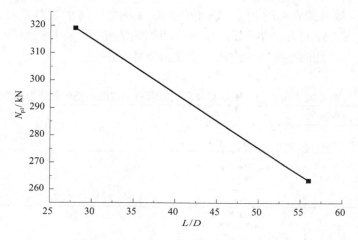

图 4.64　N_{p1} 与 L/D 的关系曲线（e_0=45mm）

　　材料拉压强度比 α 及中间主应力影响系数 b 对圆中空夹层钢管混凝土柱偏心受压承载力也有影响。图 4.65 取试件 Pcc1-1a，当 $\alpha = 0.8$ 时，承载力随中间主应力影响系数 b 的变化情况。由图 4.65 可知，承载力 N_{p1} 随 b 的增大而增大，说明不同强度准则对承载力有影响，计算时应取相对准确的强度准则。

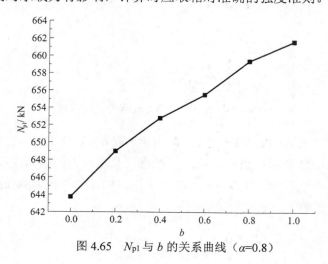

图 4.65　N_{p1} 与 b 的关系曲线（α=0.8）

图 4.66 取试件 Pcc1-2a，当 $b=0.8$ 时，承载力随材料拉压强度比 α 的变化情况。从图 4.66 可知，该构件承载力 N_{p1} 随 α 的增大而略有降低，说明拉压强度不同的材料对构件的承载力影响是非常有限的。

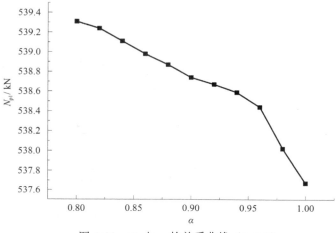

图 4.66　N_{p1} 与 α 的关系曲线（$b=0.8$）

2. 内圆外方中空夹层钢管混凝土柱偏压承载力

1）偏压承载力统一解

对钢管混凝土偏心受压构件力学性能[19, 22]的分析可知，影响偏心受压钢管混凝土构件承载力的主要因素为构件的长细比和偏心率等，故本节在计算内圆外方中空夹层偏心受压钢管混凝土柱的承载力时，在轴压承载力基础上考虑构件长细比和偏心率等因素对构件承载力的影响，同内圆外圆中空夹层钢管混凝土柱偏压承载力的计算方法。可得内圆外方中空夹层钢管混凝土柱偏压承载力 N_{p2} 统一解为

$$
\begin{aligned}
N_{p2} = \varphi_e\varphi_l\gamma_u\Bigg\{ &f_c + 1.5\left[\left(\sqrt{\dfrac{2\left(\dfrac{B}{\sqrt{\pi}} - \dfrac{B-2t}{\sqrt{\pi}}\right)}{\dfrac{B}{\sqrt{\pi}} - \dfrac{B-2t}{\sqrt{\pi}}}}\sqrt{\dfrac{2\left(\dfrac{B}{\sqrt{\pi}} - \dfrac{B-2t}{\sqrt{\pi}}\right)(1+b)\sigma_{se}}{(2+2b-\alpha b)\left(\dfrac{B-2t}{\sqrt{\pi}}\right) + 2\left(\dfrac{B}{\sqrt{\pi}} - \dfrac{B-2t}{\sqrt{\pi}}\right)\alpha}}\,\xi\right.\right. \\[2mm]
&\left.\left. + \sqrt{\dfrac{2t_2}{r_1 + (r_1 - r_2)}}\sqrt{\dfrac{2t_2(1+b)\sigma_{st}}{(1+b+2\alpha)r_1 + 2t_2\alpha b}}\right)\sqrt{f_c'}\,\right] \\[2mm]
&+ 2\left(\dfrac{2\left(\dfrac{B}{\sqrt{\pi}} - \dfrac{B-2t}{\sqrt{\pi}}\right)}{\dfrac{B}{\sqrt{\pi}} - \dfrac{B-2t}{\sqrt{\pi}}}\dfrac{2\left(\dfrac{B}{\sqrt{\pi}} - \dfrac{B-2t}{\sqrt{\pi}}\right)(1+b)\sigma_{se}}{(2+2b-\alpha b)\left(\dfrac{B-2t}{\sqrt{\pi}}\right) + 2\left(\dfrac{B}{\sqrt{\pi}} - \dfrac{B-2t}{\sqrt{\pi}}\right)\alpha}\,\xi\right)
\end{aligned}
$$

$$+ \frac{2t_2}{r_1 + (r_1 - r_2)} \frac{2t_2(1+b)\sigma_{st}}{(1+b+2\alpha)r_1 + 2t_2\alpha b}\Bigg)\Bigg]\Big[(B\text{-}2t)^2 - \pi r_1^2\Big]\Bigg\} + \sigma_{se}\pi\left[\left(\frac{B}{\sqrt{\pi}}\right)^2 - \left(\frac{B-2t}{\sqrt{\pi}}\right)^2\right]$$

$$+ \sigma_{st}\pi\left[r_1^2 - (r_1 - t_2)^2\right]$$

$$\text{（4.66）}$$

2）计算公式对比验证

本节取文献[1]中的试验数据对计算公式进行验证，将文献的试验数据列入表 4.24，本节公式计算值和文献[1]给出的试验值列入表 4.25。

表 4.24　文献[1]中方中空夹层钢管混凝土柱偏心受压试验数据

试件编号	方管尺寸/mm		圆管尺寸/mm		L/mm	f_c/MPa	σ_{se}/MPa	σ_{st}/MPa	L/B	e_0/mm	φ_e	φ_1
	B	t	D_1	t_2								
G5-1	120	2.6	58.5	1.4				352.5				
G5-2	120	2.6	74	0.9	360	22.53	407.5	680	3	20	0.619	1.0
G5-3	120	2.6	83	0.9				579				

表 4.25　文献[1]试验结果与本节计算结果的比较

试件编号	N_{p2}/kN $(\alpha=0.8)$						N'_{p2}/kN	N_{p2} 与 N'_{p2} 误差/% $(b=1.0)$
	$b=0$	$b=0.2$	$b=0.4$	$b=0.6$	$b=0.8$	1.0		
G5-1	565.98	569.06	571.61	573.77	575.63	577.23	600	3.9
G5-2	554.10	555.85	557.30	558.53	559.56	560.47	540	3.6
G5-3	529.07	530.33	531.36	532.24	532.98	533.63	500	6.3

从表 4.25 可知，材料拉压强度比 α 及中间主应力影响系数 b 对方中空夹层钢管混凝土柱偏心受压承载力有影响；本节公式计算结果与文献试验结果误差很小，说明本节得到的计算公式有很好的实用性。

3）影响因素分析

从表 4.24 和表 4.25 可看出，在材料选定的情况下，影响方中空夹层钢管混凝土柱偏心受压承载力的因素主要包括内、外钢管的管径，材料拉压强度比 α 及中间主应力影响系数 b。下面对这些影响因素进行展开分析。

以表 4.24 的试件 G5-1、G5-2、G5-3 为例，分析钢管径厚比对承载力的影响，数据见表 4.26。从表 4.26 可知外钢管径厚比不变，偏心距相等的情况下，构件的承载力随内圆钢管径厚比的增大而降低。

表 4.26 径厚比对方中空夹层钢管混凝土柱承载力的影响

试件编号	B/t	D/t	e_0/mm	N'_{p2}/kN	N_{p2}/kN
G5-1	46.15	41.79		600	577.23
G5-2	46.15	82.22	20	540	560.47
G5-3	46.15	92.22		500	533.63

取试件 G5-2，当 $\alpha = 0.8$ 时，偏压承载力 N_{p2} 随中间主应力影响系数 b 的变化情况见图 4.67。由图可知，承载力 N_{p2} 随 b 的增大而增大，这也说明不同强度准则对承载力的影响不容忽视。同样取试件 G5-2，当 $b=1$ 时，承载力随材料拉压强度比 α 的变化情况见图 4.68。从图可知，构件承载力 N_{p2} 随 α 的增大而略有减小，这说明拉压强度不同的材料对构件的承载力影响是非常有限的。

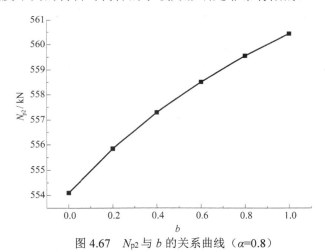

图 4.67 N_{p2} 与 b 的关系曲线（$\alpha=0.8$）

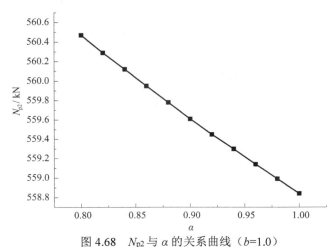

图 4.68 N_{p2} 与 α 的关系曲线（$b=1.0$）

4.3 复式钢管混凝土柱抗震性能

长安大学赵均海团队[23]对复式钢管混凝土柱的抗震性能开展研究，探讨了复式钢管混凝土柱在单调水平荷载作用下的力学性能和在低周反复水平荷载作用下的滞回性能，考察了轴压比、内钢管屈服强度、外钢管屈服强度和混凝土强度等因素的影响规律。

1. 复式钢管混凝土柱有限元模型建立

本节以内圆外方实复式钢管混凝土柱的含钢率、轴压比、钢材强度、混凝土强度等为主要参数，分析其在水平荷载作用下的力学性能。所采用的模型数据见表 4.27。

表 4.27　计算模型的基本数据

试件编号	方管尺寸/（mm×mm×mm）	圆管尺寸/（mm×mm）	外钢管屈服强度 f_{yo}/MPa	内钢管屈服强度 f_{yi}/MPa	恒定轴力 N_0/kN	轴压比 n	混凝土极限抗压强度 f_{cu}/MPa
GSF1-1	120×120×3	Φ58×3	235	345	209	0.2	26.8
GSF1-2	120×120×3	Φ58×3	235	345	417	0.4	26.8
GSF1-3	120×120×3	Φ58×3	235	345	626	0.6	26.8
GSF1-4	120×120×3	Φ58×3	235	345	834	0.8	26.8
GSF1-5	120×120×3	Φ58×3	235	345	483	0.4	38.5
GSF1-6	120×120×3	Φ58×3	235	345	548	0.4	50.2
GSF1-7	120×120×3	Φ58×3	235	235	370	0.4	26.8
GSF1-8	120×120×3	Φ58×3	235	390	437	0.4	26.8
GSF1-9	120×120×3	Φ58×3	345	390	595	0.4	26.8
GSF1-10	120×120×3	Φ58×3	390	390	624	0.4	26.8

1）单元类型的选取

钢管采用 solid45 单元，混凝土采用 solid65 单元。在定义材料属性时，钢材采用双线性随动强化模型，服从 Mises 屈服准则和随动强化准则，钢材的弹性模量为 2.06×10⁵MPa，泊松比为 0.3，混凝土采用多线性随动强化模型，服从随动强化准则和 William-Warnke 五参数模型破坏准则，混凝土的弹性模量按《混凝土结构设计规范》（GB 50010—2002）[24]取定，泊松比为 0.173。

2）材料本构关系及破坏准则

（1）混凝土。在钢管混凝土柱中，核心混凝土受到钢管的约束，钢管和混凝土之间存在着相互作用，这种相互作用使得核心混凝土的力学性能更加复杂化。韩林海等[15]通过对国内外大量钢管混凝土柱轴压试件实验结果的整理和分析，引入约束效应系数，即套箍系数 ζ 来考虑钢管和混凝土之间的相互作用，并最终提出了核心混凝土的应力-应变关系模型。本节在用 ANSYS 进行分析时，采用了韩林海等[15]提出的核心混凝土的应力-应变关系模型。同时利用 FORTRAN 语言[25]编制程序得到了图 4.69 所示的内圆外方实复式钢管混凝土柱核心混凝土的应力-应变关系曲线。由于 ANSYS 计算时，下降段很容易出现计算的不收敛，有时为了避免设置下降段，将应力-应变关系曲线中的下降段改为水平直线。

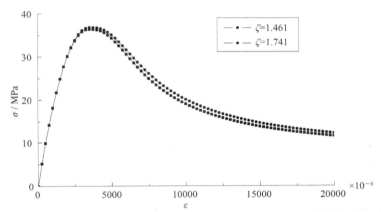

图 4.69　内圆外方实复式钢管混凝土柱核心混凝土应力-应变关系曲线（C40 混凝土）

　　混凝土的破坏准则或强度准则是指用来判定混凝土是否达到破坏状态或极限强度的数学函数。在ANSYS软件中，混凝土在多轴应力状态下的破坏准则采用William-Warnke五参数模型破坏准则，该模型能较好地反映混凝土在从低到高的静水压力作用下的破坏特征，研究中混凝土采用该破坏准则。

　　（2）钢材。与混凝土复杂的力学性能相比，钢材的性能相对稳定。对于 Q235 钢、Q345 钢和 Q390 钢等建筑用低碳软钢，钢材的应力-应变关系一般可分为弹性段、弹塑性段、塑性段、强化段和二次塑流五个阶段[4]。但在实际运用中，为了保证精度和计算简便，常常将钢材的应力-应变曲线加以简化。

　　本节在对单调水平荷载作用下的内圆外方实复式钢管混凝土柱进行弹塑性分析时，采用图 4.70 所示的线性强化弹塑性模型；对循环荷载作用下钢材采用图 4.71 所示的本构模型。

　　3）划分网格

　　选定单元类型和设定材性参数以后即可建立模型并划分网格。经过多次试算，确定了最优网格尺寸，其横截面网格划分情况如图 4.72 所示，整体有限元模型见图 4.73，外钢管、内钢管和混凝土网格划分模型见图 4.74~图 4.76。共划分了 9216 个单元和 10461 个节点。

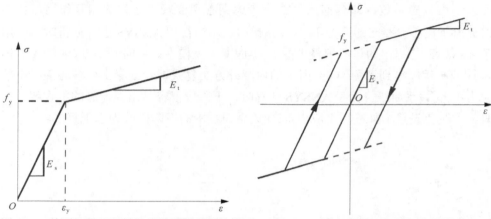

图 4.70　单调加载下钢材的线性强化弹塑性模型　　图 4.71　循环加载下钢材的本构模型

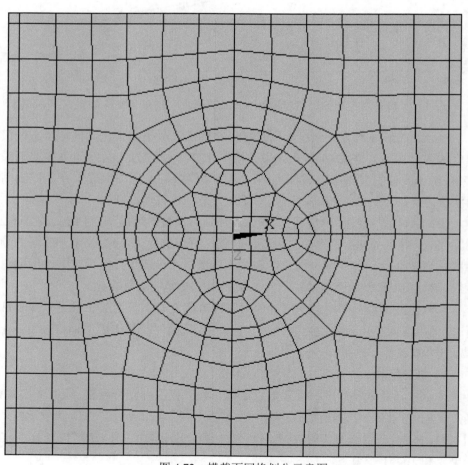

图 4.72　横截面网格划分示意图

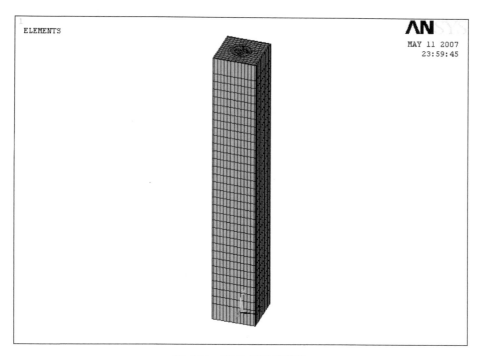

图 4.73　整体有限元模型

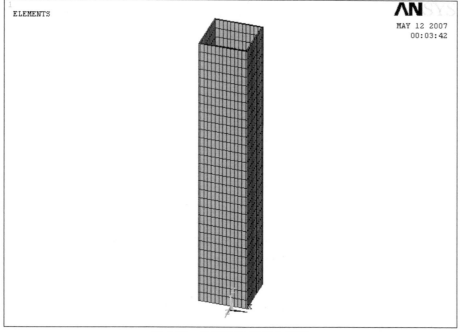

图 4.74　外钢管网格划分模型

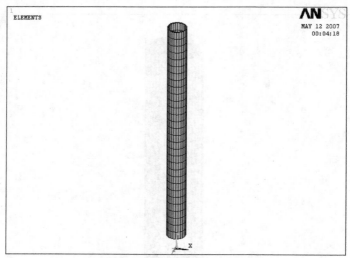

图 4.75　内钢管网格划分模型

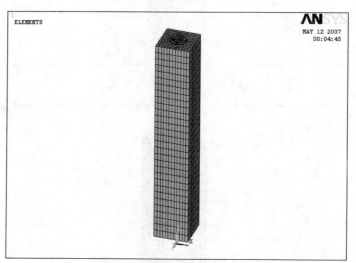

图 4.76　混凝土网格划分模型

4）边界约束及加载制度

（1）单调水平荷载。由于本节将实复式钢管混凝土柱视为悬臂构件，其下端支撑情况为固结，因此，在构件的有限元模型中，对其底部施加全部约束。为了避免模型在轴向力和水平位移荷载作用下产生扭转，在施加轴向力时，先对模型顶端施加 Z 方向的约束，使得其只能产生竖向位移和在 X 方向自由移动。同时在构件底部和顶部分别设置50mm厚的强度和刚度很大（$f_y = 10^7\mathrm{MPa}$，$E = 10^{10}\mathrm{MPa}$）的垫块，以使截面尽量均匀受压和避免加载过程中部分节点产生过大变形从而导致计算不收敛。具体约束及加载情况如图4.77所示。

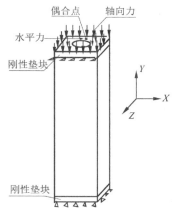

图 4.77　约束及加载示意图

　　本节在用 ANSYS 进行计算时，首先对柱顶部施加恒定轴力，然后施加水平荷载，水平荷载一律采用位移控制。柱顶轴力平均施加在节点上，柱顶水平力在施加前，先将 X 方向的位移耦合在一个关键点（1 节点）上，然后，将施加的位移加在此耦合点的 X 方向即可。节点耦合图如图 4.78 所示。

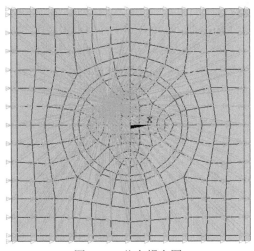

图 4.78　节点耦合图

　　（2）水平往复荷载。本节在用 ANSYS 对内圆外方实复式钢管混凝土进行低周反复水平荷载作用下的滞回性能计算时，加载方式和单调加载时基本相同，不同的是，水平荷载是循环施加的。加载时，位移按照 $1\Delta_y$，$1.5\Delta_y$，$2\Delta_y$，$3\Delta_y$，$5\Delta_y$，$7\Delta_y$ 进行施加，Δ_y 为构件的屈服位移，前 3 级荷载每级循环 3 次，其余每级循环 2 次。屈服位移 Δ_y 可以采用两种方法来确定，一种方法是某一截面钢材达到屈服，另一种方法是 $P\text{-}\Delta$ 曲线上出现明显拐点。本节中采用第二种方法确定。具体加载制度如图 4.79 所示。

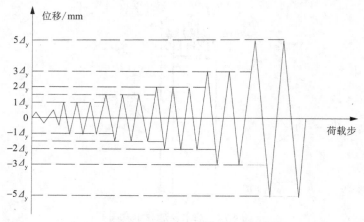

图 4.79　构件水平位移加载制度

2. 单调水平荷载作用下复式钢管混凝土柱的受力性能

1）应力分析

计算单调水平荷载作用下复式钢管混凝土柱的受力性能时，在 ANSYS 程序中将荷载分两步施加：首先按照轴压比施加竖向荷载；然后施加水平位移荷载。以构件 GSF1-3 为例，在设计轴压比为 0.6 的竖向荷载作用下，外、内钢管的应力云图、混凝土的应力云图以及整个构件的纵向应变云图如图 4.80~图 4.83 所示。从图中不难看出，构件的纵向变形很小，钢管和混凝土的最大应力均小于钢材的屈服强度和混凝土的轴心抗压强度，构件基本处于弹性阶段，这和实际情况是相符合的。

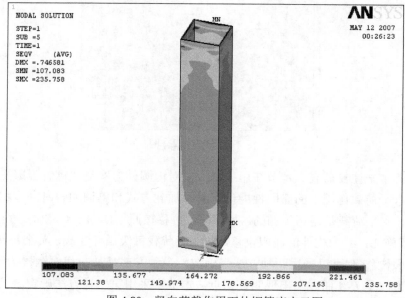

图 4.80　竖向荷载作用下外钢管应力云图

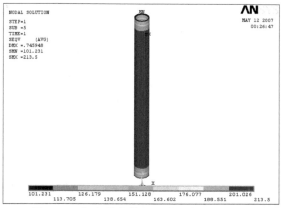

图 4.81　竖向荷载作用下内钢管应力云图

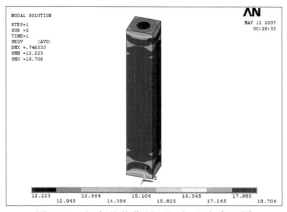

图 4.82　竖向荷载作用下混凝土应力云图

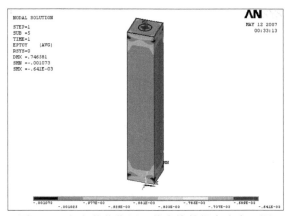

图 4.83　竖向荷载作用下整个构件纵向应变云图

以构件 GSF1-2 为例，构件刚刚进入屈服阶段时，各组成部分的应力云图如图 4.84 所示。从图中可以看出，各应力云图呈反对称分布，且由柱两端向中间逐渐减小，柱底受压一侧和柱顶水平荷载直接作用一侧应力大，柱底受拉一侧纵向压应力因被拉应力部分抵消，相对较小。内、外钢管底部局部开始屈服，柱底混凝土仅小部分达到峰值应力。图 4.85 为水平位移达到 15mm 时，构件 GSF1-2 各部分的应力云图。从图中可以看出，随着位移的增大，内、外钢管屈服面积已由柱两端的局部开始向对称中心扩展，先前已屈服的部分钢管进入强化阶段，混凝土应力不断增大，也呈现出向对称中心扩展的趋势，达到峰值应力的混凝土面积不断增加。图 4.86 为水平位移达到 25mm 时，构件 GSF1-2 各部分的应力云图。从图中可以看出，内、外钢管的屈服面积相对位移为 15mm 时有了较大幅度的扩展，先前已屈服的钢管大部分进入强化阶段，内钢管底部几乎已全部屈服，混凝土应力继续增大并进一步向对称中心扩散，构件底部受压一侧混凝土应力大面积达到峰值应力，标志着该处混凝土已压碎，混凝土模量大幅下降，导致构件整体刚度下降，水平承载力随之下降。随着位移的进一步增加，越来越多面积的混凝土被压碎，构件刚度急剧下降，水平承载力迅速降低，构件宣告破坏。

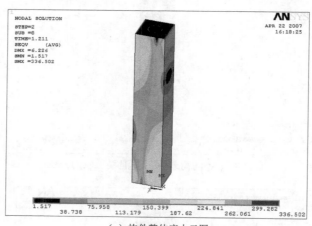

（a）构件整体应力云图

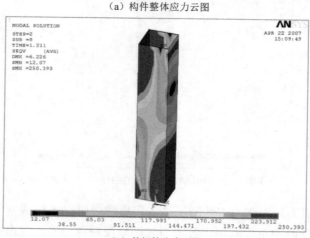

（b）外钢管应力云图

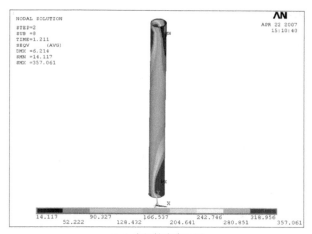

（c）内钢管应力云图

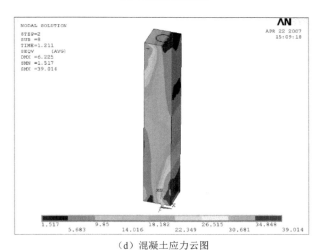

（d）混凝土应力云图

图 4.84　GSF1-2 刚进入屈服时各部分应力云图

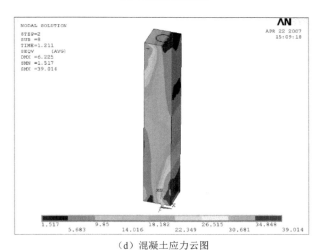

（a）构件整体应力云图

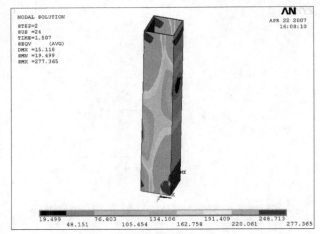

（b）外钢管应力云图

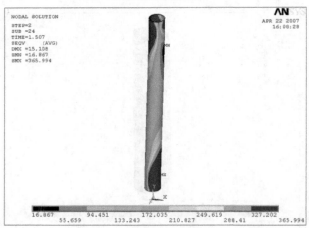

（c）内钢管应力云图

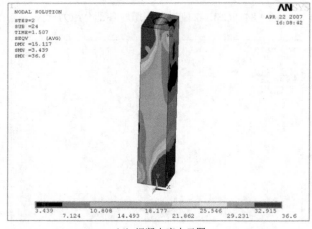

（d）混凝土应力云图

图 4.85　位移为 15mm 时 GSF1-2 各部分应力云图

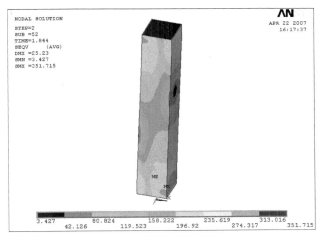

（a）构件整体应力云图

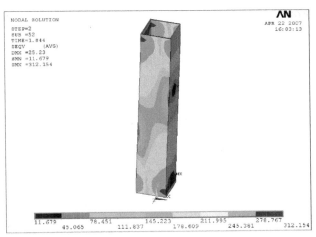

（b）外钢管应力云图

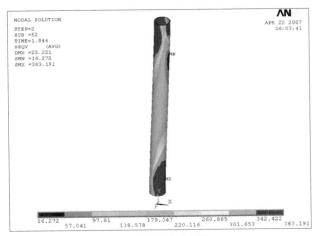

（c）内钢管应力云图

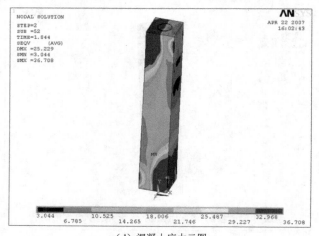

（d）混凝土应力云图

图 4.86　位移为 25mm 时 GSF1-2 各部分应力云图

2）荷载-位移曲线

　　各构件在单调水平荷载作用下，柱顶耦合点（1 节点）的荷载-位移曲线如图 4.87 所示。

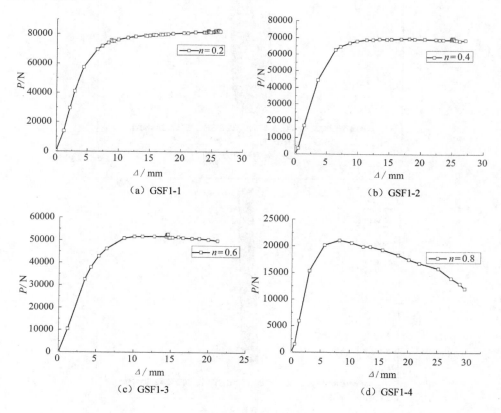

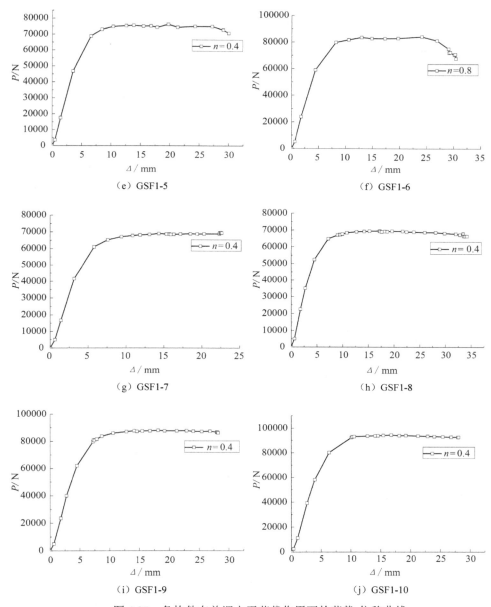

图 4.87　各构件在单调水平荷载作用下的荷载-位移曲线

　　从图 4.87 所示的各构件在单调水平荷载作用下的荷载-位移曲线可以看出，曲线体现出了较好的稳定性，在加载后期基本保持水平或出现微弱下降段，表现出了良好的塑性和位移延性性能。研究表明，构件在低周反复荷载作用下的骨架曲线与单调加载试验的荷载-位移曲线较为相似[26,27]，因此，通过复式钢管混凝土柱在单调水平荷载作用下表现出的良好塑性和延性性能，可以认定复式钢管混凝土柱具有良好的抗震性能。

3. 水平往复荷载作用下复式钢管混凝土柱的抗震性能

1) 滞回曲线

按照上述建模及求解过程,得到构件 GSF1-1、GSF1-2 和 GSF1-3 在相应轴压比 $n = 0.2$、$n = 0.4$ 和 $n = 0.6$ 作用下的滞回曲线,如图 4.88~图 4.90 所示。

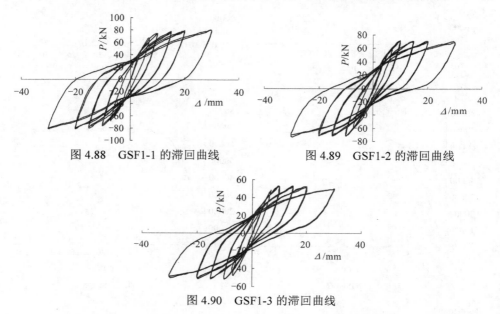

图 4.88　GSF1-1 的滞回曲线　　　　　图 4.89　GSF1-2 的滞回曲线

图 4.90　GSF1-3 的滞回曲线

从图 4.88~图 4.90 可以看出,构件的 P-Δ 滞回曲线的图形都比较饱满,没有表现出明显的捏缩现象,表明构件具有良好的耗能能力和塑性变形性能。

2) 骨架曲线

骨架曲线是每次循环的荷载-位移曲线达到最大值的轨迹,在任一时刻的运动中,峰值不能越过骨架线,只能在达到骨架线以后沿着骨架线前进。图 4.91 为各构件的骨架曲线。

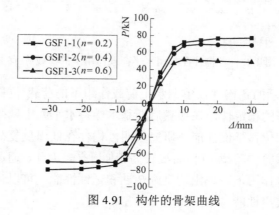

图 4.91　构件的骨架曲线

从图 4.91 可以看出，各构件的骨架曲线与单调加载时的荷载-位移曲线非常相似，在加载后期基本保持水平或出现微弱下降段，表现出良好的塑性和耗能能力，而极限荷载比单调加载时略低。随着轴压比的增大，构件水平承载力呈下降趋势，构件的位移延性也越来越差。这和单调加载时，轴压比对构件荷载-位移曲线的影响规律相似。

3）刚度退化

刚度退化有不同的定义：文献[28]定义刚度随着循环次数和位移接近极限值而减小为刚度退化；文献[29]定义保持相同的峰值荷载时，峰值位移随循环次数增加而增加为刚度退化；文献[30]定义在位移幅值恒定的情况下，结构构件刚度随反复加载次数的增加而降低的特性为刚度退化。

本节采用文献[31]提供的方法研究刚度退化。设 K 为等效刚度，亦即原点与某次循环的荷载峰值连线的斜率，其数学表达式为

$$K = \frac{P}{\Delta} \tag{4.67}$$

各构件的等效刚度变化曲线如图 4.92 所示。从图中可以看出，各构件的刚度一直处于变化中，并随着位移和循环次数的增加不断降低。刚度退化现象随着轴压比的增大趋缓。其原因主要是随着轴压比的增大，截面受压区混凝土面积增大，使得截面绝对的拉压循环区面积减小。

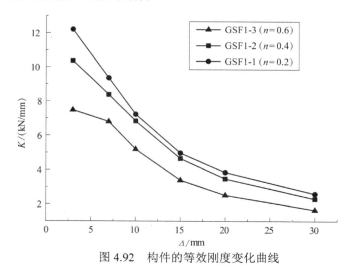

图 4.92　构件的等效刚度变化曲线

4. 参数分析

1）轴压比

从图 4.93 可以看出，在其他条件相同或者相近的情况下，轴压比对构件的承

载能力和延性有重要影响,轴压比越大,构件的水平承载力越小,强化段的刚度也越小。当轴压比较小时,荷载-位移曲线在加载后期较为平缓,下降段不明显,甚至不出现下降段,当轴压比达到一定数值时,曲线开始出现下降段,且下降幅度随轴压比的增大而增大,构件的延性也越来越差。同时还可以发现,当轴压比较小时,其对构件弹性阶段的刚度影响不大,原因在于:一方面,随着轴压比的增大,核心混凝土的初始应力相应增加,使得混凝土的模量有一定降低;另一方面,随着轴压比的增大,钢管的约束作用逐渐增强,核心混凝土开裂面积减小,这一因素又会促使构件的刚度略有增加。因此,两者综合起来对构件弹性阶段的刚度影响不大。但当轴压比大于 0.6 时,构件弹性阶段的刚度降低明显,这主要是大轴压比下混凝土微裂缝不断发展造成的。

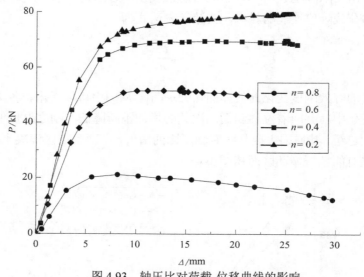

图 4.93 轴压比对荷载-位移曲线的影响

2)外钢管屈服强度 f_{yo}

图 4.94 为不同外钢管屈服强度下的荷载-位移曲线。由图可见,外钢管屈服强度对曲线形状影响不大,但是对数值影响明显。外钢管屈服强度越高,水平承载力也越高,强化段刚度也越高。外钢管屈服强度对构件弹性阶段的刚度影响较小。

3)内钢管屈服强度 f_{yi}

图 4.95 为不同内钢管屈服强度下的荷载-位移曲线。由图可见,曲线的形状和数值变化非常小,说明内钢管屈服强度 f_{yi} 对曲线几乎没有影响。

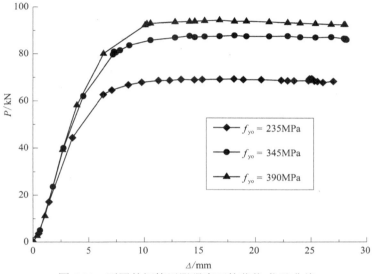

图 4.94　不同外钢管屈服强度下的荷载-位移曲线

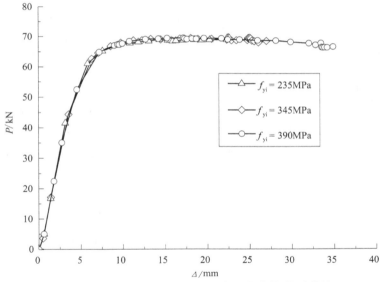

图 4.95　不同内钢管屈服强度下的荷载-位移曲线

4）混凝土极限抗压强度 f_{cu}

图 4.96 为不同混凝土极限抗压强度下的荷载-位移曲线，可以看出：在其他条件相同的情况下，随着抗压强度的增大，构件的水平承载力增大，强化段的刚度也有所增大，而构件的位移延性有减小的趋势。混凝土强度对弹性阶段的刚度影响较小。

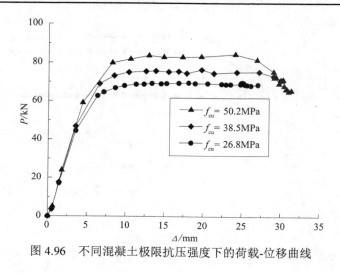

图 4.96　不同混凝土极限抗压强度下的荷载-位移曲线

4.4　本章小结

　　本章针对不同截面形式的复式钢管混凝土柱的轴压性能、偏压性能和抗震性能进行了试验研究、理论分析和数值模拟，主要研究工作和所得结论简要归纳如下：

　　（1）依据统一强度理论研究了复式钢管混凝土柱的轴压、偏压问题，采用薄壁圆筒理论，考虑中间主应力及材料的拉压异性对构件承载力的影响，推导出不同截面形式的复式钢管混凝土柱的轴压承载力统一解。所得统一解与试验数据进行对比分析，吻合良好，验证了将统一强度理论应用于复式钢管混凝土柱的轴压与偏压承载力计算是可行的，充分说明本书计算公式的合理性与适用性。

　　（2）有限元模拟计算的复式钢管混凝土柱轴压与偏压极限承载力与试验承载力吻合良好，模拟得出的应力-应变关系曲线也与试验曲线吻合较好，表明本书模拟所选取的单元类型、材料本构关系和破坏准则、网格划分、边界条件等基本正确，可为该类型构件的计算分析提供参考。

　　（3）复式钢管混凝土柱在低周反复水平荷载作用下的滞回曲线图形饱满，没有出现明显的捏缩现象，表明复式钢管混凝土柱具有良好的耗能能力和抗震性能。通过参数分析，探讨了轴压比、内钢管屈服强度、外钢管屈服强度和混凝土抗压强度等对其水平极限承载力和延性的影响特性。

参 考 文 献

[1]　裴万吉. 复式钢管混凝土柱力学性能分析[D]. 西安: 长安大学, 2005.

[2]　周媛. 中空夹层复式钢管混凝土柱承载力研究[D]. 西安: 长安大学, 2009.

[3]　蔡绍怀. 现代钢管混凝土结构[M]. 北京: 人民交通出版社, 2003.

[4]　钟善桐. 钢管混凝土结构[M]. 北京: 清华大学出版社, 2003.

[5]　韩林海. 钢管混凝土结构—理论与实践 [M]. 2 版. 北京: 科学出版社, 2007.

[6]　汤文锋. 新型钢管混凝土柱节点静力模型试验研究[D]. 西安: 长安大学, 2004.

[7]　殷有泉. 固体力学非线性有限元引论[M]. 北京: 北京大学出版社, 1968.

[8]　赵均海, 郭红香, 魏雪英. 圆中空夹层钢管混凝土柱承载力研究[J]. 建筑科学与工程学报, 2005, 22(1): 50-54.

[9]　韩邦飞, 夏建国, 赵建明. 同种双钢管混凝土轴心受压构件的承载力的研究[J]. 石家庄铁道学院学报, 1995, 8(3): 75-80.

[10]　赵均海, 顾强, 马淑芳. 基于双剪统一强度理论的轴心受压钢管混凝土承载力的研究[J]. 工程力学, 2002, 19(2): 32-35.

[11]　郭红香. 复式钢管混凝土柱承载力研究[D]. 西安: 长安大学, 2006.

[12]　Wei S, Mau S T, Vipulananadan C, et al. Performance of new sandwich tube under axial loading: Experiment[J]. Journal of Structural Engineering, 1995, 121(12): 1806-1814.

[13]　李小伟, 赵均海, 朱铁栋, 等. 方钢管混凝土轴压短柱的力学性能[J]. 中国公路学报, 2006, 19(4): 77-81.

[14]　Han L H, Zhong T, Huang H, et al. Concrete-filled double skin (SHS outer and CHS inner) steel tubular beam-columns[J]. Thin-Walled Structures, 2004, 42(9): 1329-1355.

[15]　韩林海, 陶忠, 王文达. 现代组合结构和混合结构—试验、理论和方法[M]. 北京: 科学出版社, 2009

[16]　William K J, Warnke E P. Constitutive model for the triaxial behavior of concrete[C]. International Association for Bridge & Structural Engineering Proceedings, Bergarmo, 1975: 174.

[17]　陶忠, 韩林海, 黄宏. 圆中空夹层钢管混凝土柱力学性能研究[J]. 土木工程学报, 2004, 37(10): 41-51.

[18]　郝文化. ANSYS 土木工程应用实例[M]. 北京: 中国水利水电出版社, 2005.

[19]　韩林海, 杨有福. 现代钢管混凝土结构技术 [M]. 2 版. 北京: 中国建筑工业出版社, 2007.

[20]　Zhao X L, Grzebieta R. Strength and ductility of concrete filled double skin(SHS inner and SHS outer)tubes[J]. Thin-Walled Structures, 2002, 40(2): 199-213.

[21]　赵均海. 强度理论及其工程应用[M]. 北京: 科学出版社, 2003.

[22]　陶忠, 韩林海, 黄宏. 方中空夹层钢管混凝土偏心受压柱力学性能的研究[J]. 土木工程学报, 2003, 36(2): 33-40, 51.

[23]　张兆强. 复式钢管混凝土柱在轴压和水平荷载作用下的力学性能研究[D]. 西安: 长安大学, 2007.

[24]　中国建筑科学研究院.混凝土结构设计规范: GB 50010—2002 [S]. 北京: 中国建筑工业出版社, 2002.

[25]　白云. FORTRAN90 程序设计[M]. 上海: 华东理工大学出版社, 2003.

[26]　黄晓宇. 方钢管混凝土柱抗震性能试验研究[D]. 天津: 天津大学, 2004.

[27]　沈聚敏, 翁义军, 冯世平. 周期反复荷载下钢筋混凝土压弯构件的性能[J]. 土木工程学报, 1982, 15(2): 53-64.

[28]　朱伯龙. 结构抗震试验[M]. 北京: 地震出版社, 1989.

[29]　李杰. 地震工程学导论[M]. 北京: 地震出版社, 1992.

[30]　王松涛, 曹资. 现代抗震设计方法[M]. 北京: 中国建筑工业出版社, 1997.

[31]　沈在康. 混凝土结构试验方法新标准应用评讲[M]. 北京: 中国建筑工业出版社, 1993.

第5章 组合截面钢管混凝土柱力学性能

随着现代化进程的不断推进,各类高层及超高层建筑物鳞次栉比,与之相配套的结构形式、构件形式也应运而生,工程中不断涌现出新型组合截面钢管混凝土柱。近年来,作者进行了组合截面钢管混凝土柱方面的研究工作,具体内容包括:方钢管-钢骨混凝土柱、PBL加劲型方钢管混凝土柱、方钢管螺旋箍筋混凝土柱、L形钢管-钢骨混凝土柱以及带约束拉杆十形钢管混凝土柱。采用统一强度理论建立组合截面钢管混凝土柱的承载力计算公式,并进行公式验证及影响因素分析,取得了阶段性的研究成果。

5.1 方钢管-钢骨混凝土柱轴压性能

长安大学赵均海团队[1, 2]采用统一强度理论和数值模拟相结合的方法研究了方钢管-钢骨混凝土柱的承载能力,并进行了材料拉压强度比、钢管厚度、截面宽厚比等参数对其承载力的影响规律分析。

5.1.1 方钢管-钢骨高强混凝土短柱轴压承载力

方钢管-钢骨高强混凝土柱的截面形式如图5.1所示。

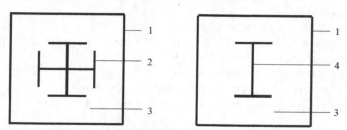

图 5.1 方钢管-钢骨高强混凝土柱截面形状
1-钢管;2-十字型钢骨;3-自密实高强混凝土;4-工字型钢骨

1. 理论计算

1)钢管承载力计算

将方钢管-钢骨混凝土的钢与混凝土面积按等面积方法分别转化为圆钢管-钢骨混凝土的钢与混凝土的面积[3]。公式如下:

$$B^2 = \pi\left(r_{\mathrm{i}} + t_0\right)^2, \quad \left(B - 2t\right)^2 = \pi r_{\mathrm{i}}^2 \tag{5.1}$$

式中，B、t 分别为方钢管的外边长和钢管壁厚；r_{i}、t_0 分别为等效圆钢管内半径和钢管壁厚。

考虑到方钢管对混凝土的不均匀约束，引入考虑厚边比影响的等效约束折减系数 ξ [4]，将等效圆钢管对混凝土的均匀约束进行折减。令厚边比 $\omega = t / B$，则其表达式为

$$\xi = 66.4741\omega^2 - 0.9919\omega + 0.41618 \tag{5.2}$$

因此，等效圆钢管混凝土的内压力 $p = p_{\mathrm{e}} / \xi$，其中 p_{e} 为方钢管对核心混凝土的等效均匀内压力。本节钢管采用统一强度理论和厚壁圆筒理论，在轴心压力下等效圆钢管混凝土的外包钢管塑性极限荷载为[5]

$$p_{\mathrm{p}} = \frac{\sigma_{\mathrm{s}}}{1 - \alpha}\left[\left(\frac{r_{\mathrm{i}}}{r_{\mathrm{i}} + t_0}\right)^{\frac{2(1+b)(\alpha-1)}{2+2b-b\alpha}} - 1\right] \tag{5.3}$$

根据塑性力学的厚壁圆筒理论得[6]

$$\sigma_{\mathrm{sp}} = \frac{p_{\mathrm{e}} r_{\mathrm{i}}^2}{\left(r_{\mathrm{i}} + t_0\right)^2 - r_{\mathrm{i}}^2} = \frac{\xi p r_{\mathrm{i}}^2}{\left(r_{\mathrm{i}} + t_0\right)^2 - r_{\mathrm{i}}^2} \tag{5.4}$$

钢管承担的轴向压力为

$$N_{\mathrm{sp}} = A_{\mathrm{st}} \sigma_{\mathrm{sp}} \tag{5.5}$$

式中，A_{st} 为外包钢管截面面积。

2）核心混凝土承载力计算

核心区混凝土屈服条件的非线性方程[7]为

$$\sigma_{\mathrm{cp}} = f_{\mathrm{c}}\left(1.5\sqrt{p_{\mathrm{e}} / f_{\mathrm{c}}} + 2 p_{\mathrm{e}} / f_{\mathrm{c}}\right) = f_{\mathrm{c}}\left(1.5\sqrt{p\xi / f_{\mathrm{c}}} + 2 p\xi / f_{\mathrm{c}}\right) \tag{5.6}$$

核心混凝土承担的轴向压力为

$$N_{\mathrm{cp}} = \gamma_{\mathrm{u}} A_{\mathrm{c}} \sigma_{\mathrm{cp}} \tag{5.7}$$

式中，γ_{u} 为考虑尺寸效应影响的混凝土强度折减系数[8]，$\gamma_{\mathrm{u}} = 1.67 D_{\mathrm{c}}^{-0.112}$，$D_{\mathrm{c}}$ 为等效圆钢管-钢骨混凝土柱的内直径；A_{c} 为混凝土截面面积；f_{c} 为混凝土轴心抗压强度。

3）钢骨的承载力计算

钢骨包裹在混凝土中处于三轴应力状态，$0 > \sigma_1 = \sigma_2 > \sigma_3$，根据材料力学可知

$$\sigma_1 = \sigma_2 = \frac{2t_0}{D - 2t_0} f_y \tag{5.8}$$

$$\sigma_3 = \frac{N_{bp}}{A_{ss}} \tag{5.9}$$

式中，D 为等效圆钢管-钢骨混凝土外直径；A_{ss} 为钢骨的截面面积；f_y 为钢管的屈服强度。

大多数金属类材料有明显的屈服点，并且抗拉强度和抗压强度相等，因此材料拉压强度比 $\alpha = 1$。

因为 $\dfrac{\sigma_1 + \alpha\sigma_2}{1 + \alpha} = \dfrac{\sigma_1 + \sigma_3}{2} < \dfrac{\sigma_1 + \sigma_2}{2} = \sigma_2$，根据统一强度理论，将 σ_1，σ_2，σ_3 代入式（2.5b），得

$$\frac{1}{1+b}\left(\frac{2t_0}{D - 2t_0} f_y + b\frac{2t_0}{D - 2t_0} f_y\right) - \frac{N_{bp}}{A_{ss}} = f_{ys} \tag{5.10}$$

所以钢骨承担的轴向压力为

$$N_{bp} = \left[\frac{1}{1+b}\left(\frac{2t_0}{D - 2t_0} f_y + b\frac{2t_0}{D - 2t_0} f_y\right) - f_{ys}\right] A_{ss} \tag{5.11}$$

式中，f_{ys} 为钢骨三轴受压屈服强度。

4）短柱轴压承载力统一解

方钢管-钢骨自密实混凝土短柱的轴压承载力由外钢管、核心混凝土、钢骨共同承担，即

$$N_u = N_{sp} + N_{cp} + N_{bp} \tag{5.12}$$

将式（5.5）、式（5.7）、式（5.11）代入式（5.12），整理可得

$$N_u = A_{st}\frac{\xi p r_i^2}{(r_i + t_0)^2 - r_i^2} + \gamma_u A_c f_c\left(1.5\sqrt{p\xi / f_c} + 2p\xi / f_c\right) \\ + \left[\frac{1}{1+b}\left(\frac{2t_0}{D - 2t_0} f_y + b\frac{2t_0}{D - 2t_0} f_y\right) - f_{ys}\right] A_{ss} \tag{5.13}$$

式中，p 取极限荷载，见式（5.3）。

2. 公式验证与参数分析

1）极限承载力验算

由于大多数低强度钢材是有明显屈服点的材料，并且抗拉强度和抗压强度相同，取材料拉压强度比 $\alpha=1$，统一强度理论退化为统一屈服准则，此时取不同 b 值，统一屈服准则变为具体的已知屈服准则或现在还未定义的新屈服准则，将式（5.3）中的 α 取为1，并求其极限，得等效圆钢管的塑性极限荷载为

$$p_p = -2\sigma_s \frac{1+b}{2+b} \ln\left(\frac{r_i}{r_i + t_0}\right) \tag{5.14}$$

由于不能得到真实试验时材料的极限剪切强度 τ_s 和极限拉伸强度 σ_s 的具体数据，本节取 $b=0.5$ 即 Mises 准则的线性逼近式进行分析。将 $b=0.5$、式（5.14）代入式（5.13）进行计算分析，并将结果与文献[8]和文献[9]进行对比，见表 5.1。从表 5.1 可以看出，对比文献[8]，本节计算结果与试验实测值吻合良好，从而验证了理论公式的正确性。进一步对比文献[9]中的承载力公式、式（5.13）、文献[9]中公式计算的极限承载力与试验值比值的平均值分别为 0.99 和 1.17，可见，本节计算方法精确度更高。

2）α、b 对轴压极限承载力的影响

对于高强钢材，材料拉压强度比 α 不再等于1，图5.2和图5.3分别给出了试件 H-1 和试件 I-1 的极限承载力随 α、b 的变化情况。从图5.2和图5.3可以看出，当 α 一定时，极限承载力随 b 的增大而增大；当 b 一定时，极限承载力随 α 的增大而增大。由此可见，α 和 b 是影响极限承载力的关键因素，对于不同材料，α 和 b 取值不同。在计算中可以使得 α、b 取合适值，从而实现构件极限承载力的较为精确解。试件 H-1 的极限承载力明显高于试件 I-1 的极限承载力，这主要是由于试件 H-1 和试件 I-1 的钢骨截面形式不一样，并且试件 H-1 的含骨率明显低于试件 I-1 的含骨率。

表 5.1 承载力计算公式分析

试件编号	f_c /MPa	B /mm	t /mm	A_c /mm²	f_y /MPa	A_{st} /mm²	f_{ys} /MPa	A_{ss} /mm	N_{exp} /kN	N_u /kN	N_0 /kN	$\frac{N_u}{N_{exp}}$	$\frac{N_0}{N_{exp}}$
H-1	48.4	195	5.5	30990	288	4169	338	2866	4035	3991	4870	0.99	1.21
H-2	48.4	195	5.5	30990	288	4169	338	2866	4050	3991	4870	0.99	1.20
H-3	70.8	195	5.5	30990	288	4169	338	2866	4880	4813	5564	0.99	1.14
H-4	70.8	195	5.5	30990	288	4169	338	2866	4880	4813	5564	0.99	1.14
H-5	48.4	195	4.5	31730	289	3429	338	2866	3930	3800	4486	0.97	1.14
H-6	70.8	195	4.5	31730	289	3429	338	2866	4750	4621	5197	0.97	1.09
H-7	70.8	195	4.5	30726	289	3429	327	3870	4710	4796	5423	1.02	1.15

续表

试件编号	f_c/MPa	B/mm	t/mm	A_c/mm²	f_y/MPa	A_{st}/mm²	f_{ys}/MPa	A_{ss}/mm	N_{exp}/kN	N_u/kN	N_0/kN	$\dfrac{N_u}{N_{exp}}$	$\dfrac{N_0}{N_{exp}}$
H-8	48.4	195	5.5	30990	288	4169	338	2866	3860	3991	4870	1.03	1.26
H-9	70.8	195	5.5	30990	288	4169	338	2866	4980	4813	5564	0.97	1.12
I-1	48.4	195	4.5	33163	289	3429	338	1433	3410	3452	4071	1.01	1.19
I-2	48.4	195	5.5	32423	288	4169	338	1433	3620	3656	4455	1.01	1.23

注：N_{exp} 为实测组合柱极限承载力[8]；N_u 为按式（5.13）计算的极限承载力；N_0 为按文献[9]中极限承载力公式计算的极限承载力。试件编号 H 代表钢骨的截面形式为十字型钢；I 代表钢骨的截面形式为 I 型钢。

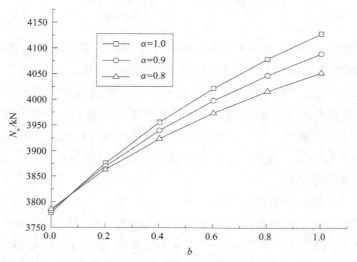

图 5.2　N_u 与 α、b 的关系曲线（试件 H-1）

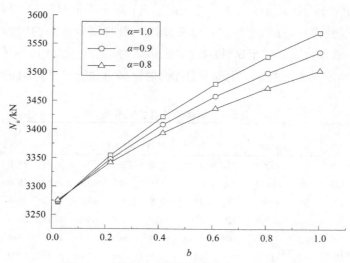

图 5.3　N_u 与 α、b 的关系曲线（试件 I-1）

3. 数值模拟

1）有限元模型的建立

本节对核心混凝土单元采用实体单元 solid65 单元模拟，外包钢管和钢骨采用 8 节点的 solid45 单元模拟。对于 solid65 单元，模拟钢管混凝土柱中不配筋混凝土时，不需设置实常数；solid45 单元用来模拟钢材，不需要指定实常数。

钢管、钢骨和核心混凝土的弹性属性都选择各向同性材料。其中核心混凝土的弹性模量按照材料试验取值，泊松比 $\upsilon_c = 0.2$，钢管和钢骨的弹性模量按照材料试验取值，泊松比 $\upsilon_s = 0.3$。核心混凝土的单轴抗压强度和单轴抗拉强度由试验确定。在有限元分析过程中，核心混凝土的破坏准则选用 William-Warnke 五参数模型破坏准则，其中剪切传递系数表达的是混凝土开裂后传递剪力的能力，本节中开口裂缝剪切传递系数取为 0.4，闭口裂缝剪切传递系数取为 0.9。在 ANSYS 程序中进行极限荷载计算时，个别混凝土单元的压碎容易造成单元自由度的发散，使计算无法继续进行，故在分析时关闭混凝土的压碎功能[10]，即取单轴抗压强度为 "-1"。

核心混凝土的本构模型表达式如下[11, 12]：当为方钢管混凝土柱时，本构模型表达式为式（5.15），当为方钢管-钢骨自密实高强混凝土柱时，本构模型表达式为式（5.16），模型定义为多线性等强硬化（multilinear isotropic hardening）模型。

$$f_c = f_{cc} \frac{\chi \gamma}{\gamma - 1 + \chi^\gamma} \tag{5.15}$$

式中，$\chi = \varepsilon_c / \varepsilon_{cc}$，$\varepsilon_c$ 为无约束混凝土极限强度时应变，ε_{cc} 为约束混凝土极限强度时应变；$\gamma = E_c / (E_c - E_{sec})$，$E_{sec} = f_{cc} / \varepsilon_{cc}$；$f_c$ 为无约束混凝土抗压强度；f_{cc} 为约束混凝土抗压强度。

$$\begin{cases} \sigma_c = f_{cc} \dfrac{\chi \gamma}{\gamma - 1 + \chi^\gamma}, & \chi \leqslant 1 \\[3mm] \sigma_c = f_{cc} \dfrac{W \chi + (V-2)\chi^2}{1 + (W-3)\chi + V\chi^2}, & \chi > 1 \end{cases} \tag{5.16}$$

式中，$\chi = \varepsilon_c / \varepsilon_{cc}$，$\varepsilon_{cc} = \varepsilon_{co} \left[1 + 5 \left(\dfrac{f_{cc}}{f_c} - 1 \right) \right]$，$\varepsilon_{co} = 0.002 + \dfrac{f_c - 20}{80}(0.003 - 0.002)$；

$\gamma = E_c / (E_c - E_{sec})$，$E_{sec} = f_{cc} / \varepsilon_{cc}$；$f_{cc} = f_c \left[1 + 1.2 \left(\dfrac{t}{B} \right) \left(\dfrac{f_y}{f_c} \right) \right]$；$W = E_c / E_{sec}$，

$E_c = 2.15 \left[(f_c + 8) / 10 \right]^{\frac{1}{3}} \times 10^4$；$V = 1.5 - 4 \dfrac{f_c}{f_y} + 125 \dfrac{t}{B} + 10 \rho_{ss}$，$\rho_{ss}$ 为含骨率。

钢管和钢骨的本构模型采用理想弹塑性应力-应变曲线模型,模型定义为双线性随动强化(bilinear kinematic hardening)模型。

利用 ANSYS10.0 的图形输入功能,通过实体建模来创建几何模型,并且建模时采用分离式模型,即把核心混凝土、钢管和钢骨作为不同的单元来处理,各自单独分配单元类型和材料属性。本节模拟构件尺寸及 ANSYS 计算结果见表5.2。

表 5.2   构件模型尺寸及 ANSYS 计算结果

试件编号	f_c /MPa	B /mm	t /mm	f_y /MPa	f_{ys} /MPa	N_{exp} /kN	N_{FEM} /kN	N_{FEM}/N_{exp}
H-1	48.4	195	5.5	288	338	4035	3985.5	0.99
H-2	48.4	195	5.5	288	338	4050	3985.5	0.98
H-3	70.8	195	5.5	288	338	4880	4620.3	0.95
H-4	70.8	195	5.5	288	338	4880	4620.3	0.95
H-5	48.4	195	4.5	289	338	3930	4000.9	1.02
H-6	70.8	195	4.5	289	338	4750	4699.3	0.99
H-7	70.8	195	4.5	289	327	4710	4890	1.04
H-8	48.4	195	5.5	288	338	3860	3985.5	1.03
H-9	70.8	195	5.5	288	338	4980	4620.3	0.93
I-1	48.4	195	4.5	289	338	3410	3372.1	0.99
I-2	48.4	195	5.5	288	338	3620	3581.4	0.99
S4L	48.4	195	4.5	289	0	2985	2944.9	0.99
S4H	70.8	195	4.5	289	0	3900	4213.2	1.08
$\overline{X}$								0.99
$\overline{W}$								0.04

注:N_{FEM} 为 ANSYS 计算承载力;N_{exp} 为试验承载力;$\overline{X}$ 为平均值;$\overline{W}$ 为标准差。

在进行网格划分时,为了较好的控制单元形状和大小,选择线平均分段法控制几何面划分网格,然后将其拉伸成体网格并分别赋予核心混凝土(solid65 单元)和钢管、钢骨(solid45 单元)属性。此时,需要注意的是混凝土单元和钢管单元黏结面上的单元节点应该一一对应,以保证钢管与混凝土之间不发生滑移。取文献[13]中不同截面形式的钢骨(工字型、十字型和无钢骨)组合试件分析,方钢管-工字型钢骨自密实高强混凝土试件 I-1 和 I-2 有限元模型网格划分如图 5.4 所示,实体模型的单元总数为16800 个,其中混凝土单元为12800 个,钢管单元为 3120 个,钢骨单元为 880 个;方钢管-十字型钢骨自密实高强混凝土试件 H-1~H-9 有限元模型网格划分如图 5.5 所示,实体模型的单元总数为8670 个,其中混凝土单元为5760 个,钢管单元为1920 个,钢骨单元为990 个;方钢管自密实高强混凝土试件 S4L 和 S4H 有限元模型网格划分如图 5.6 所示,实体模型的单元总数为4320 个,其中混凝土单元为3000 个,钢管单元为1320 个。

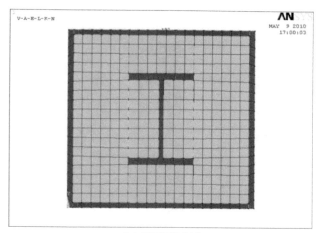

（a）平面网格划分

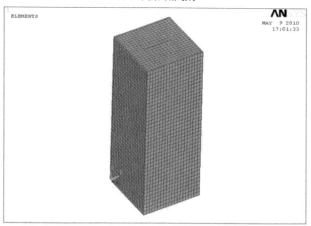

（b）整体网格划分

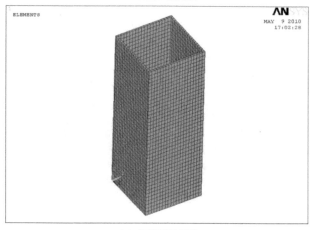

（c）钢管网格划分

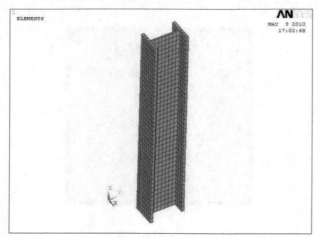

（d）钢骨网格划分

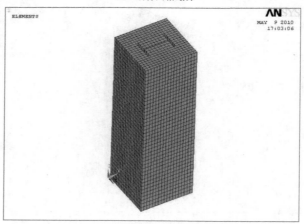

（e）混凝土网格划分

图 5.4　方钢管-工字型钢骨自密实高强混凝土试件 I-1、I-2 有限元模型

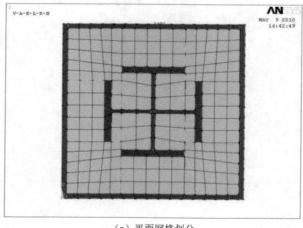

（a）平面网格划分

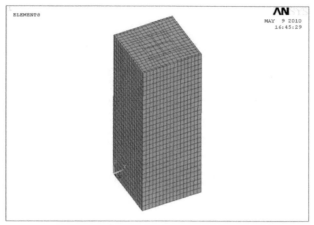

（b）整体网格划分

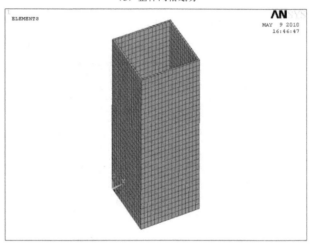

（c）钢管网格划分

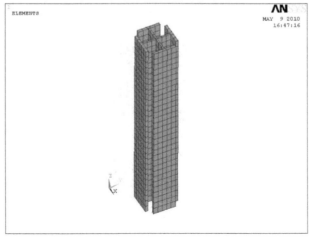

（d）钢骨网格划分

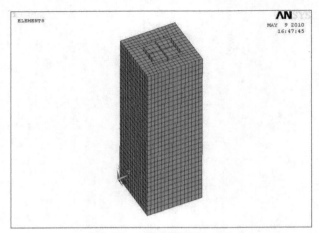

（e）混凝土网格划分

图 5.5　方钢管-十字型钢骨自密实高强混凝土试件 H-1~H-9 有限元模型

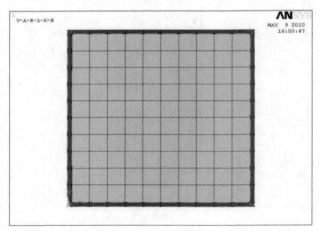

（a）平面网格划分

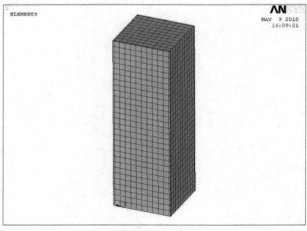

（b）整体网格划分

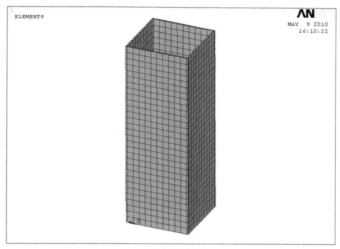

（c）钢管网格划分

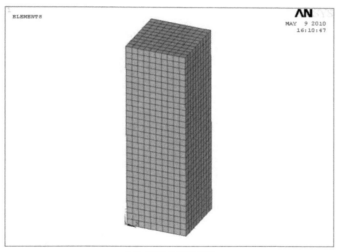

（d）混凝土网格划分

图 5.6　方钢管自密实高强混凝土试件 S4L、S4H 有限元模型

　　有限元模型中的边界条件应该尽量与试验构件的加载条件一致。本节采用位移加载方式，有限元计算更容易收敛。由于本节所取的试件两端属于固结，因此在试件的有限元模型中，对试件 Z 向顶部（Z=600mm）节点施加全部约束，不考虑核心混凝土柱端的摩擦。在施加 Z 向端（Z=0mm）约束时，对该端面上所有节点 X 和 Y 向进行约束，并将顶端面上所有节点沿 Z 向（纵向）位移耦合到一个节点上，这样可以保证柱顶端面上所有节点的 Z 向（纵向）位移一致，Z 向（纵向）位移荷载只需施加在此耦合节点上即可。节点耦合及约束模型如图 5.7 所示。

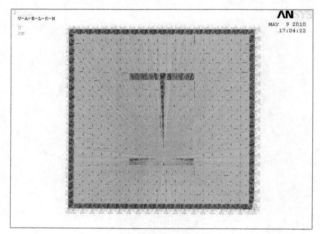

（a）I-1、I-2 节点耦合模型

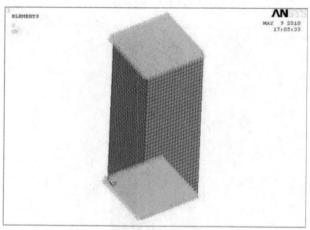

（b）I-1、I-2 约束模型

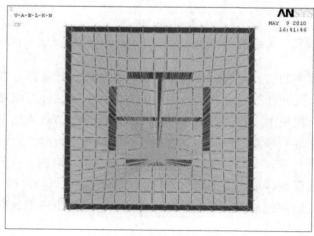

（c）H-1~H-9 节点耦合模型

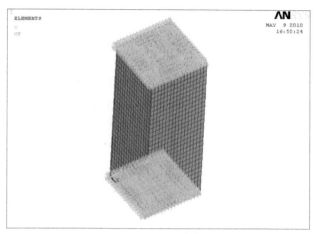

（d）H-1~H-9 约束模型

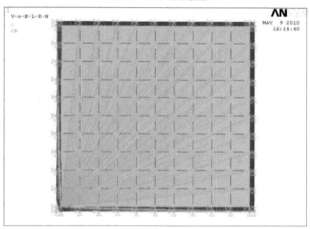

（e）S4L、S4H 节点耦合模型

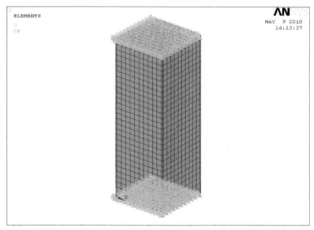

（f）S4L、S4H 约束模型

图 5.7 方钢管-钢骨自密实高强混凝土试件节点耦合与约束模型

2）结果分析

利用 ANSYS 10.0 进行非线性有限元计算得到的钢骨-方钢管自密实高强混凝土轴压短柱极限承载力见表 5.2，有限元计算结果与文献[13]试验结果的比较也在表 5.2 中列出。表 5.2 中试验承载力与 ANSYS 计算承载力的比值 N_{FEM}/N_{exp} 为 0.93~1.08，平均值为 0.99，标准差为 0.04。由此可见，ANSYS 有限元计算值与试验结果吻合良好。计算值与试验结果产生偏差的原因可能有：一是在 ANSYS 有限元建模时没有考虑薄壁钢管和核心轻骨料混凝土的滑移；二是试验短柱存在初始缺陷，如钢管的局部缺陷、混凝土的浇筑密实度等；三是试件材料强度有一定的离散性；四是试验中试件加载过程和约束条件与有限元模型有一定的区别，如绝对的轴心加载；五是在对钢骨（工字型和十字型）进行建模时没有考虑翼缘板的斜度，钢骨的截面面积相对变小，因此极限荷载计算结果总体偏小等。

取文献[13]中不同截面形式的钢骨（工字型、十字型和无钢骨）组合试件进行荷载-位移曲线分析。根据 ANSYS 10.0 进行非线性有限元计算得到方钢管-钢骨自密实高强混凝土轴压短柱的荷载-位移曲线如图 5.8 所示。从图 5.8 中可以看出，方钢管-钢骨自密实高强混凝土轴压短柱具有较好的延性。整个试件的工作可分为三个阶段：弹性工作阶段、弹塑性工作阶段和破坏阶段。在加载初期，荷载-位移曲线近乎直线，试件处于弹性工作阶段。随着荷载的增加，钢管及钢骨受压进入屈服状态，试件的荷载-位移曲线呈现明显的非线性性质。由于混凝土在钢管的约束作用下强度得到提高，试件的承载力会超过钢管、钢骨和混凝土三者单独承载力之和，此阶段为弹塑性工作阶段。当试件达到极限承载力后，试件的变形迅速增加，而承载力也出现下降，试件进入破坏阶段。另外，由图 5.8 可知，试件承载力随着钢管混凝土内含骨率的不同而不同，其中含骨率越小，其承载力越低，含骨率越大，其承载力越高。

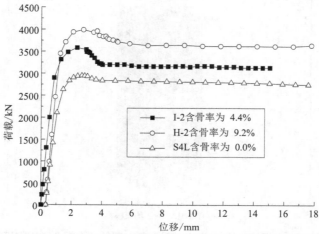

图 5.8　方钢管-钢骨自密实高强混凝土轴压短柱有限元模拟荷载-位移曲线

通过 ANSYS 10.0 计算文献[13]中不同截面形式的钢骨（工字型、十字型和无钢骨）组合试件在极限荷载时各材料的应力云图，如图 5.9~图 5.11 所示。由于较难直观地看出变形，通过修改 ANSYS 中的 Scale Factor（缩放因子）为 10，放大变形，可以明显地看出图 5.9~图 5.11 中试件的破坏形态是外包钢管出现不同程度的向外鼓胀，变形较大，并且不同截面形式的钢骨（工字型、十字型和无钢骨）组合试件的破坏形态具有一定的差异：方钢管-工字型钢骨自密实高强混凝土试件只有一个对立面向外鼓胀，而另一个对立面有向内鼓胀的趋势；方钢管-十字型钢骨自密实高强混凝土试件和方钢管自密实高强混凝土试件四个面都向外鼓胀，与文献[13]中的试验现象基本吻合。

从图 5.9（c）、图 5.10（c）和图 5.11（c）中可知，核心混凝土在靠近外包钢管周围的混凝土的应力比中心的混凝土应力要大，表明外层的混凝土将会较早破坏；从图 5.10（d）和图 5.11（d）中可知，钢骨靠近端部处应力较大，呈对称分布。图中核心混凝土的应力都超过了其单轴强度，表明核心混凝土在外包钢管的约束下，其抗压强度得到较大提高，与文献试验结果吻合较好。

从图 5.9~图 5.11 中钢骨和钢管的 Mises 应力云图可以看出，在极限状态时，钢骨和钢管壁的受力状态比较均匀，都已经达到屈服强度，在钢骨的翼缘部分形成了强度最高的部位。说明钢管壁和核心钢骨的约束使得核心混凝土处于三轴受压状态，其强度得到提高。

从试件在极限荷载时的变形分布图和各单元的纵向应力云图来看，本次数值模拟所选取的单元类型、钢管、钢骨及核心混凝土的本构关系和破坏准则、加载方案等都是合理正确的。

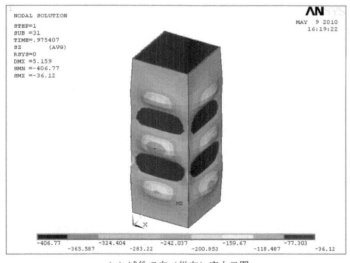

（a）试件 Z 向（纵向）应力云图

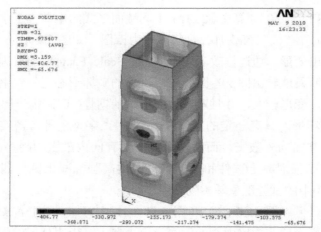

（b）钢管 Z 向（纵向）应力云图

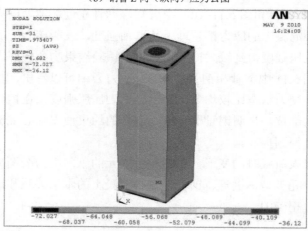

（c）混凝土 Z 向（纵向）应力云图

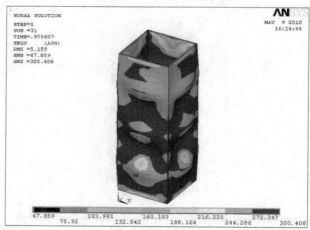

（d）钢管 Mises 应力云图

图 5.9　S4L、S4H 方钢管自密实高强混凝土试件应力云图

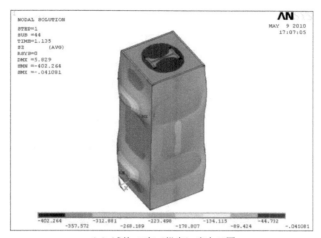

（a）试件 Z 向（纵向）应力云图

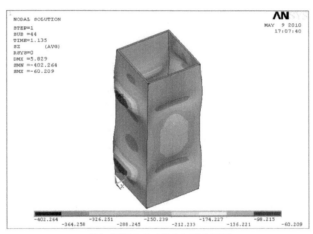

（b）钢管 Z 向（纵向）应力云图

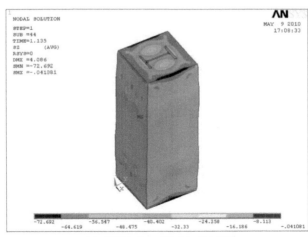

（c）混凝土 Z 向（纵向）应力云图

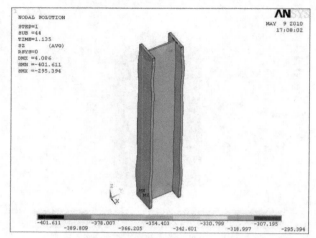

（d）钢骨 Z 向（纵向）应力云图

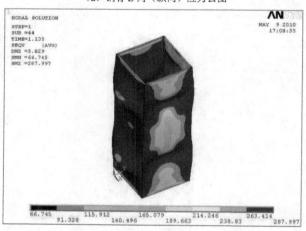

（e）钢管 Mises 应力云图

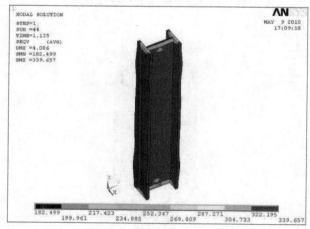

（f）钢骨 Mises 应力云图

图 5.10　I-1、I-2 方钢管-工字型钢骨自密实高强混凝土试件应力云图

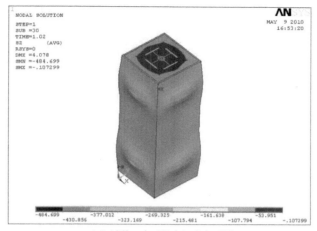

（a）试件 Z 向（纵向）应力云图

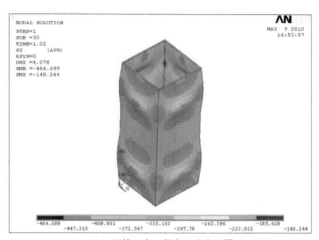

（b）钢管 Z 向（纵向）应力云图

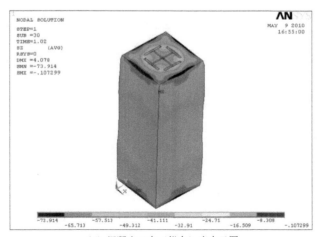

（c）混凝土 Z 向（纵向）应力云图

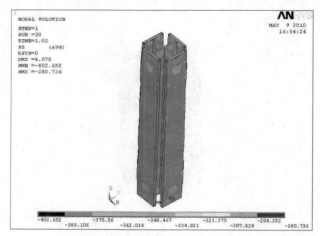

（d）钢骨 Z 向（纵向）应力云图

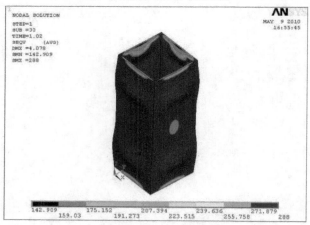

（e）钢管 Mises 应力云图

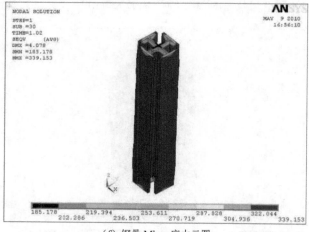

（f）钢骨 Mises 应力云图

图 5.11　H-1~H-9 方钢管-十字型钢骨自密实高强混凝土试件应力云图

5.1.2　方钢管-钢骨高强混凝土长柱轴压承载力

1. 长柱稳定承载力计算

对于钢管混凝土柱，$L_0/D \leqslant 4$，称为短柱；$L_0/D > 4$，称为长柱。对于钢骨-方钢管自密实高强混凝土长细比很大的长柱，其破坏是由于弹性失稳，破坏时纵向应变尚处于弹性范围，因此对于方钢管-钢骨自密实高强混凝土长细比较大的长柱，其承载力取决于柱子的稳定性能。

在现实的建筑工程结构中，常存在构件的初始弯曲与荷载的偶然偏心，钢骨和钢管上都存在残余应力，在外荷载作用下，会使残余应力区提前屈服，导致截面工作不对称，截面中和轴的偏移。如果在理论分析方法中没有考虑这些影响因素，将其应用于实际工程结构中时，构件会偏于不安全。如果采用切线模量理论对轴压承载力进行计算，需要经过多次迭代，对于工程设计应用是很不便利的。因此，本节在对短柱研究的基础上，根据统一强度理论和稳定理论建立一种适合方钢管-钢骨自密实高强混凝土长柱轴压承载力的计算方法。

根据规范，在短柱轴压承载力 N_u 的基础上乘以一个稳定系数 φ 从而得出钢-混凝土组合长柱轴压承载力 N_L 的计算公式，即

$$N_L = \varphi N_u \qquad (5.17)$$

在确定稳定系数 φ 时，国内外规范提出了不同的计算方法。我国规范 CECS 159：2004 和规范 EC4 中的方法引入方钢管混凝土柱的相对长细比 $\bar{\lambda}$，使该新型组合柱的屈服线与轴压钢柱的屈曲曲线取得一致，然后根据钢柱的 φ-$\bar{\lambda}$ 曲线，得到稳定系数 φ。本节将借助这种方法并基于推导分析短柱的承载力 N_u 的基础上，推导方钢管-钢骨自密实高强混凝土长柱的稳定系数 φ。定义相对长细比 $\bar{\lambda}$ 为

$$\bar{\lambda} = \sqrt{\frac{N_u}{N_{cr}}} \qquad (5.18)$$

根据基于统一强度理论的厚壁圆筒弹塑性极限分析的短柱承载力的结果[1]，N_u 的表达式为

$$N_u = A_{st} \frac{\xi p_p r_i^2}{(r_i + t_0)^2 - r_i^2} + \gamma_u A_c f_c \left(1 + 1.5\sqrt{p_p \xi / f_c} + 2p_p \xi / f_c\right)$$
$$+ \left[\frac{1}{1+b}\left(\frac{2t_0}{D - 2t_0}f_y + b\frac{2t_0}{D - 2t_0}f_y\right) - f_{ys}\right] A_{ss} \qquad (5.19)$$

式中，r_i、t_0分别为等效圆钢管内半径和钢管壁厚；γ_u为考虑尺寸效应影响的混凝土强度折减系数；ξ为考虑厚边比影响的等效约束折减系数；p_p为等效圆钢管的塑性极限荷载；A_{st}为外包钢管截面面积；A_c为混凝土截面面积；A_{ss}为钢骨的截面面积；f_y为外钢管的屈服强度；f_c为混凝土轴心抗压强度设计值；f_{ys}为钢骨三轴受压屈服强度；D为等效圆钢管-钢骨混凝土外直径；b为反映中间主剪应力以及相应面上的正应力对材料破坏程度的影响系数。

通过式（5.19）对文献[13]中的长柱参数进行短柱计算，结果列于表 5.3。

表 5.3　通过式（5.19）对文献[13]中的长柱参数计算结果

试件编号	l_0 /mm	λ	B/t	f_c /MPa	A_c /mm²	f_y /MPa	A_{st} /mm²	f_{ys} /MPa	A_{ss} /mm²	N_u /kN
S4L10	600	3	40	48.4	31730	289	3429	338	2866	3861
L4L10-6	1200	6	40	48.4	31730	289	3429	338	2866	3861
L4L10-9	1800	9	40	48.4	31730	289	3429	338	2866	3861
L4L10-12	2400	12	40	48.4	31730	289	3429	338	2866	3861
S5L10I	600	3	33	48.4	32423	288	4169	338	1433	3746
L5L10I-9	1800	9	33	48.4	32423	288	4169	338	1433	3746
L5L10I-12	2400	12	33	48.4	32423	288	4169	338	1433	3746

注：l_0为柱的计算长度；λ为试件的长细比，$\lambda = l_0/B$。

根据弹性稳定理论，方钢管-钢骨自密实高强混凝土轴心受压构件的欧拉临界力为

$$N_{cr} = \frac{\pi^2}{l_0{}^2}\left(E_c I_c + E_{st} I_{st} + E_{ss} I_{ss}\right) \tag{5.20}$$

式中，l_0为该新型组合柱的计算长度；E_c为混凝土的弹性模量；E_{st}为方钢管的弹性模量；E_{ss}为钢骨的弹性模量；I_c为混凝土的截面惯性矩；I_{st}为方钢管的截面惯性矩；I_{ss}为钢骨的截面惯性矩。

由式（5.20）计算文献[13]中方钢管-钢骨自密实高强混凝土轴心受压构件的欧拉临界力，结果如表 5.4 所示。

表 5.4　方钢管-钢骨自密实高强混凝土轴心受压构件的欧拉临界力

试件编号	l_0/mm	E_c/MPa	I_c/cm⁴	E_{st}/GPa	I_{st}/cm⁴	E_{ss}/GPa	I_{ss}/cm⁴	N_{cr}/MN
S4L10	600	38590	9696	187	2075	203	278	18321
L4L10-6	1200	38590	9696	187	2075	203	278	4580
L4L10-9	1800	38590	9696	187	2075	203	278	2035
L4L10-12	2400	38590	9696	187	2075	203	278	1145

试件编号	l_0/mm	E_c/MPa	I_c/cm⁴	E_{st}/GPa	I_{st}/cm⁴	E_{ss}/GPa	I_{ss}/cm⁴	N_{cr}/MN
S5L10I	600	38590	9519	197	2497	203	33	19594
L5L10I-9	1800	38590	9519	197	2497	203	33	2177
L5L10I-12	2400	38590	9519	197	2497	203	33	1224

将式（5.19）和式（5.20）代入式（5.18），得

$$\bar{\lambda}=\frac{l_0}{\pi}\sqrt{\frac{A_{st}\dfrac{\xi p_p r_i^2}{\left(r_i+t_0\right)^2-r_i^2}+\gamma_u A_c f_c\left(1+1.5\sqrt{p_p\xi/f_c}+2p_p\xi/f_c\right)+\left[\dfrac{1}{1+b}\left(\dfrac{2t_0}{D-2t_0}f_y+b\dfrac{2t_0}{D-2t_0}f_y\right)-f_{ys}\right]A_{ss}}{E_c I_c+E_{st} I_{st}+E_{ss} I_{ss}}} \quad (5.21)$$

由于徐变等作用对混凝土和构件的工作性能有很大的影响，参考 EC4 和 CECS104:99 中的规定，在计算时对混凝土的刚度进行折减，折减系数取 0.6。由此得到该组合柱的相对长细比 $\bar{\lambda}$ 的表达式：

$$\bar{\lambda}=\frac{l_0}{\pi}\sqrt{\frac{A_{st}\dfrac{\xi p_p r_i^2}{\left(r_i+t_0\right)^2-r_i^2}+\gamma_u A_c f_c\left(1+1.5\sqrt{p_p\xi/f_c}+2p_p\xi/f_c\right)+\left[\dfrac{1}{1+b}\left(\dfrac{2t_0}{D-2t_0}f_y+b\dfrac{2t_0}{D-2t_0}f_y\right)-f_{ys}\right]A_{ss}}{0.6E_c I_c+E_{st} I_{st}+E_{ss} I_{ss}}} \quad (5.22)$$

确定了相对长细比的表达式后，根据该组合柱的截面特性和核心混凝土对外包钢管和钢骨局部稳定的贡献，根据 GB 50017—2003《钢结构设计规范》中 b 类钢柱的 φ-$\bar{\lambda}$ 曲线来确定组合柱的稳定系数，因此方钢管-钢骨自密实高强混凝土长柱的稳定系数表示为

$$\varphi=\begin{cases}1-0.65\bar{\lambda}^2, & \bar{\lambda}\leqslant 0.215\\ \dfrac{1}{2\bar{\lambda}^2}\left[\left(0.965+0.3\bar{\lambda}+\bar{\lambda}^2\right)-\sqrt{\left(0.965+0.3\bar{\lambda}+\bar{\lambda}^2\right)^2-4\bar{\lambda}^2}\right], & \bar{\lambda}>0.215\end{cases} \quad (5.23)$$

根据式（5.19）和式（5.23）计算出短柱极限承载力 N_u 和稳定系数 φ 后，代入式（5.17）即可求得方钢管-钢骨自密实高强混凝土长柱的轴压承载力。

2. 计算结果验证

根据文献[13]，用方钢管-钢骨自密实高强混凝土长柱的试验数据来进行验算，钢管的抗拉强度和抗压强度相同，因此取拉压强度比 α=1，则由式（5.17）计算得到的方钢管-钢骨自密实高强混凝土长柱轴压承载力如表 5.5 所示。根据表 5.5 可知，本节计算所得承载力与试验承载力吻合良好，证明将统一强度理论运用于方钢管-钢骨自密实高强混凝土长柱极限承载力的计算是可行的。

表 5.5　式（5.17）计算结果与文献[13]试验结果对比

试件编号	l_0/mm	$\overline{\lambda}$	φ	N_{exp}/kN	N_L/kN	N_L/N_{exp}
S4L10	600	0.015	1.000	3920	3860	0.98
L4L10-6	1200	0.029	0.999	3795	3858	1.02
L4L10-9	1800	0.044	0.998	3720	3856	1.04
L4L10-12	2400	0.058	0.997	3410	3852	1.13
S5L10I	600	0.014	1.000	3620	3745	1.03
L5L10I-9	1800	0.041	0.998	3585	3741	1.04
L5L10I-12	2400	0.055	0.998	3245	3738	1.15

注：l_0 是组合柱的计算长度，$\overline{\lambda}$ 是长柱的相对长细比，φ 是长柱的稳定系数，N_{exp} 是文献[13]中试验承载力，N_L 是本节推导的公式（5.17）所得计算承载力。

5.2　PBL 加劲型方钢管混凝土柱轴压性能

PBL 是德文 perfobond leiste 的缩写，代表一种新型的剪力键。PBL 加劲型方钢管混凝土柱是在薄壁方钢管的内管壁设置开孔钢板纵肋，再由混凝土填充至钢管内部而形成的一种新型组合构件，截面形式如图 5.12 所示。长安大学赵均海团队[14, 15]对 PBL 加劲型方钢管混凝土轴压短柱的轴压承载力计算方法进行探讨，考虑混凝土榫形成的剪力键提供的有效作用，采用统一强度理论推导 PBL 加劲型方钢管混凝土短柱轴压极限承载力理论解，并考察了参数影响特性，为 PBL 加劲型方钢管混凝土短柱的轴压承载力研究提供了理论依据。

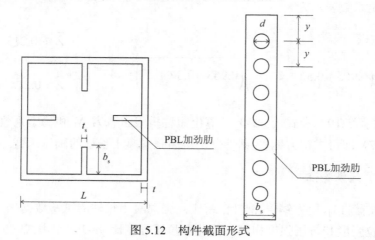

图 5.12　构件截面形式

1. 理论分析

1）方-圆钢管混凝土柱的等效转化

大量的试验研究表明[16-20]，矩形钢管混凝土柱核心混凝土的约束效应要明显弱于圆形钢管混凝土柱，这是因为矩形钢管对内部混凝土的约束不均匀，角部强于中部。当设置了 PBL 加劲肋后，相当于给钢管壁增加了额外的约束支撑点，从而有效地防止了钢管壁的局部屈曲，而且明显减小了钢管壁的拉应力区范围，改善了其稳定性。本节通过引入混凝土有效约束系数[21]，将不均匀应力等效为均匀应力，使得方钢管混凝土在等效为圆钢管混凝土后符合圆钢管混凝土约束均匀的特点。参考文献[22]，等效截面如图 5.13 所示。

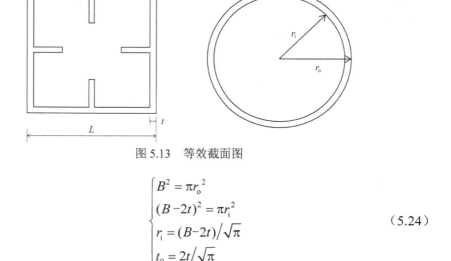

图 5.13　等效截面图

$$\begin{cases} B^2 = \pi r_o^2 \\ (B-2t)^2 = \pi r_i^2 \\ r_i = (B-2t)/\sqrt{\pi} \\ t_0 = 2t/\sqrt{\pi} \end{cases} \quad (5.24)$$

式中，B 为方钢管外边长；t 为方钢管壁厚；r_o 为等效圆钢管的外半径；r_i 为等效圆钢管的内半径；t_0 为等效圆钢管的壁厚。

2）混凝土有效约束系数

带肋试件的约束作用主要集中在钢管角部和加劲肋处。方钢管对核心混凝土的约束可分为有效约束区和非有效约束区，分界线为抛物线[23]，如图 5.14 所示。

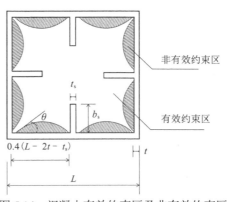

图 5.14　混凝土有效约束区及非有效约束区

核心混凝土距角部以及加劲肋角部 $0.05(L-2t-t_s)$ 范围内为有效约束区；θ_i 为约束界限边切角，文献[24]建议对方形钢筋混凝土柱取 $\theta_i = 45°$。文献[21]建议 θ_i 取值为

$$\tan\theta_i = \frac{6(1-m)tf_\theta}{(B/t-t)^2} \qquad (5.25)$$

对于方形截面，约束均匀系数 m 取 0.4，极限状态时，构件受环向力而破坏，故 $f_\theta = f_y$，因此式（5.25）变为

$$\tan\theta_i = \frac{3.6tf_y}{(B/t-t)^2} \qquad (5.26)$$

设非有效约束区面积为 A_l ，有效约束区面积为 A_e ，混凝土面积 $A_c = (B-2t)^2 - 4b_s t_s$，则

$$A_l = 8 \times \frac{[0.4(B-2t-t_s)]^2\tan\theta}{6} \qquad (5.27)$$

$$A_e = A_c - A_l \qquad (5.28)$$

PBL 加劲型方钢管混凝土有效约束系数 k_e' 为

$$k_e' = \frac{A_e}{A_c} = 1 - \frac{A_l}{A_c} = 1 - \frac{1.2tf_y(B-2t-t_s)^2}{(B/2-t)^2[(B-2t)^2 - 4b_s t_s]} \qquad (5.29)$$

3）方钢管对核心混凝土约束作用分析

方钢管内壁受到混凝土作用的径向应力 f_r 和 PBL 剪力键作用下的剪力 Q_t，参考文献[24]提出的箍筋约束混凝土等效侧应力的思想，假定方钢管受力简图如图 5.15 所示。

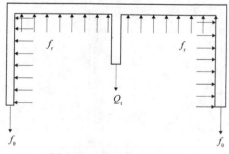

图 5.15　方钢管受力简图

由力学平衡得

$$2f_\theta t H + n_0 Q_t = f_r (B - 2t - t_s) H \tag{5.30}$$

式中，H 为钢管高度；n_0 为肋板上开洞个数；Q_t 为 PBL 剪力键作用下的剪力，胡建华等[25]建议 $Q_t = 1.95 A \sqrt{f_c}$；A 为加劲肋上开洞面积。研究结果表明[26]：剪力键的作用与肋板宽度 b_s 以及开洞直径 d_0 有关，在 $d_0 = b_s / 2$ 时约束效果最好，故引入影响系数 $\gamma_a = 1 - \dfrac{|b_s - 2d|}{b_s}$，将考虑折减后的结果代入式（5.30），有

$$f_r = \frac{2f_\theta t + \gamma_a (1.95 n_0 A \sqrt{f_c}) / H}{B - 2t - t_s} \tag{5.31}$$

故钢管对混凝土的径向应力为

$$f_r' = k_e f_r \tag{5.32}$$

4）方钢管及 PBL 加劲肋承载力分析

钢管受到混凝土提供的径向压应力 σ_r、环向拉应力 σ_θ 以及轴向压应力 σ_z，故其处于三向应力状态：

$$\begin{cases} \sigma_z = f_z \\ \sigma_r = f_r \\ \sigma_\theta = r_i f_r / t' \end{cases} \tag{5.33}$$

钢管的径向压应力随着环向拉应力的不断增大而减小，故 $\sigma_z < \sigma_\theta$，设 $\sigma_1 \geqslant \sigma_2 \geqslant \sigma_3$，则 $\sigma_1 = \dfrac{r_i f_r}{t'}$，$\sigma_2 = f_r$，$\sigma_3 = \sigma_z$。$\sigma_1$、$\sigma_2$ 和 σ_3 显然满足式（2.5a），代入得

$$F = \frac{r_i f_r}{t'} - \frac{\alpha}{1+b}(-b f_y + \sigma_i) = \sigma_s \tag{5.34}$$

其中钢材拉压强度比 $\alpha \approx 1$。当钢管屈服时，$f_\theta = f_y$，代入式（5.34），最终得

$$f_z = \sigma_z = \frac{2t f_y + \gamma_a (1.95 n_0 A \sqrt{f_c}) / H}{B - 2t - t_s} \left[(1+b) \frac{r_i}{t'} + b \right] - (1+b) f_y \tag{5.35}$$

定义方钢管承载力折减系数为 γ_y，则

$$\gamma_y = \frac{2t f_y + \gamma_a (1.95 n_0 A \sqrt{f_c}) / H}{(B - 2t - t_s) f_y} \left[(1+b) \frac{r_i}{t'} + b \right] - (1+b) \tag{5.36}$$

其物理意义为：钢管和混凝土协同工作，钢管处于轴向和径向受压而环向受拉的不利状态，其轴向承载力降低。方钢管外边长 B 越大，γ_y 越小；方钢管越

厚，γ_y 越大。故 f_z 可表示为

$$f_z = \gamma_y f_y \tag{5.37}$$

因此，方钢管承载力为

$$N_{s1} = A_{s1} f_z = 4t(B-t)\gamma_y f_y \tag{5.38}$$

由于 PBL 加劲肋上有开孔，会降低肋板承载力，故引入 PBL 承载力折减系数 γ_b[26]，$\gamma_b = (1 - d_0 / b_s)$，其中 d_0 为开孔直径，b_s 为肋板宽度。则 PBL 加劲肋的承载力为

$$N_{s2} = \gamma_b A_{s2} f_y = (1 - d_0 / b_s) 4 t_s b_s f_y \tag{5.39}$$

5）核心混凝土承载力

等效后的核心混凝土由于受到钢管的约束作用，处在三向应力状态，$0 > \sigma_1 = \sigma_2 > \sigma_3$，取 $\sigma_1 = \sigma_2 = f_r'$，由统一强度理论[27]推得的核心混凝土的轴向压应力为

$$\sigma_3 = f_c + k\sigma_1 \tag{5.40}$$

式中，σ_3 为约束混凝土抗压强度；f_c 为混凝土轴心抗压强度；$k = (1 + \sin\theta) / (1 - \sin\theta)$，其中 θ 为混凝土内摩擦角，三轴受压混凝土的内摩擦角变化范围为 $30° \sim 50°$，相应 k 值在 1.0~7.0 变化。

对于有效约束区混凝土，其受到钢管约束效果较好，轴压强度为

$$f_{ce} = f_c + k f_r' \tag{5.41}$$

则有效约束区混凝土承载力为

$$N_{ce} = A_e f_{ce} = k_e [(B - 2t)^2 - 4 b_s t_s](f_c + k f_r') \tag{5.42}$$

对于非有效约束区混凝土，因受到方钢管约束效果减弱，在计算时需加入混凝土强度折减系数 γ_u[24]，$\gamma_u = 1.67 D_c^{-0.112}$，其中 D_c 为等效圆钢管内直径。其轴压强度表达式为

$$f_{cl} = f_c + \gamma_u k f_r' \tag{5.43}$$

非有效约束区混凝土承载力为

$$N_{cl} = A_l f_{cl} = (1 - k_e')[(B - 2t)^2 - 4 b_s t_s](f_c + \gamma_u k f_r') \tag{5.44}$$

6）PBL 加劲型方钢管混凝土柱轴压承载力

PBL 加劲型方钢管混凝土柱轴压承载力由方钢管、PBL 加劲肋及混凝土承载力之和组成，表达式为

$$N_{\mathrm{u}} = N_{\mathrm{s1}} + N_{\mathrm{s2}} + N_{\mathrm{ce}} + N_{\mathrm{cl}} \qquad (5.45)$$

将式（5.38）、式（5.39）、式（5.42）和式（5.44）代入式（5.45），得

$$N_{\mathrm{u}} = 4t(B-t)\gamma_{\mathrm{y}}f_{\mathrm{y}} + (1-d/b_{\mathrm{s}})4t_{\mathrm{s}}b_{\mathrm{s}}f_{\mathrm{y}} + k'_{\mathrm{e}}[(B-2t)^2 - 4b_{\mathrm{s}}t_{\mathrm{s}}](f_{\mathrm{c}} + kf'_{\mathrm{r}}) \\ + (1-k_{\mathrm{e}})[(B-2t)^2 - 4b_{\mathrm{s}}t_{\mathrm{s}}](f_{\mathrm{c}} + \gamma_{\mathrm{u}}kf'_{\mathrm{r}}) \qquad (5.46)$$

化简得

$$N_{\mathrm{u}} = 4f_{\mathrm{y}}[t(B-t)\gamma_{\mathrm{y}} + (1-d/b_{\mathrm{s}})t_{\mathrm{s}}b_{\mathrm{s}}] + [(B-2t)^2 - 4b_{\mathrm{s}}t_{\mathrm{s}}]\{f_{\mathrm{c}} + kf'_{\mathrm{r}}[\gamma_{\mathrm{u}} + k'_{\mathrm{e}}(1-\gamma_{\mathrm{u}})]\} \qquad (5.47)$$

2. 公式验证

当 b 取不同值时，统一强度理论可退化为不同的统一屈服准则。当 $b=0$ 时，统一强度理论退化成 Tresca 屈服准则；当 $b=0.5$ 时，退化成 Mises 准则的线性逼近式；当 $b=1$ 时，退化成双剪屈服准则。本节中取 $b=1$，$k=3.0$，并将文献 [26] 中的各项相关数据代入式（5.47）进行计算，并与试验所得结果进行对比，结果见表 5.6。

表 5.6 式（5.47）计算结果与文献[26]试验结果对比

试件编号	H/mm	B/mm	t/mm	t_{s}/mm	b_{s}/mm	d/mm	y/mm	f_{y}/MPa	f_{c}/MPa	N_{u}/kN	N_{exp}/kN	$N_{\mathrm{u}}/N_{\mathrm{exp}}$
scc20-1	600	200	4	4	60	30	50	464	43.1	3928	4122	0.95
scc20-2	600	200	4	4	60	30	80	464	43.1	3842	3874	0.99
scc20-3	600	200	4	4	60	30	100	464	43.1	3813	3955	0.96
scc30-1	900	300	4	4	90	30	100	464	43.1	7325	7793	0.94
scc30-2	900	300	4	4	90	45	100	464	43.1	7487	7088	1.06
scc30-3	900	300	4	4	90	70	100	464	43.1	7361	6954	1.06
scc30-4	900	300	3	3	90	30	100	414	43.1	6248	5089	1.23
scc30-5	900	300	3	3	90	45	100	414	43.1	6442	5969	1.08
scc30-6	900	300	3	3	90	70	100	414	43.1	6366	6111	1.04
scc30-7	900	300	8	8	90	30	100	424	43.1	9758	10096	0.97
scc30-8	900	300	8	8	90	45	100	424	43.1	9852	9566	1.03
scc30-9	900	300	8	8	90	70	100	424	43.1	9626	8777	1.10

注：N_{exp} 为试验测得极限承载力，N_{u} 为式（5.47）计算极限承载力。

从表 5.6 可知，采用本节推导的公式计算的 PBL 加劲型方钢管混凝土轴压柱的承载力与试验结果吻合良好，且试验值与本节计算值比值的平均值仅为 1.03，说明本节公式计算结果有较好的精度。

3. 影响因素分析

1）b 和 φ 对承载力 N_u 的影响

当材料拉压强度比 α 一定时，随着 b 的变化，统一强度理论也会随之退化为不同的屈服准则。θ 是混凝土内摩擦角，三轴受压混凝土得出的内摩擦角变化范围为 $30°\sim50°$，内摩擦角 θ 的变化会导致混凝土强度提高系数 k 的变化，从而影响钢管混凝土的承载力 N。取文献[26]中试件 scc20-2 相关数据，采用本节推导出的公式（5.47）进行计算，得 N_u 随 θ 与 b 的变化如图 5.16 所示。

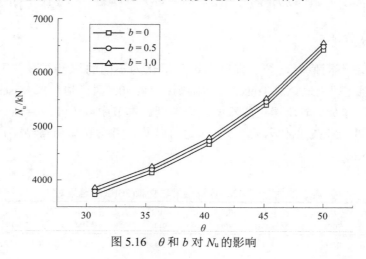

图 5.16　θ 和 b 对 N_u 的影响

由图 5.16 知，当 θ 一定时，N_u 随着 b 的增大而增大，且增长幅度较为均匀。这是因为随着 b 的增大，与之相对应的 π 平面上的极限面面积也增大，故 N_u 也随之提高。当 b 一定时，N_u 随着 θ 的增大而呈现出增大的趋势，这是因为内摩擦角越大，侧压力越小，相应的 k 值就越大，即较小的侧压力对核心混凝土强度的增强效应越显著。随着侧压力的不断减小，这种增强效应的幅度也逐渐增加。

2）b_s 和 t_s 对承载力 N_u 的影响

当 $b=1$，$k=3.0$ 时，分别以文献[26]中试件 scc20-2、试件 scc30-2 为例，分析不同加劲肋厚度 t_s 时，加劲肋宽度 b_s 和钢管混凝土轴压承载力 N_u 之间的关系，如图 5.17 所示。

由图 5.17 知，当 b_s 一定时，N_u 随着 t_s 的增大而增大；当 t_s 一定时，N_u 随着 b_s 的增大而增大，这是因为随着 PBL 加劲肋截面尺寸的增大，加劲肋提供的承载力也会有所增大，然而截面用钢量也会增加，因此 b_s 存在一个最优取值，可使得在最经济用钢量的情况下得到较好的承载力。试件 scc20-2 外套方钢管宽度为 200mm，其 b_s 最优取值为 60mm；试件 scc30-2 外套方钢管宽度为 300mm，其 b_s 最优取值为 90mm。因此本书建议加劲肋宽度 $b_s = 0.3L$ 为最优取值。

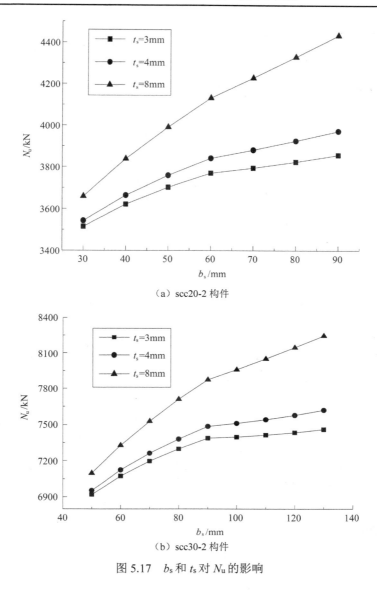

（a）scc20-2 构件

（b）scc30-2 构件

图 5.17　b_s 和 t_s 对 N_u 的影响

5.3　方钢管螺旋箍筋混凝土柱轴压性能

赵均海等[28]综合考虑方钢管和螺旋箍筋对核心混凝土的约束差异，利用面积等效原则并基于统一强度理论，建立方钢管螺旋箍筋混凝土轴压短柱的极限承载力解，并对其进行分析验证，最后探讨了材料拉压强度比、中间主应力系数、箍筋间距、箍筋强度等参数对承载力的影响规律。

1. 理论分析

方钢管螺旋箍筋混凝土柱的截面形式如图 5.18 所示。在轴压作用下，方钢管螺旋箍筋混凝土短柱与配筋圆钢管混凝土短柱的受力机理大体相同[29]。

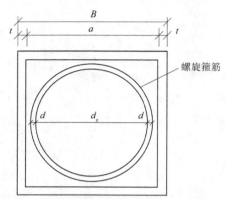

图 5.18　方钢管螺旋箍筋混凝土柱截面形式

在极限状态下，核心混凝土处于三向受压状态：由外层方钢管和内部箍筋引起的侧向压应力、由外荷载引起的纵向压应力；外钢管和内部箍筋之间的混凝土同样处于三向受压状态：由外层方钢管约束作用引起的径向压应力、由外荷载引起的纵向压应力；箍筋处于单向受拉状态；外钢管处于纵向受压、环向受拉、径向受压的三向应力状态。与配筋圆钢管混凝土短柱的不同在于，方钢管所施加的侧向约束力较弱，且沿混凝土表面分布不均匀：在外层方钢管的作用下，角部混凝土受到的约束强，边部中间部混凝土受到的约束弱。在极限状态下角部钢管发生塑性变形，方钢管四边管壁发生局部屈曲，混凝土被压碎。Mander 等[24]的研究表明，方钢管混凝土柱内部的混凝土可分为有效约束区和非有效约束区，两者的分界线为抛物线，如图 5.19 所示。

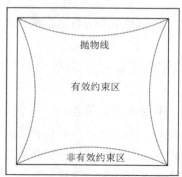

图 5.19　方钢管混凝土柱内部混凝土约束区划分

侧向约束的存在使得混凝土处于三向受压的应力状态，显著提高了混凝土的极限抗压强度。而约束效果的不同导致有效约束区混凝土极限抗压强度高于非有效约束区混凝土极限抗压强度。Ding 等[30]的研究表明，内部螺旋箍筋对混凝土约束区划分的影响不可忽略。利用有限元模拟，给出了方钢管螺旋箍筋混凝土柱的约束区域划分情况，如图 5.20 所示。

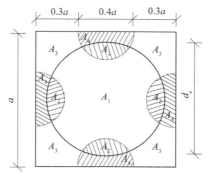

图 5.20　方钢管螺旋箍筋混凝土柱约束区划分

图 5.20 中，a 为混凝土截面边长；d_c 为核心混凝土截面直径；A_1 区域受到方钢管和螺旋箍筋的双重约束；A_2 区域仅受到螺旋箍筋约束；A_3 区域仅受到方钢管的约束；A_4 区域不考虑约束作用。由图 5.20 得

$$\begin{cases} A_1 + A_3 = (1 - 0.08\pi)a^2 \\ A_1 + A_2 = 0.25\pi d_c^2 \\ A_3 + A_4 = a^2 - 0.25\pi d_c^2 \end{cases} \tag{5.48}$$

1）公式推导

考虑到截面角部混凝土受到的约束力强，边部中间混凝土受到的约束力弱，约束力分布不均匀，引入考虑厚边比 ω 影响的等效约束折减系数 ξ，将方钢管对混凝土的约束等效为圆钢管对混凝土的约束。ξ 的意义是方钢管一条边上受约束的计算比例长度，根据图 5.21 计算确定。

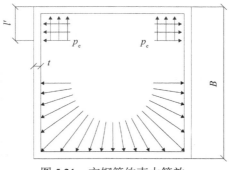

图 5.21　方钢管约束力等效

图 5.21 中，l' 为方钢管角部作用均匀内压力的计算长度，且 $l' = \xi B / 2$。利用等效约束折减系数 ξ，将方钢管的非均匀约束力转化成圆钢管的均匀约束力。ξ 的计算式[4]为

$$\xi = 66.4741\omega^2 - 0.9919\omega + 0.41618 \tag{5.49}$$

等效圆钢管混凝土柱的内压力 p 为

$$p = p_e / \xi \tag{5.50}$$

将方钢管混凝土的钢与混凝土按面积分别等效转化为圆钢管混凝土的钢与混凝土，如图 5.22 所示。

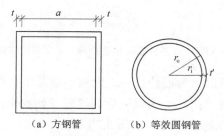

（a）方钢管　　　　　（b）等效圆钢管

图 5.22　面积等效示意图

由图 5.22 可知

$$\begin{cases} \pi r_i^2 = \left(B - 2t\right)^2 \\ \pi r_o^2 = B^2 \\ r_o = r_i + t_0 \end{cases} \tag{5.51}$$

式中，B 为方钢管混凝土的外边长；t 为方钢管的壁厚；r_i 为等效圆钢管内半径；r_o 为等效圆钢管的外半径；t_0 为等效圆钢管的壁厚。由此得出等效圆钢管的内、外半径为

$$\begin{cases} r_i = (B - 2t)/\sqrt{\pi} \\ r_o = B/\sqrt{\pi} \end{cases} \tag{5.52}$$

对于等效圆钢管，根据统一强度理论推导的厚壁圆筒内压作用下塑性极限荷载为[31]

$$p_p = \frac{\sigma_s}{1-\alpha}\left[\left(\frac{r_i}{r_o}\right)^{\frac{2(1+b)(\alpha-1)}{2+2b-b\alpha}} - 1\right] = \frac{\sigma_s}{1-\alpha}\left[\left(1 + \mu_t / 2\right)^{\frac{2(1+b)(1-\alpha)}{2+2b-b\alpha}} - 1\right] \tag{5.53}$$

式中，μ_t 为名义含钢率，$\mu_t = \dfrac{\pi(2r_i)t}{\pi r_i^2} = 2\dfrac{t}{r_i}$ 。

对于钢材而言，$\alpha=1$，对式（5.53）求极限，得

$$p_p = 2\sigma_s \frac{1+b}{2+b} \ln\left(1+\frac{\mu_t}{2}\right) \tag{5.54}$$

由塑性力学的厚壁圆筒理论[6]，等效圆钢管的纵向抗压强度为

$$\sigma_{zp} = \frac{p r_i^2}{(r_i + t)^2 - r_i^2} = \frac{4p}{4\mu_t + \mu_t^2} = \frac{4p_p \xi}{4\mu_t + \mu_t^2} \tag{5.55}$$

在极限状态下钢管的承载力为

$$N_s = A_s \sigma_{zp} \tag{5.56}$$

对于螺旋箍筋，当纵向间距较小时，螺旋箍筋对其包围的核心混凝土产生侧向约束力，如图 5.23 所示。

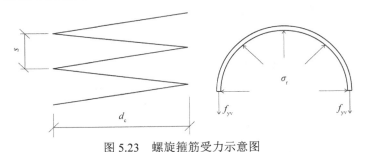

图 5.23　螺旋箍筋受力示意图

$$\sigma_r = \frac{2 f_{yv} A_{sv}}{s d_c} \tag{5.57}$$

式中，f_{yv} 为螺旋箍筋对其包围的核心混凝土产生的侧向约束力；s 如图 5.23 所示为纵向间距。

对于核心混凝土，由统一强度理论推得钢管混凝土的核心混凝土应力为[5]

$$\sigma_3 = f_c + k\sigma_1 \tag{5.58}$$

式中，σ_3 为约束混凝土抗压强度，即 f_{cc}；f_c 为混凝土轴心抗压强度设计值；$k = (1+\sin\theta)/(1-\sin\theta)$，$\theta$ 为混凝土的内摩擦角，k 的取值在 1.0~7.0，具体由试验确定。由此得到混凝土的极限抗压强度分别为

$$\begin{cases} f_{cc1} = f_c + k(p_p + \sigma_r) \\ f_{cc2} = f_c + k\sigma_r \\ f_{cc3} = f_c + kp_p \\ f_{cc4} = f_c \end{cases} \tag{5.59}$$

混凝土的极限承载力为

$$N_c = A_1 f_{cc1} + A_2 f_{cc2} + A_3 f_{cc3} + A_4 f_{cc4} \tag{5.60}$$

方钢管螺旋箍筋混凝土轴压短柱极限承载力为

$$N_u = N_s + N_c = A_s \sigma_{zp} + A_1 f_{cc1} + A_2 f_{cc2} + A_3 f_{cc3} + A_4 f_{cc4} \tag{5.61}$$

将式（5.48）、式（5.59）分别代入式（5.61），整理得

$$N_u = A_s \sigma_{zp} + a^2 f_c + (1 - 0.08\pi)a^2 k p_p + 0.25\pi d_c^2 k \sigma_r \tag{5.62}$$

式（5.62）即为基于统一强度理论的方钢管螺旋箍筋混凝土轴压短柱极限承载力公式，式中 p_p、σ_{zp}、σ_r 的计算分别见式（5.53）、式（5.55）、式（5.57）。

2）公式退化

当 $A_1 = A_2 = 0$，$A_3 = (1 - 0.08\pi)a^2$，$A_4 = 0.08\pi a^2$ 即 $d_c = 0$ 时，式（5.62）可退化为方钢管混凝土轴压短柱极限承载力公式：

$$N_u = A_s \sigma_{zp} + a^2 f_c + (1 - 0.08\pi)a^2 k p_p \tag{5.63}$$

式（5.63）与文献[32]中公式一致。当 $A_1 = 0.25\pi d_c^2$，$A_3 = 0.25\pi(D_c^2 - d_c^2)$，$A_2 = A_4 = 0$，$p_p = \dfrac{\sigma_s}{1-\alpha}\left[\left(\dfrac{D_c}{D_c + 2t}\right)^{\frac{2(1+b)(\alpha-1)}{2+2b-b\alpha}} - 1\right]$，$\xi = 1$，可得内直径为 D_c、壁厚为 t 的圆钢管螺旋箍筋混凝土轴压短柱极限承载力公式为

$$N_u = A_s \sigma_{zp} + 0.25\pi D_c^2 (f_c + k p_p) + 0.25\pi d_c^2 k \sigma_r \tag{5.64}$$

进一步，当 $d_c = 0$ 时，得内直径为 D_c、壁厚为 t 的圆钢管混凝土轴压短柱极限承载力公式为

$$N_u = A_s \sigma_{zp} + 0.25\pi D_c^2 (f_c + k p_p) \tag{5.65}$$

2. 计算公式对比验证

1）公式可比性分析

对于一般钢材，不考虑 SD 效应，$\sigma_s = \sigma_c$，$\tau_s = 0.577\sigma_s$，因此取 $\alpha = 1$，

$b = 0.364$ [33]，代入式（5.62），计算结果见表 5.7。可以看出，本节推导出的方钢管螺旋箍筋混凝土轴压短柱极限承载力公式计算结果与试验结果吻合良好，验证了计算公式的正确性。当 $k=3$ 时，本节计算承载力与试验承载力比值的平均值为 1.007，标准差为 0.065，计算精度良好。

表 5.7　方钢管螺旋箍筋混凝土轴压短柱承载力计算结果与试验结果对比

编号	t /mm	s /mm	d /mm	d_c /mm	f_{yv} /MPa	σ_s /MPa	f_c /MPa	N_{exp} /kN	N_u /kN	N_u/N_{exp}
Z1	6	80	8	208	360	274	24.5	3900	3977	1.020
Z2	6	60	8	208	360	274	24.5	4400	4051	0.921
Z3	6	80	10	208	360	274	24.5	4000	4102	1.026
Z4	6	60	10	208	360	274	24.5	4500	4217	0.937
Z5	6	80	208	208	290	235	24.5	3830	3697	0.965
Z6	6	60	208	208	345	235	24.5	4170	3861	0.926
Z7	6	80	10	208	345	290	24.5	4090	4226	1.033
Z8	6	60	10	208	345	345	24.5	4670	4811	1.030
SST4-A	4	40	8	226	363	324	29.5	3573	3967	1.110
SST5-A	4	50	8	226	363	324	29.5	3530	3893	1.103

注：Z 系列引自文献[29]；SST 系列引自文献[30]。

2）公式退化验证

由式（5.63）、式（5.64）、式（5.65）计算结果见表 5.8，可以看出，本节推导出的不同截面形式轴压短柱极限承载力公式计算结果与试验结果吻合良好，验证了退化公式的正确性。

3. 影响因素分析

对于高强材料，由于存在 SD 效应，材料拉压强度比 α 不再为 1。取不同 α、b 值代入式（5.62）计算承载力，结果见图 5.24。由图 5.24 可以得出，当 α 一定时，N_u 随着 b 的增加而增大；当 b 一定时，N_u 随着 α 的增加而增大。说明如果忽略钢材的 SD 效应，所计算出的承载力会比实际值高，不利于安全。

由式（5.62）分析极限承载力 N_u 与 f_{yv}、s 的关系，结果如图 5.25 所示。当箍筋间距为 80mm 时，强度由 200MPa 增加到 500MPa，极限承载力 N_u 由 3610kN 增加到 3899kN，增加了 289kN，增幅为 8.0%；当箍筋间距为 60mm 时，强度由 200MPa 增加到 500MPa，极限承载力 N_u 由 3674kN 增加到 4059kN，增加了 385kN，增幅为 10.4%。极限承载力 N_u 随着 f_{yv} 的增加而增加，随着 s 的减小而增加。箍筋间距越小，承载力随 f_{yv} 增加的幅度越明显，说明螺旋箍筋的约束效应越强，其对极限承载力的贡献越大。

表 5.8　不同截面轴压短柱承载力公式计算结果与试验结果对比

方钢管混凝土柱[30, 34]

编号	B/mm	t/mm	σ_s /MPa	f_c/MPa	N_{exp}/kN	N_u/kN	N_u/N_{exp}
1	251	3.75	324	29.5	2832	2782	0.982
2	148	4.38	262	40.5	1388	1337	0.963
3	319	6.36	618	41.1	8104	8021	0.990
4	265	6.47	835	80.3	9879	9856	0.998

圆钢管混凝土柱[35]

编号	D/mm	t/mm	σ_s/MPa	f_c/MPa	N_{exp}/kN	N_u/kN	N_u/N_{exp}
5	219	4.78	350	38.4	3400	3386	0.996
6	219	4.72	350	38.4	3350	3363	1.004
7	219	4.75	350	32.4	3150	3167	1.005
8	213	4.73	350	32.4	3150	3037	0.964

圆钢管螺旋箍筋混凝土柱[36]

编号	D/mm	t/mm	s/mm	d/mm	d_c/mm	f_{yv}/MPa	σ_s/MPa
9	245	6	100	6	221	215	285
10	273	4	100	6	253	215	285
11	245	6	100	6	221	215	285
12	273	4	100	6	253	215	285

编号	b	f_c/MPa	A_{s1}/mm^2	f_{s1}/MPa	N_{exp}/kN	N_u/kN	N_u/N_{exp}
9	0.364	18.86	754	355	4093	4056	0.991
10	0.364	18.86	995	355	3830	3667	0.957
11	0.364	23.49	1320	355	4390	4454	1.015
12	0.364	23.49	1639	355	4260	4151	0.974

注：表中 A_{s1} 为受压纵筋的面积，f_{s1} 为受压纵筋的强度。

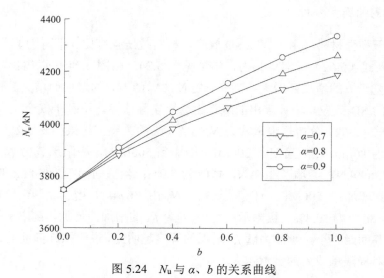

图 5.24　N_u 与 α、b 的关系曲线

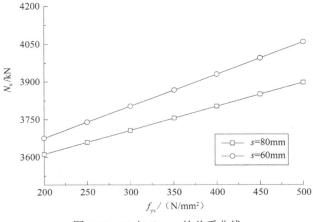

图 5.25 N_u 与 f_{yv}、s 的关系曲线

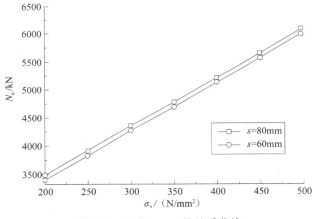

图 5.26 N_u 与 σ_s、s 的关系曲线

根据式（5.62）分析极限承载力 N_u 与 σ_s、s 的关系，结果如图 5.26 所示。由图 5.26 可知随着 σ_s 的增加，极限承载力不断增加。相对于减小箍筋间距，增加外钢管的强度能更高效的提高方钢管螺旋箍筋混凝土柱的极限承载力。综上，增加外钢管的强度、减小箍筋间距、增加箍筋的强度都能提高方钢管螺旋箍筋混凝土柱的极限承载力，加强效果依次递减。

5.4 L 形钢管-钢骨混凝土柱轴压性能

长安大学赵均海团队[37]对轴心受压 L 形钢管-钢骨混凝土短柱进行受力分析，根据截面形状组成特点，将 L 形钢管分为一个矩形和一个方形，将钢管长短边非均匀约束等效为环向均匀约束，推导轴压短柱的承载力统一解，并进行可比性与试验结果差异分析，考察各参数的影响规律。

1. 短柱轴压承载力计算

1）轴心受压破坏机理

L 形钢管-钢骨混凝土柱在轴压状态下，钢管、混凝土与钢骨共同承担轴向荷载作用。试验研究表明[38]，在加载初期，钢管对核心混凝土的约束较小，钢管、混凝土与钢骨均处于各自单独工作的弹性阶段。随着轴向压力的不断增大，钢管和钢骨纵向应变、钢管横向应变呈非线性增长，此时钢管处于轴向受压、环向受拉状态，混凝土的横向变形加大，钢管对混凝土起到约束作用，核心混凝土受到钢管与钢骨的双重套箍作用，处于三向复杂应力状态。随着加载的进行，达到极限荷载时，钢管和钢骨的应变开始迅速增长，钢管对混凝土的约束明显增强，试件各面微鼓变大，在矩形钢管的长边，钢管局部向外鼓出较其他各边更为明显。因此本节依据轴压破坏机理，合理考虑钢管所处应力状态及对核心混凝土的约束作用，对轴压短柱极限承载力进行分析。

2）钢管宽厚比对环向及轴向应力的影响

研究表明[39]，钢管宽厚比是影响钢管混凝土试件承载力的主要因素，在轴向压力作用下，钢管处于轴向受压、径向受压、环向受拉的三向应力状态，而径向受力相比环向与轴向较小，可忽略其影响，故基于 Mises 屈服准则，当 $\psi > 0.85$ 时（ψ 为钢管长短边宽厚比参数），认为钢管长边发生局部屈曲破坏；当 $\psi \leqslant 0.85$ 时，试件可不考虑局部屈曲。利用文献[40]的研究结果，在 L 形钢管混凝土柱中考虑钢管宽厚比对环向及轴向应力的影响，计算公式如下[40]：

$$\psi = \frac{B}{t_1}\sqrt{\frac{12(1-\upsilon^2)}{4\pi^2}}\sqrt{\frac{f_y}{E_s}} \qquad (5.66)$$

当 $\psi > 0.85$ 时

$$f_a = \left(\frac{1.2}{\psi} - \frac{0.3}{\psi^2}\right)f_y \qquad (5.67)$$

$$f_{sr} = \frac{f_a - \sqrt{4f_y^2 - 3f_a}}{2} \qquad (5.68)$$

当 $\psi \leqslant 0.85$ 时

$$f_a = 0.89 f_y \qquad (5.69)$$

$$f_{sr} = -0.19 f_y \qquad (5.70)$$

式中，B 为方钢管外边长；E_s、υ 分别为钢管的弹性模量和泊松比；f_a、f_{sr} 分别为钢管轴向抗压强度、环向抗拉强度。

3）钢管等效侧向约束力作用

核心混凝土分为有效约束区和非有效约束区，有效约束区混凝土抗压强度高于非有效约束区，非有效约束区所受的侧向压力是不均匀的。根据组合 L 形特点，假定核心混凝土有效约束区的边界线为二次抛物线，如图 5.27 所示，对有效约束区和非有效约束区进行划分。

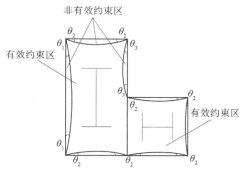

图 5.27　横截面核心混凝土有效约束区

核心混凝土在钢管与中心钢骨的双重约束作用下处于复杂应力状态，考虑到钢管角部约束较强，中部约束弱所产生的非均匀约束，借鉴 Mander 等[24]提出的箍筋约束混凝土等效侧向约束应力将钢管对混凝土的非均匀侧向压力等效为均匀侧向压力，如图 5.28 所示，图中 f_{l1}、f_{l2}、f'_{l1}、f'_{l2} 为钢管各边对核心混凝土的等效侧向约束应力。

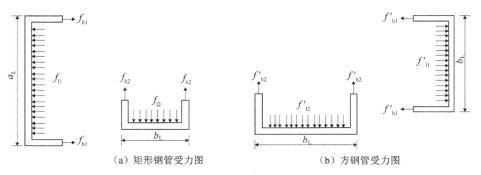

（a）矩形钢管受力图　　　　　　　　　（b）方钢管受力图

图 5.28　钢管受力示意图

由平衡条件得矩形钢管约束应力为

$$f_{l1} = k_e \frac{2f_{h1}}{a_L / t - 2} \tag{5.71}$$

$$f_{l2} = k_e \frac{2f_{h2}}{b_L / t - 2} \tag{5.72}$$

方钢管约束应力为

$$f'_{l1} = k'_e \frac{2f'_{h1}}{b_L / t - 2} \tag{5.73}$$

$$f'_{l2} = k'_e \frac{2f'_{h2}}{b_L / t - 2} \tag{5.74}$$

式中，a_L 为矩形钢管的长边边长；b_L 为矩形钢管短边边长和方形钢管边长；t 为钢管壁厚；k_e、k'_e 分别为矩形钢管和方形钢管对混凝土的有效约束系数；f_{h1}、f_{h2} 分别为矩形钢管短边和长边的环向应力；f'_{h1}、f'_{h2} 分别为方形钢管沿矩形钢管短边和长边方向的环向应力。

考虑到有效约束区较非有效约束区约束力强，依据面积占比，核心混凝土有效约束系数为

$$k_e = \frac{A_{e1}}{A_{c1}} = 1 - \frac{(a_L - 2t)\tan\theta_1}{6(b_L - 2t)} - \frac{(b_L - 2t)\tan\theta_2}{3(a_L - 2t)} - \frac{(a_L - b_L - 2t)^2 \tan\theta_3}{6(a_L - 2t)(b_L - 2t)} \tag{5.75}$$

$$k'_e = \frac{A_{e2}}{A_{c2}} = 1 - \frac{\tan\theta_2}{2} \tag{5.76}$$

式中，θ_1、θ_2、θ_3 为约束界限边切角，考虑到长边和短边对核心混凝土的约束作用不同，采用文献[41]基于试验数据所提出的公式：

$$\theta_1 = -0.078\zeta_1^2 + 4.8\zeta_1 - 22.6 \tag{5.77}$$

$$\theta_2 = -0.078\zeta_2^2 + 4.8\zeta_2 - 22.6 \tag{5.78}$$

$$\theta_3 = -0.078\zeta_3^2 + 4.8\zeta_3 - 22.6 \tag{5.79}$$

$$\zeta_1 = f_y / (a/t) \tag{5.80}$$

$$\zeta_2 = f_y / (b/t) \tag{5.81}$$

$$\zeta_3 = \frac{f_y}{(a-b)/t} \tag{5.82}$$

式中，f_y 为钢管的屈服强度；ζ_1、ζ_2、ζ_3 分别为 θ_1、θ_2、θ_3 的约束界限边切角系数，其中 θ_1、θ_2、θ_3 的计算公式适用于长宽比 a_L / b_L 为 1.0~2.0，高厚比 b_L / t 为 20~50 的矩形钢管混凝土柱。

　　文献[42]中将方形钢管混凝土柱按面积相等等效为圆钢管混凝土柱，依据厚壁圆筒理论，在厚壁圆筒环向应力屈服的条件下，得到侧向约束应力，且承载力公式与试验数据吻合较好。借鉴文献中的方法，依据面积等效原则，将矩形混凝土等效成圆形混凝土，同时按照侧向约束力相等原则，考虑钢管环向应力未达到屈服，将钢管各边侧向均匀约束等效为圆形钢管均匀约束，使得核心混凝土处于常三轴受压应力状态下，从而使得 $0 > \sigma_1 = \sigma_2 = \sigma_r > \sigma_3$。

　　依据面积等效原则，将矩形混凝土等效成圆形混凝土，故

$$\pi R_1^2 = (a - 2t)(b - 2t) \qquad (5.83)$$

　　依据面积等效原则，将方形混凝土等效成圆形混凝土，得

$$\pi R_2^2 = (b - 2t)(b - 2t) \qquad (5.84)$$

式中，t 为钢管壁厚；R_1、R_2 分别为矩形和方形混凝土等效为圆形混凝土的半径。可得

$$R_1 = \sqrt{\frac{(a - 2t)(b - 2t)}{\pi}} \qquad (5.85)$$

$$R_2 = \sqrt{\frac{(b - 2t)(b - 2t)}{\pi}} \qquad (5.86)$$

　　依据侧向约束力等效原则，可得

$$\sigma_r = \frac{(a - 2t)f_{l1} + (b - 2t)f_{l2}}{\pi R_1} \qquad (5.87)$$

$$\sigma_r' = \frac{(b - 2t)f_{l1}' + (b - 2t)f_{l2}'}{\pi R_2} \qquad (5.88)$$

式中，σ_r、σ_r' 分别为矩形与方形等效为圆形的侧向约束力。

　　将式（5.71）、式（5.72）、式（5.85）代入式（5.87）得

$$\sigma_r = \frac{2tk_e(f_{h1} + f_{h2})}{\sqrt{\pi}\sqrt{(a - 2t)(b - 2t)}} \qquad (5.89)$$

　　将式（5.73）、式（5.74）、式（5.86）代入式（5.88）得

$$\sigma_r' = \frac{2tk_e'(f_{h1}' + f_{h2}')}{\sqrt{\pi}(b - 2t)} \qquad (5.90)$$

考虑环向应力未达到屈服，依据钢管环向应力，由式（5.68）和式（5.70）可得

$$f_{h1} = \frac{f_a - \sqrt{4f_y^2 - 3f_a}}{2} \tag{5.91}$$

$$f_{h1}' = f_{h2}' = f_{h2} = 0.19f_y \tag{5.92}$$

将式（5.91）和式（5.92）分别代入式（5.89）和式（5.90）得

$$\sigma_r = \frac{2tk_e}{\sqrt{\pi}\sqrt{(a-2t)(b-2t)}} \left(\frac{f_a - \sqrt{4f_y^2 - 3f_a}}{2} + 0.19f_y \right) \tag{5.93}$$

$$\sigma_r' = \frac{0.76tk_e'}{\sqrt{\pi}(b-2t)} f_y \tag{5.94}$$

4）核心混凝土的轴压强度

核心混凝土在三轴受压应力状态下，$0 > \sigma_1 = \sigma_2 = \sigma_r > \sigma_3$，将主应力代入统一强度理论式（2.5）的判别式中，可知：$\sigma_2 - \frac{\sigma_1 + \alpha\sigma_3}{1+\alpha} = \frac{\alpha(\sigma_1 - \sigma_3)}{1+\alpha} \geqslant 0$，因此取式（2.5b）作为计算公式，可得

$$\sigma_3 = f_c + k\sigma_r \tag{5.95}$$

考虑到矩形钢管约束力不如等效圆钢管约束力强，引入折减系数 γ_u，得

$$\sigma_3' = f_c + \gamma_u k\sigma_r \tag{5.96}$$

$$\sigma_3'' = f_c + \gamma_u k\sigma_r' \tag{5.97}$$

式中，σ_3' 为矩形钢管核心混凝土的抗压强度，即 f_{c1}；σ_3'' 为方钢管核心混凝土的抗压强度，即 f_{c2}；$k = \frac{1 + \sin\theta}{1 - \sin\theta} = \frac{f_c}{f_t} = 1/\alpha$，反应材料拉压异性的影响，对于三轴受压混凝土，一般取 1.0~7.0，钢管混凝土常取 1.5~3.0，本节考虑钢骨对于混凝土套箍作用的提高，取 $k = 3.0$，钢管混凝土计算时，θ 为混凝土的内摩擦角，具体取值可由试验确定；γ_u 为混凝土强度折减系数，可由钢管内直径 D_c 确定[43]，本节 $\gamma_u = 1$。

将式（5.93）和式（5.94）分别代入式（5.96）和式（5.97），可得

$$f_{c1} = \sigma_3' = f_c + \frac{4\gamma_u tk_e k}{\sqrt{\pi}\sqrt{(a-2t)(b-2t)}} \left(\frac{f_a - \sqrt{4f_y^2 - 3f_a}}{2} + 0.19f_y \right) \tag{5.98}$$

$$f_{c2} = \sigma_3'' = f_c + \frac{0.76t\gamma_u kk_e'}{\sqrt{\pi}(b-2t)} f_y \tag{5.99}$$

5）钢骨承载力

考虑钢骨处于有效约束区内，侧向约束对钢骨的约束力较强，故取 $k_e = k_e' = 1$，此时对矩形钢管钢骨处于三轴受压应力状态，$0 > \sigma_1 = \sigma_2 = \sigma_r > \sigma_3$，由于 $\sigma_2 > \dfrac{\sigma_1 + \alpha\sigma_3}{1 + \alpha}$，代入统一强度理论式（2.5b）可得

$$\frac{1}{1+b}(\sigma_1 + b\sigma_2) - \alpha\sigma_3 = f_{st} \qquad (5.100)$$

式中，f_{st} 为钢骨抗拉强度；α 为钢骨材料抗拉强度 f_{st} 和抗压强度 f_{sc} 的比值。

公式中取压为正，拉为负，故根据式（5.100）可得

$$f_{s1} = \sigma_3 = \sigma_r + f_{sc} \qquad (5.101)$$

$$f_{s2} = \sigma_3' = \sigma_r' + f_{sc} \qquad (5.102)$$

式中，f_{s1}、f_{s2} 分别为矩形钢管钢骨和方形钢管钢骨的抗压强度；f_{sc} 为钢骨抗压强度。

将式（5.93）和式（5.94）分别代入式（5.101）和式（5.102）得

$$f_{s1} = \frac{2t}{\sqrt{\pi}\sqrt{(a-2t)(b-2t)}}\left(\frac{f_a - \sqrt{4f_y^2 - 3f_a}}{2} + 0.19f_y\right) + f_{sc} \qquad (5.103)$$

$$f_{s2} = \frac{0.76t}{\sqrt{\pi}(b-2t)}f_y + f_{sc} \qquad (5.104)$$

6）L 形短柱轴压承载力统一解

组合短柱的轴压承载力由三部分组成，分别是钢管纵向承载力、受约束混凝土所提供的承载力以及中心钢骨所提供的承载力。轴压短柱承载力公式为

$$N_u = N_{u1} + N_{u2} \qquad (5.105)$$

$$N_{u1} = f_{yt1}A_{t1} + f_{c1}A_{c1} + f_{s1}A_{ss1} \qquad (5.106)$$

$$N_{u2} = f_{yt2}A_{t2} + f_{c2}A_{c2} + f_{s2}A_{ss2} \qquad (5.107)$$

式中，N_u 为 L 形短柱理论极限承载力；N_{u1}、N_{u2} 分别为矩形和方形钢管钢骨混凝土短柱理论极限承载力；A_t、A_c、A_{ss} 分别为钢管、核心混凝土以及钢骨的截面面积；f_{yt} 为钢管压应力，其值按照式（5.70）和式（5.72）算得。

将式（5.68）、式（5.98）和式（5.103）代入式（5.106）可得

$$N_{u1} = f_{yt1}A_{t1} + A_{c1}\left[f_c + \frac{2\gamma_u t k_e k}{\sqrt{\pi}\sqrt{(a-2t)(b-2t)}}\left(\frac{f_a - \sqrt{4f_y^2 - 3f_a}}{2} + 0.19f_y \right) \right]$$

$$+ A_{ss1}\left[\frac{2t}{\sqrt{\pi}\sqrt{(a-2t)(b-2t)}}\left(\frac{f_a - \sqrt{4f_y^2 - 3f_a}}{2} + 0.19f_y \right) + f_{sc} \right] \tag{5.108}$$

将式（5.69）、式（5.99）和式（5.104）代入式（5.107）可得

$$N_{u2} = f_{yt2}A_{t2} + A_{c2}\left[f_c + \frac{0.76t\gamma_u k k_e'}{\sqrt{\pi}(b-2t)}f_y \right] + A_{ss2}\left[\frac{0.76t}{\sqrt{\pi}(b-2t)}f_y + f_{sc} \right] \tag{5.109}$$

将式（5.108）和式（5.109）代入式（5.105）可得

$$N_u = f_{yt1}A_{t1} + f_{yt2}A_{t2} + A_c f_c + A_{ss}f_{sc} + \frac{t\left(f_a - \sqrt{4f_y^2 - 3f_a} + 0.38f_y\right)}{\sqrt{\pi}\sqrt{(a-2t)(b-2t)}}(A_{c1}\gamma_u k_e k + A_{ss1})$$

$$+ \frac{0.76tf_y}{\sqrt{\pi}(b-2t)}(A_{c2}\gamma_u k k_e' + A_{ss2}) \tag{5.110}$$

2. 长柱轴压承载力计算

1）中长柱稳定计算公式

根据国内相关规程包括 GB 50936—2014、CECS 28:2012、DL/T 5085—1999 中对于中长柱承载力的计算，普遍采用短柱轴压承载力乘以稳定系数。本节采用式（5.110）所得短柱承载力计算结果再乘以稳定系数确定长柱承载力，计算式为

$$N_L = \varphi N_u \tag{5.111}$$

根据我国《钢结构设计规范》，引入钢管混凝土柱相对长细比 $\bar{\lambda}$，使得新型组合柱的屈服线与轴压钢柱的屈服线取得一致，然后根据钢柱的 φ-$\bar{\lambda}$ 曲线确定组合柱的稳定系数 φ，其结果见式（5.112）[44]。

$$\varphi = \begin{cases} 1 - 0.65\bar{\lambda}^2, & \bar{\lambda} \leqslant 0.215 \\ \dfrac{1}{2\bar{\lambda}^2}\left[0.965 + 0.3\bar{\lambda} + \bar{\lambda}^2 - \sqrt{(0.965 + 0.3\bar{\lambda} + \bar{\lambda}^2)^2 - 4\bar{\lambda}^2} \right], & \bar{\lambda} > 0.215 \end{cases} \tag{5.112}$$

式中，$\bar{\lambda}$ 为相对长细比，计算公式为

$$\bar{\lambda} = \frac{l_0}{\pi}\sqrt{\frac{N_u}{\gamma_k E_c I_c + E_t I_t + E_{ss}I_s}} \tag{5.113}$$

式中，N_u 为短柱理论极限承载力，按照式（5.110）计算；l_0 为柱的计算长度；E_t、E_{ss}、E_c 分别为钢管、钢骨、混凝土的弹性模量；I_t、I_s、I_c 分别为钢管、钢骨、混凝土的截面最小形心惯性矩；γ_k 为混凝土刚度折减系数，E_cI_c 占比较小，故取 $\gamma_k=1$。

　　2）最小形心主惯性矩的确定

　　组合异形柱形心的确定对于轴压承载力的研究有重要的意义，L 形钢管-钢骨混凝土柱由钢管、混凝土及钢骨组成，三部分的材料不同，从而刚度、弹性模量不同，故其形心不能按外形确定。本节按照刚度换算截面法来确定形心，将混凝土的面积按照等刚度原则换算成钢材的面积，然后分别与矩形和方形两部分的钢管面积、钢骨面积相加组成形心不变、刚度相等的面积 A_1 和 A_2，建立坐标如图 5.29 所示，利用形心公式计算 L 形钢管-钢骨混凝土柱的形心。

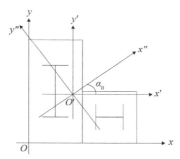

图 5.29　L 形组合柱形心坐标

　　图 5.29 中建立 x-y 坐标系，O 为坐标原点，等效刚度计算公式为 $A_c = E_tA_1/E_c$，故 $A_1 = A_{c1} + A_{t1} + A_{ss1}$，$A_2 = A_{c2} + A_{t2} + A_{ss2}$，根据形心公式得

$$\bar{x} = \frac{0.5bA_1 + 1.5bA_2}{A_1 + A_2} \tag{5.114}$$

$$\bar{y} = \frac{0.5aA_1 + 0.5bA_2}{A_1 + A_2} \tag{5.115}$$

从而确定形心位置 O' 点，以 O' 为中心点建立 x'-y' 坐标系，分别计算钢管、混凝土、钢骨的形心惯性矩，即 I_{xt}、I_{xc}、I_{xs}、I_{yt}、I_{yc}、I_{ys}、I_{xyc}、I_{xyt}、I_{xys}，可得形心惯性矩及惯性积为

$$I_{x'} = I_{xc} + I_{xt} + I_{xs} \tag{5.116}$$

$$I_{y'} = I_{yc} + I_{yt} + I_{ys} \tag{5.117}$$

$$I_{x'y'} = I_{xyc} + I_{xyt} + I_{xys} \tag{5.118}$$

故可求得形心主惯性轴转动角度的正切值为

$$\tan 2\alpha_0 = \frac{-2I_{x'y'}}{I_{x'} - I_{y'}} \tag{5.119}$$

从而计算出正弦值和余弦值，代入形心主惯性矩公式中，分别得到钢管、混凝土、钢骨最小形心主惯性矩 I_{y1t}、I_{y1c}、I_{y1s}，再代入式（5.113）中，计算得到 $\bar{\lambda}$ 值，主惯性矩公式为

$$I_{x1} = \frac{I_x + I_y}{2} + \frac{I_x + I_y}{2}\cos 2\alpha - I_{xy}\sin 2\alpha \tag{5.120}$$

$$I_{y1} = \frac{I_x + I_y}{2} - \frac{I_x + I_y}{2}\cos 2\alpha + I_{xy}\sin 2\alpha \tag{5.121}$$

式中，I_{x1}、I_{y1} 为主惯性矩。

3. 承载力公式验证

文献[38]与文献[45]分别对内置钢骨组合 L 形截面钢管混凝土短柱以及长柱轴压性能进行研究，其中短柱与中长柱设计制作了各 15 组试件，在不同钢管与钢骨厚度，不同配箍率和配骨率的条件下，进行轴压承载力试验并得出试验值。本节采用该文献的试验资料代入式（5.110）和式（5.111）进行验证，结果列于表 5.9 和表 5.10。从表中可知，短柱理论承载力与试验承载力之比的平均值为 1.033，标准差为 0.047，中长柱理论承载力与试验承载力之比的平均值为 1.06，标准差为 0.06，数据吻合较好。其中，中长柱所验证数据的研究区间，即长细比 $18.1 \leqslant \lambda \leqslant 50.3$，长细比 λ 采用公式 l_0/r_y 计算，其中 l_0 为试件计算长度，r_y 为截面关于工程轴 y 的回转半径，按照 ACI 中的公式计算，取最小值。而对于长细比更大的中长柱以及长柱，缺少试验研究数据，有待于进一步对承载力公式进行验证。同时在表 5.10 中增加长细比 λ 相关数据。

4. 影响因素分析

1）混凝土 k 的影响

对于钢管混凝土，$k = 1.5 \sim 3.0$，本节考虑钢骨对于混凝土套箍作用的提高，取 $k = 3.0$。取短柱 3 号试件（见表 5.9），其他参数不变，系数 k 在 $1.5 \sim 3.0$ 变化时，由图 5.30 可知，随着 k 的增长，短柱轴压承载力随之呈线性增长，但 k 不可能无限增大，它与材料的轴压性能有关。k 的增大表明混凝土内摩擦角增大，抗拉强度增强。

表 5.9　L 形短柱承载力计算值与试验值比较

试件编号	L_0/mm	t_1/mm	t_2/mm	θ	ρ	N_u/MN	N_{exp}/MN	N_u/N_{exp}
1	500	3	4	1.11	0.41	2.478	2.315	1.070
2	500	4	4	1.38	0.43	2.698	2.549	1.058
3	500	5	4	1.81	0.45	3.029	2.782	1.089
4	500	3	6	1.14	0.62	2.610	2.627	0.994
5	500	4	6	1.42	0.64	2.826	2.601	1.087
6	500	5	6	1.85	0.67	3.156	2.881	1.095
7	500	3	8	1.16	0.73	2.656	2.804	0.947
8	500	4	8	1.45	0.76	2.871	3.000	0.957
9	500	5	8	1.90	0.80	3.198	3.022	1.058
10	700	4	4	1.38	0.43	2.698	2.524	1.069
11	700	4	6	1.42	0.64	2.826	2.803	1.008
12	700	4	8	1.45	0.76	2.871	2.900	0.990
13	500	3	0	1.06	0.00	1.958	1.987	0.985
14	500	4	0	1.32	0.00	2.173	2.071	1.049
15	500	5	0	1.72	0.00	2.498	2.402	1.040

注：N_u 为按照本节推导公式所得理论极限承载力，N_{exp} 为文献[46]试验极限承载力。

表 5.10　L 形中长柱承载力计算值与试验值比较

试件编号	L_0/mm	t_1/mm	t_2/mm	θ	ρ	λ	$\bar{\lambda}$	φ	N_u/MN	N_{exp}/MN	N_u/N_{exp}
1	900	4	4	1.38	0.43	18.1	0.15	0.986	2.651	2.573	1.03
2	900	4	6	1.42	0.64	18.9	0.21	0.987	2.790	2.6995	1.03
3	900	4	8	1.45	0.76	19.6	0.20	0.988	2.829	3.015	0.94
4	1200	4	6	1.42	0.64	25.2	0.17	0.981	2.762	2.697	1.02
5	1500	3	4	1.11	0.41	29.8	0.26	0.966	2.402	2.133	1.13
6	1500	4	4	1.38	0.43	30.2	0.35	0.964	2.590	2.499	1.04
7	1500	5	4	1.81	0.45	29.7	0.36	0.963	2.917	2.592	1.13
8	1500	3	6	1.14	0.62	30.9	0.36	0.973	2.547	2.227	1.14
9	1500	4	6	1.42	0.64	31.4	0.31	0.970	2.733	2.581	1.06
10	1500	5	6	1.85	0.67	30.7	0.33	0.968	3.064	2.839	1.08
11	1500	4	8	1.45	0.76	32.6	0.34	0.978	2.807	2.848	0.99
12	1500	5	8	1.90	0.80	31.8	0.28	0.976	3.128	3.02	1.04
13	1800	4	6	1.42	0.64	37.7	0.30	0.956	2.691	2.496	1.08
14	1800	5	6	1.85	0.67	36.9	0.39	0.952	3.015	2.592	1.16
15	2400	4	6	1.42	0.64	50.3	0.41	0.927	2.611	2.45	1.07

注：N_u 为按照本节推导公式所得理论极限承载力，N_{exp} 为文献[45]试验极限承载力。

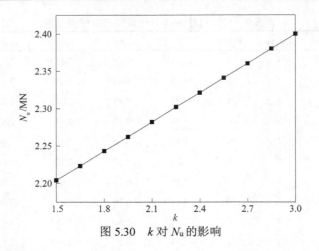

图 5.30　k 对 N_u 的影响

对于内置钢骨的钢管混凝土柱而言，由于钢骨的存在，一方面有效延缓了混凝土斜裂缝的产生，使核心混凝土的抗剪切能力提高；另一方面，外包钢管对核心混凝土的套箍作用得以提高，相应地增大了混凝土内摩擦角，使得该类异形组合柱承载力提高。本节在 $k = 3.0$ 时，所得承载力与试验数据吻合较好。

2）钢骨材料拉压强度比 α 的影响

组合短柱轴压承载力受钢骨影响较大，而钢骨的承载力主要与拉压强度比 α 有关，钢骨厚度 t_2 可直接反映该组合短柱的含骨率 ρ_{ss}，即钢骨面积与组合柱截面面积比值。但对于高强钢材，考虑钢材的 SD 效应，材料拉压强度比不再等于 1，对于韧性金属材料，α 一般为 0.77~1.00 [47, 48]（如 AISI 4330，$\alpha \approx 0.87$；AISI 4320，$\alpha \approx 0.92$；AISI 4310，$\alpha \approx 0.95$ [49]）。图 5.31 为基于式（5.110）得到的组合 L 形钢管-钢骨混凝土短柱轴压承载力随材料拉压强度比 α 和钢骨厚度 t_2 的变化曲线。由图 5.31 可知，随着拉压强度比 α 的增加，轴压承载力不断降低；当 α 保持不变，随着钢骨厚度 t_2 的不断增加，L 形组合结构承载力不断增大。

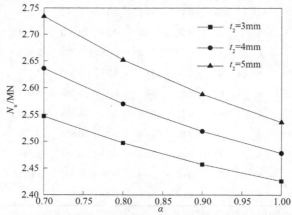

图 5.31　拉压强度比 α、钢骨厚度 t_2 与承载力 N_u 的关系曲线

由图 5.31 可以看出，α 对短柱承载力的影响相对较小，当 α 取值相差超过 0.3 时，对于承载力的影响接近 3%，故在计算钢骨承载力时，可忽略拉压强度比的影响。但当材料拉压强度比 α 较小时，考虑其影响能够取得更加精确的承载力计算值。钢骨含骨率对短柱承载力影响较大，当其他参数不变，钢骨厚度增加 1mm，对承载力影响超过 5%。

5.5　带约束拉杆十形钢管混凝土柱承载力特性

赵均海等[50]开展了带约束拉杆十形钢管混凝土短柱轴压性能方面的研究工作，基于统一强度理论，考虑中间主应力、材料 SD 效应、钢管宽厚比的影响，建立求解带约束拉杆钢管混凝土短柱轴压承载力的计算公式，并在此基础上考虑长细比和偏心率的影响，得到了偏心受压承载力计算公式。通过对比分析验证理论计算公式的正确性，针对不同变量的影响敏感性开展参数化分析。

1. 理论计算

1）受力机理

已有研究表明，带约束拉杆十形钢管混凝土柱可以看作由复合箍筋矩形截面混凝土柱演变出的新型构件[51]，钢管可看作箍筋密排且与纵筋合一，处于复杂的三向应力状态，但由于径向受力较小，可以忽略[52]。约束拉杆可看作复合箍筋中的拉结钢筋，通过约束外钢管的变形约束核心混凝土，因此利用 Mander 等效侧向应力法[24]分析约束拉杆和钢管对混凝土的约束作用是合理的。核心混凝土受钢管和拉杆的约束处于真三轴受力，基于材料力学理论及面积等效的方法[53]，将核心混凝土简化为常规三轴受力，并考虑中间主应力对核心混凝土强度的提高作用，研究带约束拉杆十形钢管混凝土柱的承载力，其研究方法更符合构件的真实受力。

2）截面划分

带约束拉杆十形钢管混凝土柱可利用截面划分后叠加的方法进行研究。本节将带约束拉杆十形截面划分为 1 个无拉杆的矩形区域（区域 1）和 4 个带拉杆的矩形区域（区域 2~区域 5）[52]（图 5.32），并假设各截开面处侧向刚度无限大，截开面处法向位移为零，纵向和法向均满足变形协调条件。

3）核心混凝土的侧向平均约束应力

约束拉杆对核心混凝土的约束作用是通过其约束钢管的侧向变形得以实现的[54]。当带约束拉杆十形钢管混凝土柱达到极限承载力时，柱中位置的约束拉杆也会到达屈服状态[55]。假设核心混凝土各边所受的侧压力均匀分布[55]，在各分开区域取隔离体，长度为拉杆的纵向间距 b_s，由力学平衡条件分别计算各边的侧向平均约束应力。

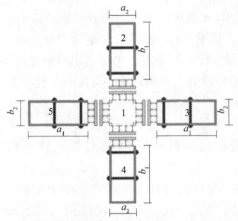

图 5.32　带约束拉杆十形截面分区与截开面约束

对于区域 3（区域 5），矩形钢管在水平方向长边、短边受力情况如图 5.33 所示。

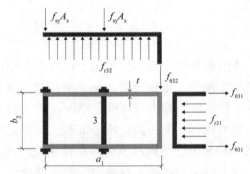

图 5.33　矩形区域外钢管侧向受力图

由力平衡条件可得，短边的侧向平均约束应力为

$$f_{r31} = \frac{2f_{\theta31}}{b_2/t - 2} \tag{5.122}$$

长边的侧向平均约束应力为

$$f_{r32} = \frac{f_{\theta32}}{a_1/t - 2} + \frac{(a_1 - a_s)/t}{a_1/t - 2} \cdot \frac{f_{sy}A_{s1}}{a_s b_s} \tag{5.123}$$

同理，对于区域 2（区域 4），短边的侧向平均约束应力为

$$f_{r41} = \frac{2f_{\theta41}}{a_2/t - 2} \tag{5.124}$$

长边的侧向平均约束应力为

$$f_{r42} = \frac{f_{\theta42}}{b_1/t-2} + \frac{(b_1-a_s)/t}{b_1/t-2} \cdot \frac{f_{sy}A_{sl}}{a_s b_s} \tag{5.125}$$

式中，a_i、b_i 为构件的截面尺寸（$i=1,2$），由图 5.32 确定；$f_{\theta i1}$ 为"i"区域钢管长边的环向应力，$f_{\theta i2}$ 为"i"区域钢管短边的环向应力，f_{ri1} 为"i"区域短边的侧向平均约束应力，f_{ri2} 为"i"区域长边的侧向平均约束应力（i 取 2~5）；A_{sl} 为拉杆截面面积；f_{sy} 为拉杆屈服强度；a_s 为拉杆横向间距；b_s 为拉杆的纵向间距；t 为外钢管厚度。

对于区域 1，根据截开面处混凝土的应力连续条件，其所受的侧向约束力如图 5.34 所示。

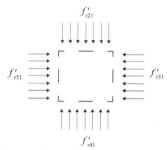

图 5.34 区域 1 混凝土侧向受力图

由力学平衡条件可得，平行于 b_2 边的侧向平均约束应力为

$$f_{r11} = f'_{r31} = \frac{2f_{\theta31}}{b_2/t-2} \tag{5.126}$$

平行于 a_2 边的侧向平均约束应力为

$$f_{r12} = f'_{r41} = \frac{2f_{\theta41}}{a_2/t-2} \tag{5.127}$$

式中，f'_{ri1} 为 f_{ri1} 的反作用力，故 $f'_{ri1} = f_{ri1}$（i 取 2~5）。

4）核心混凝土的侧向有效约束应力

矩形截面核心混凝土所受的侧向约束主要集中在阳角，其余部分约束相对较弱[55]。参考 Mander 等效侧向应力法[24]，将矩形截面划分为有效约束区和非有效约束区，以核心混凝土横截面和侧面的有效约束系数反映不同区域所受的不同约束。

在以上研究结果的基础上，对划分的 5 个区域分别利用 Mander 等效侧向应力法，并作合理假设[52]：①各分支截面上拉杆均匀布置且内侧拉杆位于截开面处；②横截面和侧面有效区和非有效区的界限为 1.5 次方的抛物线；③截开面处为强约束边界，不存在横截面和侧面的非有效区。

各区域横截面、侧面上有效约束区划分如图 5.35 所示。核心混凝土所受约束效应的大小通过抛物线的起角 θ' 反映，且起角范围为 $0° \leqslant \theta' \leqslant 45°$ [24]。当设置拉杆或矩形的长短边相差不大 $(b_1/a_2 < 3)$ 时可假设横截面或侧面上的各抛物线起角相同[52]，由于十形截面与 L 形截面的破坏形式基本一致，取 $\theta' = \dfrac{\pi}{180}\left(5 + 9\dfrac{a_s}{100}\right)$ [56]，其中 a_s 为约束拉杆的横向间距，当边界不存在非约束区时 $\theta' = 0$。

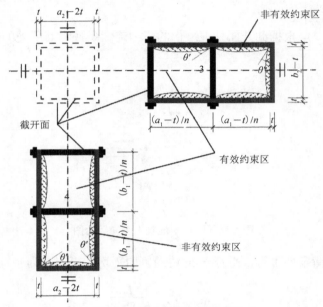

（a）核心混凝土横截面有效约束区

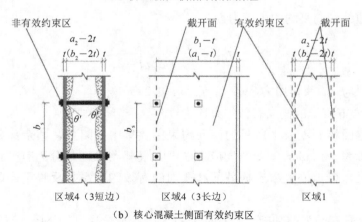

（b）核心混凝土侧面有效约束区

图 5.35　矩形区域核心混凝土有效约束区

将截面核心混凝土的有效约束面积与核心混凝土净面积之比定义为该截面的有效约束系数[24]。由文献[52]的研究结果，区域 i（i 取 1~5）横截面有效约束系

数 k_{esi} 为

$$k_{es1} = 1 \qquad (5.128)$$

$$k_{es2} = k_{es4} = 1 - \frac{2(b_1 - t)\tan\theta'}{5(a_2 - 2t)n_{s4}} - \frac{(a_2 - 2t)\tan\theta'}{5(b_1 - t)} \qquad (5.129)$$

$$k_{es3} = k_{es5} = 1 - \frac{2(a_1 - t)\tan\theta'}{5(b_2 - 2t)n_{s5}} - \frac{(b_2 - 2t)\tan\theta'}{5(a_1 - t)} \qquad (5.130)$$

式中，n_{si} 为 i 区域长边被拉杆分隔成的段数（i 取 1~5），当无拉杆时取 $n_{si} = 1$。

区域 i（i 取 1~5）侧面有效约束系数 k_{eli} 为

$$k_{el1} = 1 \qquad (5.131)$$

$$k_{el2} = k_{el4} = 1 - \frac{2b_s \tan\theta'}{3(a_2 - 2t)} \qquad (5.132)$$

$$k_{el3} = k_{el5} = 1 - \frac{2b_s \tan\theta'}{3(b_2 - 2t)} \qquad (5.133)$$

对于无拉杆的试件，由于不存在侧面非约束区，取 $k_{eli} = 1$。

各区域的有效约束系数为横截面与侧面有效约束系数的乘积[7]：

$$k_{ei} = k_{esi}k_{eli} \qquad (5.134)$$

式中，当 $k_{ei} \leqslant 0$（i 取 1~5）时，取 $k_{ei} = 0$。

设 F_{rij} 为 i 区域某边上的侧向有效约束应力，由 Mander 等效侧向应力法[24]可得

$$F_{rij} = k_{ei} f_{rij} \qquad (5.135)$$

式中，i 取 1~5，j 取 1、2；F_{ri1} 为 i 区域长边的侧向有效约束应力，F_{ri2} 为 i 区域短边的侧向有效约束应力。

5）核心混凝土的轴压强度

研究表明，当截面面积相等且含钢率相同时，矩形截面钢管混凝土柱可等效为圆形截面钢管混凝土柱[19, 32, 53]。本节将上述 5 个矩形区域等效为圆形区域，各区域等效圆钢管有效侧向应力为

$$\sigma_{ri} = \frac{t\left(|F_{ri1}| + |F_{ri2}|\right)}{r_o + r_i} \qquad (5.136)$$

式中，r_o、r_i 分别为等效圆钢管的外半径和内半径；i 取 1~5。

由 $a_j b_j = \pi r_o^2$ 和 $(a_i - 2t)(b_j - 2t) = \pi r_i^2$ 可得

$$r_{\mathrm{o}} = \sqrt{\frac{a_i b_j}{\pi}}, \quad r_{\mathrm{i}} = \sqrt{\frac{(a_i - 2t)(b_j - 2t)}{\pi}} \tag{5.137}$$

将式（5.126）、式（5.127）、式（5.135）和式（5.137）代入式（5.136），得区域 1 等效圆钢管有效侧向应力：

$$\sigma_{\mathrm{r1}} = \sqrt{\pi} t \left[\frac{2 f_{\theta 31}}{b_2 / t - 2} + \frac{2 f_{\theta 41}}{a_2 / t - 2} \right] \left[\sqrt{a_2 b_2} + \sqrt{(a_2 - t)(b_2 - t)} \right]^{-1} \tag{5.138}$$

将式（5.122）、式（5.123）、式（5.135）和式（5.137）代入式（5.136），得区域 3 等效圆钢管有效侧向应力：

$$\sigma_{\mathrm{r3}} = \sqrt{\pi} t \left[\frac{2 f_{\theta 31}}{b_2 / t - 2} + \frac{f_{\theta 32} + \dfrac{f_{\mathrm{sy}} A_{\mathrm{s1}}(a_1 - a_{\mathrm{s}})}{a_{\mathrm{s}} b_{\mathrm{s}} t}}{a_1 / t - 2} \right] \left[\sqrt{a_1 b_2} + \sqrt{(a_1 - t)(b_2 - t)} \right]^{-1} \tag{5.139}$$

将式（5.124）、式（5.125）、式（5.135）和式（5.137）代入式（5.136），得区域 4 等效圆钢管有效侧向应力：

$$\sigma_{\mathrm{r4}} = \sqrt{\pi} t \left[\frac{2 f_{\theta 41}}{a_2 / t - 2} + \frac{f_{\theta 42} + \dfrac{f_{\mathrm{sy}} A_{\mathrm{s1}}(b_1 - a_{\mathrm{s}})}{a_{\mathrm{s}} b_{\mathrm{s}} t}}{b_1 / t - 2} \right] \left[\sqrt{a_2 b_1} + \sqrt{(a_2 - t)(b_1 - t)} \right]^{-1} \tag{5.140}$$

等效圆钢管混凝土柱核心混凝土的应力状态为 $0 > \sigma_1 = \sigma_2 > \sigma_3$，核心混凝土强度由于外钢管及拉杆的套箍作用而得到提高，取 $\sigma_1 = \sigma_2 = \sigma_{\mathrm{r}}$，引入混凝土黏聚力 c 和内摩擦角 θ，则有

$$F' - F = b \left(\tau_{23} + \sigma_{23} \sin \theta - \tau_{12} - \sigma_{12} \sin \theta \right) \tag{5.141}$$

将 $\tau_{23} = \dfrac{\sigma_2 - \sigma_3}{2}$，$\sigma_{23} = \dfrac{\sigma_2 + \sigma_3}{2}$，$\tau_{12} = \dfrac{\sigma_1 - \sigma_2}{2}$ 和 $\sigma_{12} = \dfrac{\sigma_1 + \sigma_2}{2}$ 代入式（5.141）得

$$F' - F = b(1 - \sin \theta)(\sigma_1 - \sigma_3) \geqslant 0 \tag{5.142}$$

因此得

$$F' = \tau_{13} + b \tau_{23} + \sin \theta (\sigma_{13} + b \sigma_{23}) = (1 + b) c \sin \theta \tag{5.143}$$

将式（5.143）写成主应力形式并考虑 $\sigma_1 = \sigma_2$，得

$$\frac{1+b}{2}(\sigma_1 - \sigma_3) + \frac{1+b}{2}(\sigma_1 + \sigma_3)\sin\theta = (1+b)c\sin\theta \qquad (5.144)$$

将式（5.144）简化可得

$$-\sigma_3 = \frac{2c\cos\theta}{1-\sin\theta} - \frac{1+\sin\theta}{1-\sin\theta}\sigma_1 \qquad (5.145)$$

当混凝土单轴受力，满足 Mohr-Coulomb 准则时，$f_c = \dfrac{2c\cos\theta}{1-\sin\theta}$，令 $k = \dfrac{1+\sin\theta}{1-\sin\theta}$，并考虑抗压混凝土取压为正，拉为负的习惯，则式（5.145）可变为

$$\sigma_3 = f_c + k\sigma_1 \qquad (5.146)$$

将以上研究结果应用于已等效为圆钢管的 5 个区域，同时考虑到等效圆钢管对核心混凝土的约束强于矩形钢管[32]，引入考虑尺寸效应影响的混凝土强度折减系数 γ_u，可得区域 i 核心混凝土的抗压强度为

$$\sigma_{3i} = f_c + \gamma_{ui}k\sigma_{ri} \qquad (5.147)$$

式中，σ_{3i} 为区域 i（i 取 1~5）核心混凝土的抗压强度；f_c 为核心混凝土的轴心抗压强度设计值；k 为混凝土强度系数，取值一般为 1.5~7[57]；γ_{ui} 为区域 i 的混凝土强度降低系数，取 $\gamma_{ui}=1.67D_{ci}^{-0.112}$ [27]，D_{ci} 为区域 i 等效圆钢管的内直径，计算时取外直径。

将式（5.137）~式（5.140）代入式（5.147）中，可得各区域核心混凝土的抗压强度。

区域 1 核心混凝土的抗压强度为

$$f_{c1} = f_c + \gamma_{u1}kk_{e1}\sqrt{\pi t}\left[\frac{2f_{\theta31}}{b_2/t-2} + \frac{2f_{\theta41}}{a_2/t-2}\right]\left[\sqrt{a_2 b_2} + \sqrt{(a_2-t)(b_2-t)}\right]^{-1} \qquad (5.148)$$

区域 3（区域 5）核心混凝土的抗压强度为

$$f_{c3} = f_c + \gamma_{u3}kk_{e3}\sqrt{\pi t}\left[\frac{2f_{\theta31}}{b_2/t-2} + \frac{f_{\theta32}+\dfrac{f_{sy}A_{sl}(a_1-a_s)}{a_s b_s t}}{a_1/t-2}\right]\left[\sqrt{a_1 b_2} + \sqrt{(b_2-t)(a_1-t)}\right]^{-1} \qquad (5.149)$$

区域 2（区域 4）核心混凝土的抗压强度为

$$f_{c4} = f_c + \gamma_{u4} k k_{e4} \sqrt{\pi t} \left[\frac{2 f_{\theta 41}}{a_2 / t - 2} + \frac{f_{\theta 42} + \dfrac{f_{sy} A_{sl} (b_1 - a_s)}{a_s b_s t}}{b_1 / t - 2} \right] \left[\sqrt{a_2 b_1} + \sqrt{(a_2 - t)(b_1 - t)} \right]^{-1} \quad (5.150)$$

6）外钢管的应力

在轴向压力作用下，矩形钢管混凝土柱外钢管处于纵向和径向受压而环向受拉的三向应力状态，但由于径向应力远小于纵向和环向应力，可不考虑径向应力的影响[55]。钢管的屈曲模态主要与钢管的宽厚比参数 ψ 有关[39]。当 $\psi \geqslant 0.85$ 时，试件发生局部屈曲；当 $\psi \leqslant 0.85$ 时，可不考虑局部屈曲。

为了考虑屈曲模态对钢管横向与纵向强度的影响，分别定义带约束拉杆十形钢管混凝土短柱各边的宽厚比参数为

$$\psi_{\mu j} = \frac{\mu_j}{t} \sqrt{\frac{12(1 - \upsilon^2)}{4\pi^2}} \sqrt{\frac{f_y}{E_s}} \quad (5.151)$$

式中，μ 取 a、b；j 取 1、2；f_y、E_s、υ 分别为钢管的屈服强度、弹性模量和泊松比。

钢管各边的纵向应力 f_{1ij} 和横向应力 $f_{\theta ij}$（i 取 $1\sim5$；j 取 1、2）可按下式确定[55]：

$$\psi_{\mu j} \leqslant 0.85 \text{ 时，} \quad f_{\theta ij} = 0.19 f_y ; \quad f_{1ij} = -0.89 f_y \quad (5.152)$$

$$\psi_{\mu j} \geqslant 0.85 \text{ 时，} \quad f_{1ij} = -\left(\frac{1.2}{\psi_{\mu j}} - \frac{0.3}{\psi_{\mu j}^2} \right) f_y \text{ 且 } |f_{1ij}| \leqslant 0.89 f_y ; \quad f_{\theta ij} = f_{1ij}^2 / (4.169 f_y) \quad (5.153)$$

7）轴心受压承载力计算公式

带约束拉杆十形钢管混凝土短柱轴压承载力 N 即为区域 1 至区域 5 的核心混凝土极限承载力与外钢管极限承载力之和，即

$$N = \sum_{2}^{5} A_{slij} f_{1ij} + A_{c1} f_{c1} + 2 A_{c3} f_{c3} + 2 A_{c4} f_{c4} \quad (5.154)$$

式中，A_{slij} 为 i 区域 j 边的截面面积（i 取 2、3、4、5，j 取 1、2）。

8）偏心受压承载力计算公式

带约束拉杆十形钢管混凝土柱偏心受压承载力的计算是在轴心受压的基础上考虑构件长细比和偏心率对承载力的影响。本节在式（5.154）基础上，取

$$N_p = \varphi_1 \varphi_e N = \varphi_1 \varphi_e \left(\sum_{2}^{5} A_{slij} f_{1ij} + A_{c1} f_{c1} + 2 A_{c3} f_{c3} + 2 A_{c4} f_{c4} \right) \quad (5.155)$$

式中，N_p 为带约束拉杆十形钢管混凝土短柱偏心受压承载力；φ_1 为考虑长细比的承载力降低系数；φ_e 为考虑偏心率的承载力降低系数。文献[5]中对圆形钢管混凝土柱偏压的研究，取

$$\varphi_1 = 1 - 0.05\sqrt{l_0/a - 2}, \quad \varphi_e = \frac{1}{1 + 1.85\dfrac{e_0}{a}} \quad （5.156）$$

式中，e_0 为偏心距，当荷载角为 0° 时取 $e_0 = \eta_0 a$，当荷载角为 45°时取 $e_0 = \sqrt{2}\eta_0 a$，η_0 为偏心率；a 为构件偏心方向的边长，即 $a = 2a_1 + a_2$ 或 $a = 2b_1 + b_2$；l_0 为构件的计算长度，两端铰支时取 $l_0 = 1.0L$，L 为构件的长度。

2. 公式验证

1）轴压承载力验证

由文献[57]可得，式（5.147）中 k 为混凝土强度提高系数，具体可由试验测得，对于具有一定侧压力的钢管混凝土柱，一般取 $k = 1.5 \sim 7$，本节中取 $k = 6.5$。将文献[55]中试验构件参数代入式（5.154）中，所得轴压承载力计算结果与试验结果对比见表 5.11。对比结果表明，本节的计算结果与试验结果吻合良好，理论计算结果与试验结果比值的平均值为 0.9711，且最大误差不超过 10%，误差较小。说明依照本节的方法对带约束拉杆十形钢管混凝土柱截面进行划分，并将核心混凝土的侧向约束等效为均匀侧压力，基于统一强度理论分别计算各部分的承载力，最终叠加得到该柱轴压承载力是可行的。当拉杆的数量为 0，即不设拉杆时，试验测试的承载力与本节公式承载力公式计算值误差仍在 10%以内，说明当无约束拉杆时，本节的承载力计算公式仍然适用。

表 5.11 轴压承载力计算值与试验值的比较

编号	$a_1 \times b_1 \times a_2 \times b_2 \times t$ /（mm×mm×mm×mm ×mm）	$a_s \times b_s \times d_s$ /（mm×mm×mm）	n_s	f_{ck} /MPa	f_y /MPa	f_{sy} /MPa	N_{exp} /kN	N_u /kN	N_u/N_{exp}
1	80×80×80×3.64	50×50×8	1	39.06	348	484	2319	2193.16	0.9457
2	80×80×80×3.64	50×100×8	1	39.06	348	484	2170	2186.95	1.0078
3	80×80×80×3.64	50×50×6	1	39.06	348	497	2306	2189.65	0.9495
4	80×80×80×3.64	50×50×10	1	39.06	348	382	2282	2195.09	0.9619
5	80×80×80×3.72	50×50×8	1	39.06	239	484	2055	1858.91	0.9046
6	180×80×180×3.64	150×50×8	1	39.06	348	484	4307	4308.01	1.0002
7	180×80×180×5.6	75×75×8	2	39.06	346	484	5685	5146.33	0.9052
8	180×80×180×5.6	150×150×8	1	39.06	346	484	5183	5124.10	0.9886

续表

编号	$a_1×b_1×a_2×b_2×t$ /(mm×mm×mm×mm ×mm)	$a_s×b_s×d_s$ /(mm×mm×mm)	n_s	f_{ck} /MPa	f_y /MPa	f_{sy} /MPa	N_{exp} /kN	N_u /kN	N_u/N_{exp}
9	80×80×80×3.64	—	1	39.06	348	—	2064	2189.09	0.0606
10	80×80×80×5.6	—	1	39.06	346	—	2754	2716.45	0.9864
平均值									0.9711
标准差									0.0455

注：a_1、a_2、b_1、b_2、t 均为试件的几何尺寸，见图 5.32；a_s 为拉杆最小水平间距；b_s 为拉杆的最小竖向间距；d_s 为拉杆直径；n_s 为拉杆列数；f_{ck} 为混凝土轴心抗压强度标准值；f_{sy} 为约束拉杆屈服强度；f_y 为钢管的屈服强度；N_{exp} 为试验承载力；N_u 为本节计算承载力。

2）偏心受压承载力验证

将文献[51]的试验构件参数代入式（5.155）中，所得的偏心受压承载力计算结果与试验结果对比见表 5.12。对比结果表明，本节的理论计算结果与试验测得的偏压极限承载力吻合良好，理论计算结果与试验结果比值的平均值为 0.981，且最大误差不超过14%，误差较小。说明对带约束拉杆十形钢管混凝土柱轴心受压极限承载力进行长细比和偏心率的折减，得到偏心受压极限承载力是可行的，并且说明本节参考文献[5]所得的偏心率和长细比折减系数计算公式对带约束拉杆十形钢管混凝土短柱偏心受压承载力计算具有较好的适用性。

表 5.12 偏心受压承载力计算值与试验值的比较

编号	$a_1×b_1×a_2×b_2×t×L$ /(mm×mm×mm×mm×mm×mm)	$a_s×b_s×d_s$ /(mm×mm×mm)	n_s	f_{ck} /MPa	f_y /MPa	f_{sy} /MPa	$θ'$ /(°)	$η_0$ /%	N_{exp} /kN	N_u /kN	N_u/N_{exp}
1	80×80×80×80×3.64×720	—	1	41.58	348	484	0	7	1978	1887	0.954
2	80×80×80×80×3.64×720	—	1	41.58	348	484	0	10.5	1741	1785	1.025
3	80×80×80×80×3.64×720	50×50×6.75	1	41.58	348	484	0	7	2195	1891	0.862
4	80×80×80×80×3.64×720	50×50×6.75	1	41.58	348	484	0	10.5	1987	1788	0.900
5	80×80×80×80×3.64×720	50×50×6.75	1	41.58	348	484	0	14	1721	1696	0.985
6	180×80×180×80×3.64×1.32	—	3	41.58	348	484	0	10	4046	4238	1.047
7	180×80×180×80×3.64×1.32	—	3	41.58	348	484	0	18	3497	3768	1.077
8	180×80×180×80×3.64×1.32	75×75×6.75	2	41.58	348	484	0	10	4515	4244	0.940
9	180×80×180×80×3.64×1.32	75×75×6.75	2	41.58	348	484	0	18	3764	3773	1.002
10	180×80×180×80×3.64×1.32	150×150×6.75	1	41.58	348	484	0	10	4486	4239	0.945

续表

编号	$a_1 \times b_1 \times a_2 \times b_2 \times t \times L$ /（mm×mm×mm×mm×mm×mm）	$a_s \times b_s \times d_s$ /（mm×mm×mm）	n_s	f_{ck} /MPa	f_y /MPa	f_{sy} /MPa	θ' /(°)	η_0 /%	N_{exp} /kN	N_u /kN	N_u /N_{exp}
11	180×80×180×80× 3.64×1.32	150×150× 6.75	1	41.58	348	484	0	18	3339	3768	1.128
12	80×80×80×80× 3.64×720	—	1	41.58	348	484	45	7	1736	1804	1.039
13	80×80×80×80× 3.64×720	50×50× 6.75	1	41.58	348	484	45	7	2130	1808	0.849
平均值											0.981
标准差											0.080

注：θ'为荷载角；η_0 为偏心率。

3. 影响因素分析

1）拉杆的横向间距和纵向间距

以截面尺寸为 $a_1 \times b_1 \times a_2 \times b_2 \times t = 180\text{mm} \times 80\text{mm} \times 180\text{mm} \times 80\text{mm} \times 3.64\text{mm}$ 的带约束拉杆十形钢管混凝土轴压短柱为例，当拉杆纵向间距 b_s 分别取 50mm、100mm、150mm，拉杆横向间距 a_s 以 20mm 差值由 20mm 递增至 120mm 时，柱端荷载 N 变化如图 5.36 所示。

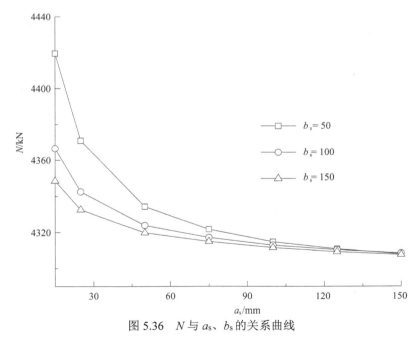

图 5.36　N 与 a_s、b_s 的关系曲线

由图 5.36 可以得出，当拉杆横向间距增大时，轴压承载力下降；对相同的截面形式和横向间距，当竖向间距增大时，钢管混凝土柱的承载力降低。这是因为

当拉杆的横向或纵向间距增大时，核心混凝土所受的侧向约束减小，从而使柱的轴向承载力降低。由图 5.36 还可以得出，拉杆横向间距越小，纵向间距对承载力的影响越大，拉杆横向间距越大，纵向间距对承载力的影响越小。

2）钢管宽厚比和拉杆直径

以截面尺寸为 $a_1 \times b_1 \times a_2 \times b_2 = 80\text{mm} \times 80\text{mm} \times 80\text{mm} \times 80\text{mm}$，拉杆间距为 $a_s \times b_s = 50\text{mm} \times 50\text{mm}$ 的带约束拉杆十形钢管混凝土轴压短柱为例，当 t 变化时，会得到不同的宽厚比，以此分析宽厚比 $\psi = a_2 / t(b_1 / t)$ 对承载力的影响。当宽厚比相同时，取直径相差较大 ($d_s = 6\text{mm}$ 和 $d_s = 18\text{mm}$) 的两种拉杆，以此来分析拉杆直径对承载力的影响。

由图 5.37 可以看出，当其他构件参数一定时，轴压承载力随钢管宽厚比的增大而下降，这是因为当 ψ 增大时，柱的含钢率降低，核心混凝土所受的侧向约束也随之减小，导致柱的整体承载力降低。此外，当构件的截面几何尺寸一定时，承载力随拉杆直径的增加提高不明显。

3）荷载偏心率

以构件几何尺寸为 $a_1 \times a_2 \times b_1 \times b_2 \times t \times l = 180\text{mm} \times 80\text{mm} \times 180\text{mm} \times 80\text{mm} \times 5.6\text{mm} \times 1320\text{mm}$，拉杆间距为 $a_s \times b_s = 50\text{mm} \times 50\text{mm}$ 的带约束拉杆十形钢管混凝土偏压短柱为例，当偏心率 η_0 由 0.1 递增至 0.35 时，柱的承载力变化如图 5.38 所示。由图 5.38 可以看出，带约束拉杆十形钢管混凝土短柱偏压承载力随偏心率的增大而明显降低。

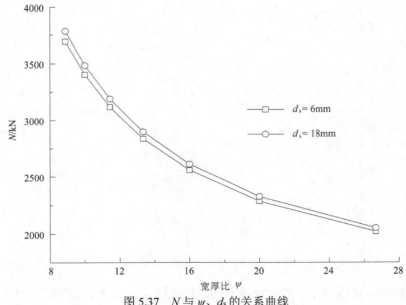

图 5.37　N 与 ψ、d_s 的关系曲线

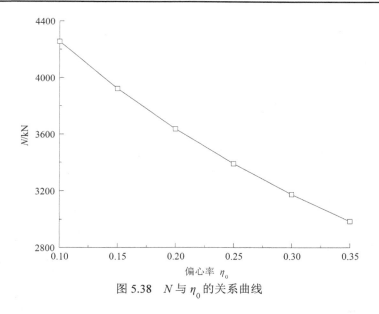

图 5.38　N 与 η_0 的关系曲线

5.6　本 章 小 结

本章进行了不同组合截面钢管混凝土柱力学性能的研究,主要内容归纳如下:

（1）基于统一强度理论推导出适用于方钢管-钢骨混凝土柱、PBL 加劲型方钢管混凝土柱、方钢管螺旋箍筋混凝土柱、L 形钢管-钢骨混凝土柱以及带约束拉杆十形钢管混凝土柱轴压承载力与偏压承载力的理论解。所得公式考虑了中间主应力及材料的拉压异性对构件承载力的影响,具有广泛的适用性。

（2）所得统一解答与文献结果进行对比分析,验证了将统一强度理论应用于组合截面钢管混凝土柱的承载力计算是可行的。基于有限元软件 ANSYS,对不同组合截面钢管混凝土柱进行了非线性分析,数值分析结果与理论计算结果吻合良好,说明了有限元模型的合理性。

（3）通过参数分析,探讨了拉压强度比、强度理论参数、混凝土强度、钢骨截面积、宽厚比、箍筋间距、含骨率、拉杆间距、荷载偏心率等变量对承载力的影响特性。

参 考 文 献

[1]　孙珊珊, 赵均海, 薛颢, 等. 钢骨-方钢管自密实高强混凝土短柱的轴压承载力[J]. 建筑科学与工程学报, 2009, 26(4): 95-99.

[2]　孙珊珊. 钢骨-钢管混凝土柱极限承载力研究[D]. 西安: 长安大学, 2010.

[3]　钟善桐. 钢管混凝土统一理论-研究与应用[M]. 北京: 清华大学出版社, 2006.

[4]　李小伟, 赵均海, 朱铁栋, 等. 方钢管混凝土轴压短柱的力学性能[J]. 中国公路学报, 2006, 19(4): 7-81.

[5]　赵均海. 强度理论及其工程应用[M]. 北京: 科学出版社, 2003.

[6]　王仁, 熊祝华, 黄文彬. 塑性力学基础[M]. 北京: 科学出版社, 1982.

[7]　蔡绍怀. 现代钢管混凝土结构[M]. 北京: 人民交通出版社, 2003.

[8]　朱美春, 王清湘, 冯秀峰. 轴心受压钢骨-方钢管自密实高强混凝土短柱的力学性能研究[J]. 土木工程学报, 2006, 39(6): 35-41.

[9]　王清湘, 朱美春, 冯秀峰. 型钢-方钢管自密实高强混凝土轴压短柱受力性能的试验研究[J]. 建筑结构学报, 2005, 26(4): 27-31.

[10]　李围, 叶裕明, 刘春山, 等. ANSYS 土木工程应用实例[M]. 2 版. 北京: 中国水利水电出版社, 2007.

[11]　韩林海. 钢管混凝土结构-理论与实践[M]. 北京: 科学出版社, 2004.

[12]　韩林海. 钢管高强混凝土轴压力学性能的理论分析与试验研究[J]. 工业建筑, 1997, 27(11): 39-44.

[13]　朱美春. 钢骨-方钢管自密实高强混凝土柱力学性能研究[D]. 大连: 大连理工大学, 2005.

[14]　令昀, 赵均海, 李艳, 等. PBL 加劲型方钢管混凝土短柱轴压承载力统一解[J]. 钢结构, 2014, 29(10): 13-17.

[15]　令昀. 带肋方钢管混凝土短柱轴压承载力及抗侧向冲击性能研究[D]. 西安: 长安大学, 2015.

[16]　Liu D L, Gho W M. Axial load behaviour of high-strength rectangular concrete-filled steel tubular stub columns[J]. Thin-Walled Structures, 2005, 43(8): 1131-1142.

[17]　Huang Y J, Xiao Y J, Yang Z J, et al. Behaviour of concrete filled-steel tubes under axial load[J]. Proceedings of the Institution of Civil Engineers-Structures and Buildings, 2016, 169(3): 210-222.

[18]　Han L H. Tests on stub columns of concrete-filled RHS sections[J]. Journal of Constructional Steel Research, 2002, 58(3): 353-372.

[19]　Sakino K, Nakahara H, Morino S, et al. Behavior of centrally loaded concrete-filled steel-tube short columns [J]. Journal of Structural Engineering, 2004, 130(2): 180-188.

[20]　Lue D M, Liu J L, Yen T. Experimental study on rectangular CFT columns with high-strength concret[J]. Journal of Constructional Steel Research, 2007, 63(1): 37-44.

[21]　赵均海, 吴鹏, 张常光. 多边形空心钢管混凝土短柱轴压极限承载力统一解[J]. 混凝土, 2013, (10): 38-43.

[22]　钟善桐. 钢管混凝土结构[M]. 北京: 清华大学出版社, 2003.

[23]　Varma A H, Sause R, Ricles J M, et al. Development and validation of fiber model for high strength square concrete filled steel tube beam-columns[J]. ACI Structural Journal, 2005, 102(1): 73-84.

[24]　Mander J B, Priestley M J, Park R. Theoretical stress-strain model for confined concrete[J]. Journal of Structural Engineering, 1988, 114(8): 1804-1826.

[25]　胡建华, 侯文崎, 叶梅新. PBL 剪力键承载力影响因素和计算公式研究[J]. 铁道科学与工程学报, 2007, 4(6): 12-18.

[26]　张俊光. PBL 加劲型方钢管混凝土轴压柱受力性能试验研究[D]. 西安: 长安大学, 2012.

[27]　俞茂宏. 强度理论新体系: 理论、发展和应用[M]. 西安: 西安交通大学出版社, 2011.

[28]　赵均海, 韩庚阳, 张常光. 方钢管螺旋箍筋混凝土轴压柱极限承载力分析[J]. 钢结构, 2017, 32(4): 33-37, 43.

[29]　郑亮. 配螺旋箍筋方钢管混凝土柱计算方法及试验研究[D]. 天津: 天津大学, 2013.

[30]　Ding F X, Fang C, Bai Y, et al. Mechanical performance of stirrup-confined concrete-filled steel tubular stub columns under axial loading[J]. Journal of Constructional Steel Research, 2014, 98: 146-157.

[31]　赵均海, 张永强, 廖红建, 等. 用统一强度理论求厚壁圆筒和厚壁球壳的极限解[J]. 应用力学学报, 2000, 17(1): 157-161.

[32]　郭红香, 赵均海, 魏雪英. 方钢管混凝土轴压短柱承载力分析[J]. 工业建筑, 2008, 38(3): 9-11.

[33]　魏华, 王海军. 圆形配筋钢管混凝土桥柱受压力学性能的试验研究[J]. 铁道学报, 2015, 37(1): 105-110.

[34]　Kenji S, Hiroyuki N, Shosuke M. et al. Behavior of centrally loaded concrete-filled steel tube short columns[J]. Journal of Structural Engineering, 2004, 13(2): 180-188.

[35]　Yu Z W, Ding F X, Cai C S. Experimental behavior of circular concrete-filled steel tube stub columns[J]. Journal of Constructional Steel Research, 2006, 63(2): 165-174.

[36]　韩金生, 董毓利, 徐赴东, 等. 配筋钢管混凝土柱抗压性能[J]. 土木建筑与环境工程, 2009, 31(3): 11-17.

[37]　王博, 赵均海, 张冬芳, 等. 钢骨-组合 L 形钢管混凝土柱的轴压承载力[J]. 土木与环境工程学报, 2019, 41(2):

70-78.

[38] 杜国锋, 宋鑫, 余思平. 内置钢骨组合 L 形截面钢管混凝土短柱轴压性能试验研究[J]. 建筑结构学报, 2013, 34(8): 82-89.

[39] Ge H B, Usami T. Strength analysis of concrete-filled thin-walled steel box columns[J]. Journal of Constructional Steel Research, 1994, 30(3): 259-281.

[40] Yu M H. Unified Strength Theory and its Applications[M]. Berlin: Spring, 2004.

[41] 龙跃凌, 蔡健, 黄炎生. 矩形钢管混凝土短柱轴压承载力[J]. 工业建筑, 2010, 40(7): 95-99.

[42] 赵均海, 侯玉林, 张常光. 方形高强钢管混凝土叠合柱轴压极限承载力分析[J]. 土木建筑与环境工程, 2016, 38(5): 20-26.

[43] 赵均海, 代岩, 张常光. CFRP 和角钢复合加固混凝土矩形柱轴心受压承载力[J]. 西安建筑科技大学学报(自然科学版), 2016, 48(5): 625-631.

[44] 同济大学, 浙江杭萧钢构股份有限公司. 矩形钢管混凝土结构技术规程: CECS 159: 2004 [S]. 北京: 中国计划出版社, 2004.

[45] 杜国锋, 宋鑫, 张志忠, 等. 内置钢骨的 L 形截面钢管混凝土中长柱轴心受压试验研究[J]. 四川大学学报(工程科学版), 2013, 45(5): 43-50.

[46] 杜国锋, 余思平, 宋鑫, 等. 钢骨-T 形钢管混凝土短柱轴心受压试验研究[J]. 建筑结构, 2012, 42(2): 144-147.

[47] Theocaris P S. A general yield criterion for engineering materials, depending on void growth[J]. Meccanica, 1986, 21(2): 97-105.

[48] Theocaris P S. Yield criteria based on void coalescence mechanisms[J]. International Journal of Solids & Structures, 1986, 22(4): 445-466.

[49] Drucker D C. Plasticity theory strength-differential (SD) phenomenon, and volume expansion in metals and plastics[J]. Metallurgical Transactions, 1973, 4(3): 667-673.

[50] 赵均海, 马康凯, 张冬芳, 等. 带约束拉杆十形钢管混凝土短柱承载力统一解[J]. 广西大学学报(自然科学版), 2019, 44(1): 1-11.

[51] 苏广script. 带约束拉杆十形截面钢管混凝土短柱的偏压力学性能研究[D]. 广州: 华南理工大学, 2011.

[52] 左志亮, 蔡健. 带约束拉杆十形截面钢管内核心混凝土的等效单轴本构关系[J]. 工程力学, 2012, 29(2): 177-184.

[53] 王娟, 赵均海, 吴赛, 等. 基于统一强度理论的矩形钢管混凝土短柱轴压承载力计算[J]. 建筑科学与工程学报, 2011, 28(3): 88-92.

[54] Cai J, Long Y L. Axial load behavior of rectangular CFT stub columns with binding bars[J]. Advances in Structural Engineering, 2007, 10(5): 551-565.

[55] 蔡健, 龙跃凌. 带约束拉杆方形、矩形钢管混凝土短柱的轴压承载力[J]. 建筑结构学报, 2009, 30(1): 2-14.

[56] 蔡健, 孙刚. 带约束拉杆 L 形截面钢管混凝土的本构关系[J]. 工程力学, 2008, 25(10): 173-179.

[57] 赵均海, 顾强, 马淑芳. 基于双剪统一强度理论的轴心受压钢管混凝土承载力的研究[J]. 工程力学, 2002, 19(2): 34-37.